Tu cuerpo tiene las respuestas

GIULIA ENDERS

TU CUERPO TIENE LAS RESPUESTAS

Un organismo en equilibrio para una vida más sana

Planeta

Título original: *Organisch*

Diagonal, 662-664, 08034 Barcelona
www.editorialplaneta.es
www.planetadelibros.com

Primera edición: febrero de 2026
Depósito legal: B. 136-2026
ISBN: 978-84-08-31587-2
Composición: Realización Planeta
Impresión y encuadernación: Liberdúplex, S.L.
Printed in Spain - Impreso en España

PEFC Certificado
Este libro procede de bosques gestionados de forma sostenible
PEFC
PEFC/14-38-00305
www.pefc.es

Para Reginald, Ruth y Alfred.
Aun cuando en estas páginas no cuente sus historias,
las palabras que escribo son suyas.

Índice

Tu cuerpo tiene las respuestas

El principio

Siempre he concentrado todo mi entusiasmo en un único órgano: el intestino. Ya de adolescente anhelaba saberlo todo sobre él y, a menudo, mientras estaba estudiando, solo me sacudía el sueño en el momento en que su nombre aparecía en mis libros. A la edad de veintitrés años escribí incluso una obra acerca del intestino que, contra todo pronóstico, se convirtió en un gran éxito de ventas.

Así pues —pensé entonces—, mi futuro estaba claro: buscaría un hospital que trabajase fundamentalmente en el área «tubo digestivo» y empezaría en él mi especialización. Sin embargo, pronto me di de bruces con la realidad: hasta ese momento había creído que para convertirme en una buena médica bastaría con que conociera a fondo la ciencia del intestino. Pronto descubrí que aquella convicción mía era absurda.

Traté a una paciente que después de haber perdido a su bebé padecía de dolores de vientre y se sentía acomplejada por no haber recuperado la línea lo bastante rápido. Atendí a un trabajador por turnos al que sus continuos cambios de horario le habían alterado por completo la digestión. Una jubilada que tomaba una lista interminable de medicamentos se quejaba de «náuseas difusas» y una persona que se dedicaba al mundo de la política sufría unas molestas diarreas que, como acabamos averiguando después, estaban provocadas por las sustancias estimulantes que ingería para conseguir el vigor con el que atender todos sus compromisos.

Cuando, cierta tarde, un empresario de la construcción con aspecto de oso me confesó que con frecuencia se sentía nervioso y angustiado, en un instante de pérdida del control sobre mí misma se me escapó: «¡Sí, eso le pasa a muchísima gente!». No lo dije con la intención de restar importancia a su sufrimiento; sencillamente, me sentí sorprendida —igual que él en ese momento— ante aquella constatación.

Evidentemente, podía proporcionar remedios a esas personas (recetarles algún medicamento, ir probando con diferentes opciones, aliviar sus molestias), pero tampoco me parecía que aquello fuera una solución real para sus problemas. En mi interior se fue abriendo paso una punzante insatisfacción. Me daba cuenta de lo mucho que sufren los seres humanos por no poder funcionar como una máquina, por no tener el aspecto de una muñeca... y lo doloroso que les resulta estar solos o tristes.

No tenía palabras para explicar algo que con el tiempo se me fue haciendo más y más palpable. Lidiaba con órganos enfermos al menos con la misma frecuencia con la que lidiaba con una época extraña.

Cuando llevaba ya un par de años trabajando, mi abuela murió súbitamente. Era una de las personas más importantes de mi vida. Sin embargo, en los primeros tiempos tras su fallecimiento no sentí nada. Absolutamente nada. Cada día me levantaba, acudía a mi puesto de trabajo y, al llegar la noche, me acostaba. Incluso mi miedo a la oscuridad había desaparecido. «Si no permitimos que afloren emociones como la tristeza, acabamos postergándolas y alimentándolas». Más o menos estas eran las palabras que anoté en cierta conferencia de psicología a la que asistí. Ahora me tocaba reflexionar sobre aquella frase. Pero no me sirvió de nada. ¿Qué me estaba pasando?

Un tiempo después, me encontraba sentada ante mi escritorio, a la luz del sol, leyendo un texto sobre medicina en el que se hablaba de las heridas. De repente, se me saltaron las lágrimas. Tuve la impresión de que la piel entendía qué significa perder a alguien. Estar herido, quedarse repentinamente sin tejidos, experimentar la reacción inicial del *shock*. Y entonces ocurrió al fin lo que hasta ese momento no me había permitido que ocurriera: pude estar triste. Para saber cómo superar aquel trance me guie por el procedimiento que sigue la piel para restañar sus heridas. Una mirada sobre el cuerpo me ayudó a ser humana.

Aquella experiencia me dio que pensar. Vivimos en un mundo ruidoso y exigente. Desde fuera nos bombardean constantemente con información: qué se supone que tendríamos que lograr, cómo podríamos vivir, qué aspecto deberíamos tener o cómo deberíamos sentirnos..., pese a que, por lo general, ni siquiera sabemos qué somos aquí y ahora.

¿Podría el conocimiento acerca de nuestro cuerpo convertirse en un contrapeso frente a lo que observaba en el hospital y dentro de mí? ¿Adoptar una perspectiva corporal nos ayudaría algo, aunque solo fuese un poco, a proteger lo humano frente a la vorágine de la modernidad?

Si nos fijamos bien, nos daremos cuenta de que muchos

de los términos que se emplean en el ámbito de la tecnología, la economía o incluso la guerra guardan relación con nuestro cuerpo y viceversa. Comparamos el cerebro con un ordenador, afirmamos que nuestro sistema inmunitario «envía sus defensas» para «atacar a los invasores», en el deporte mejoramos la «eficiencia» del entrenamiento mediante un «régimen de *fitness*» y, en general, consideramos que no invertir lo suficiente en la propia salud «nos pasará factura» más adelante. Es evidente que los temas de los que se habla en el mundo moldean nuestra manera de vernos, pero ¿qué pasa con nosotros, en el fondo? ¿Acaso no sucede con más frecuencia lo contrario, es decir, que el cuerpo determina lo que pensamos acerca de la vida laboral o de nuestra convivencia social?

Dedicarme a esta hipótesis se convirtió en un *hobby*. Volví a plantear preguntas al mundo, leí diferentes libros especializados acerca de nuestra vida interior... Los recientes estudios sobre los pulmones me ayudaron a replantearme mis necesidades básicas. La manera en la que se sostiene el cuerpo, aquello que precisa y el modo en que aborda lo indeseado se han convertido en un modelo para mí. Sumergirme en la investigación inmunológica actual me ha ayudado a cambiar mi opinión acerca de lo que de verdad es importante para mi seguridad. La piel me ha proporcionado una nueva perspectiva de las relaciones: de las heridas, de la sanación, del contacto y de las fronteras. ¿Y quién habría dicho que los músculos pueden sugerirnos una visión tan particular de la potencia y la fuerza? Siempre hay un órgano adecuado para las necesidades más importantes del ser humano.

La manera en la que el cuerpo resuelve sus problemas es fascinante. Me ha inspirado una y otra vez para mi propia vida y me ha hecho sentir como si de repente estuviera en una heladería, aunque no llena de helados, sino de respuestas.

Entender el cuerpo no solo sirve para prevenir enfermedades. Nuestros órganos también desempeñan un papel crucial en eso que denominamos «ser nosotros mismos». Influyen en cuestiones fundamentales, como, por ejemplo: ¿qué necesitamos realmente? ¿Cómo nos enfrentamos a las amenazas? ¿De qué modo queremos tratarnos los unos a los otros? O, incluso, ¿qué podemos conseguir y de qué modo? Si entendemos mejor las respuestas que nos da nuestro organismo, seremos capaces de llevar una vida más armoniosa.

El cuerpo rara vez marca la agenda pública, salvo cuando aparecen enfermedades y pandemias. Además, algunas de las cosas que creemos saber sobre él ya han quedado bastante desfasadas. Por ejemplo, en los últimos veinte años la investigación acerca del sistema inmunitario ha demostrado que nuestra seguridad no solo consiste en «defenderse de lo malo». Y quien entiende por qué es así se dará cuenta, de hecho, de que este obsoleto principio resulta un tanto torpe, incluso cuando lo aplicamos en nuestra vida cotidiana... Y este es solo un ejemplo de entre muchos.

Lo que expongo en este libro se basa en la ciencia, pero también tiene algo de personal. Por ejemplo, siempre había pensado que los pulmones son unos órganos más bien pasivos y blandengues, hasta el día en que me di cuenta de que me recordaban a mi bisabuela, una mujer blanda y a veces incluso pasiva, sí, pero que ejerció una enorme influencia en todas las personas que llegamos después de ella. Mi bisabuela sentó las bases, como lo hacen también los pulmones y la respiración.

En lugar de anotar estas reflexiones personales exclusivamente para mí (como pensé hacer en un principio), me he permitido añadirlas al inicio de cada capítulo, porque revelan algo: mis palabras están marcadas por la forma en la que he crecido y por mi manera de ver el mundo. Y también la investigación y las personas que trabajan en la ciencia llevan esa marca. Eso no significa que las ideas o los hallazgos científicos sean erróneos o subjetivos, sino que la vía por la que llegamos a ellos puede ser un camino personal.

Aprender *de* mi cuerpo y no solo *sobre* mi cuerpo me ha transformado. Ahora observo lo humano con un nuevo respeto. Las «emociones improductivas», los límites corporales o la redefinición del concepto de poder ya no me parecen cuestiones insólitas o débiles, sino aspectos cuya lógica me resulta más cercana. En este tiempo he llegado a la conclusión de que, del mismo modo que reconocer quiénes somos forma parte del proceso por el que nos convertimos en adultos, comprender *qué* somos es un elemento fundamental del proceso por el que nos convertimos en humanos. Y también tenemos que comprender qué necesitamos. Porque, por muy ruidoso que sea el mundo a nuestro alrededor y por mucho que se base en clics y en meras combinaciones de ceros y unos, nada de eso cambia lo que hay en nuestro interior: seguimos siendo seres orgánicos. Unidos a través de fibras, entretejemos las capacidades de los órganos para formar una singular vitalidad. Nos reinventamos constantemente, nos transformamos y, al mismo tiempo, seguimos siendo seres de millones de años de antigüedad.

Hay una voz que nos recuerda todo esto. Hablar su idioma nos permite ser habitantes primigenios de nuestro yo: lo orgánico.

1

Una necesidad básica

Los pulmones

El consejo de Cansadita

Mi bisabuela tenía un apodo: Cansadita. En realidad se llamaba Hewig, pero este nombre no reflejaba una parte esencial de su personalidad: dos estados de ánimo se extendían, como tentáculos, a través de su vida. Mi bisabuelo se refería a ellos como el modo «activo» y el modo «inactivo». La familia de Cansadita era originaria de la región alemana del Palatinado y regentaba un vivero. Su padre era un hombre dulce y sin el menor sentido de los negocios. A menudo se tumbaba, melancólico, en el prado y se dedicaba a contemplar las plantas. Su madre, en cambio, era una mujer llena de energía, que no dudaba en subirse a un caballo y cabalgar en busca del alcalde o del director del banco cuando había que tratar algún asunto. Antes de emprender una negociación, se hacía un moño y se ponía un sombrero; un ritual que anunciaba a los presentes cuál era su nivel de energía. Mi bisabuela aunaba esas dos facetas en su interior. Era como la respiración que viene y se va: activa e inactiva, despierta y «cansadita».

Para ella, en este mundo solo se podía confiar en una cosa: la naturaleza. Era el ancla a la que podía sujetar su alma y que le permitía recuperarla cada vez que lo necesitaba. Todo lo demás pasaba junto a ella como una fugaz estela. De joven, en los locos años veinte, se mudó junto con su marido a Berlín, donde solía acudir a encuentros de mujeres, a clubes de yoga (por aquel entonces toda una novedad) o a reuniones sobre astrología, y cenaba con importantes personajes del mundo de la política. Su agradable autenticidad encajaba muy bien en aquellos círculos.

Cuando los nazis accedieron al poder, muchas cosas cambiaron. Mi bisabuela lo dejó todo y regresó en bicicleta a casa de su familia, en el Palatinado. A su llegada descubrió que los árboles de siempre seguían allí y que el sol aún brillaba. Su padre estaba tumbado en el prado, suspirando y contemplando las margaritas. En realidad todo estaba como siempre, pero, al mismo tiempo, era completamente distinto. A partir de aquel momento, y durante el resto de su vida, mi bisabuela no volvió a sentir ningún respeto particular por la política, las ideologías, las personas poderosas o las tendencias. Centró su interés en sus seres queridos, en los bosques y, sobre todo, en las puestas de sol, a las que asistía cada tarde desde el porche de su casa.

Quien no conozca nada más de la vida de mi bisabuela tal vez pensará que no era una persona relevante. Para el mundo exterior nunca fue nada más que «la esposa» de un hombre, en concreto de un popular jurista. Era una mujer menuda, daba rápidamente su brazo a torcer y tenía un rostro delicado y unos ojos bondadosos. Sin embargo, cuanto más pienso en ella, más importante me parece. Nos transmitió algo que aún hoy sobrevive: su dulzura, sus pequeñas enseñanzas, sus ingeniosos dichos y una eterna curiosidad... Años después, todo eso sigue conservándose intacto y vive aún en nuestro interior. Hoy recorro con los dedos el collar que antaño le colgó del cuello. Aunque nunca llegué a conocer a mi bisabuela, me

siento unida a ella. Cuando el cansancio me invade y me enfado con el mundo, recuerdo el consejo que dio en su momento a sus hijas: «Quien tiene sed bebe. Quien tiene dificultades respira».

Si me descubro rumiando y me siento cansada, respiro, y cada respiración me alivia más y más. Pronto lo consigo: el pecho se abre, la cabeza se libera. Es lo que ha ocurrido también esta tarde. Estoy tumbada en el prado del antiguo vivero, al sol. Me duermo, aliviada, y por fin empiezo a entender el verdadero significado del consejo de mi bisabuela.

Los pulmones y el aire

Cada día recibimos veinte mil veces aquello que necesitamos. Respirar es nuestra necesidad más importante. Un minuto sin respiración y nuestra demanda de oxígeno supera incluso a la sed que podemos sentir después de una caminata de varias horas. Hasta una persona completamente deshidratada que recibe al fin agua tendrá que dejar de beber en un momento dado para tomar aire. En la jerarquía del cuerpo, la respiración ocupa el primer puesto.

Y, sin embargo, a primera vista el órgano que nos permite realizar esta operación crucial no parece especialmente impresionante. Los pulmones no son robustos, ni fuertes, ni autónomos. Sin la ayuda de otras partes del cuerpo (como, por ejemplo, las costillas), en lugar de ocupar toda la caja torácica se encogerían inmediatamente hasta quedar reducidos al tamaño de un puño y adquirirían el aspecto de dos estropajos demasiado usados. Pero ni siquiera cuando están bien hinchados resultan muy intimidantes que digamos. Si alguien los presionase agresivamente con un dedo, apenas crepitarían levemente. Su tejido cedería sin oponer resistencia y tendríamos la impresión de hallarnos ante un montón de espuma que se desmorona. Si esperabas que tras la necesidad más básica del ser humano hubiese un órgano de lo más imponente, te equivocabas.

Los pulmones son tiernos. Se adaptan constantemente a su entorno. Por eso cuando se encuentran en un estado normal conservan en su superficie las marcas de las costillas, del corazón y del esófago. Ni siquiera son capaces de iniciar por sí mismos los movimientos de la respiración: en realidad, siguen a los músculos de la caja torácica y del diafragma. Sin embargo, en esta indiscutible pasividad y ductibilidad, los pulmones poseen una de las características más eficaces que existen en nuestro planeta: el discreto poder de la ternura.

En cada aliento, los pulmones se adaptan a su entorno. Si los miramos con atención, reconoceremos su blando refinamiento: cuando inspiramos, el flujo de aire penetra tan hábilmente en sus fibras que estas se despliegan a su paso como velas, lo que permite que se abran las vías respiratorias. En el cuello, la tráquea se expande unos milímetros. A continuación, los bronquios del pulmón derecho y del izquierdo se dilatan y, al hacerlo, arrastran en su movimiento a las vías aéreas más menudas de las zonas limítrofes. La expansión se produce sin esfuerzo, gracias a una óptima estructura de apoyos. ¿Órganos pasivos? Tal vez, pero no ineficaces. La inspiración nos resulta mucho más sencilla gracias a su vela de aire. Para espirar, las fibras elásticas deben encogerse hasta regresar a su posición inicial, como si fuesen bandas de goma. A través de esta armoniosa interacción, nuestros músculos pueden repetir sus movimientos respiratorios miles de veces al día sin agotarse. Solo con una ternura inteligente se puede alcanzar semejante potencia.

Además, con su estructura ramificada, los pulmones remedian un inconveniente que sufrimos todos los seres deseantes: casi nunca recibimos *exactamente* aquello que anhelamos. Así, por lo general, el aire que aspiramos está demasiado frío o carece de la humedad necesaria o trae consigo esta o aquella impureza. Por eso a lo largo de su evolución los pulmones han ido perfeccionando su arquitectura. A partir de la tráquea, las vías respiratorias se dividen veintidós veces. La primera bifurcación se produce en el pulmón derecho y en el izquierdo, en un punto situado aproximadamente cinco centímetros por debajo del cuello. Después llegarán como mínimo otras veintiuna bifurcaciones más por cada pulmón. La forma a la que da lugar esta ramificación se conoce en el ámbito de la anatomía como el *arbor bronchialis*: el árbol bronquial. El aire que circula a través de él recorre una red de unos dos mil cuatrocientos kilómetros de longitud en total. Por el camino se limpia, se humedece y se calienta. Ese proceso, junto con el trabajo previo del vello nasal y de la garganta, convierten al aire inspirado en lo que tiene que ser: un flujo a la temperatura corporal, con un 98 por ciento de humedad y de una limpieza extrema.

Gracias también a ese trabajo previo, las vías respiratorias pueden presentar una suave forma en su tramo final: allí, las últimas fibras elásticas se entrelazan en torno a minúsculos orificios, que abren en cada inspiración. Estas pequeñas bocas, que se cuentan por millones, respiran al mismo tiempo que nosotros y refuerzan así la succión en los últimos micrómetros. En esta zona se alza el núcleo del pulmón: una catedral minimalista construida con células sumamente delgadas que se extienden como burbujitas en torno al aire. Las vías respiratorias están equipadas con trescientos millones de cúpulas de este tipo, que culminan la arquitectura general gracias a su capacidad de intercambiar gases: aquí las moléculas se elevan desde la sangre hasta el aire o bien se sumergen desde el aire hasta la sangre. Una resbaladiza película protege esta fina estructura frente al colapso. Pero lo hace *a duras penas*: en ningún otro lugar nuestro cuerpo presenta una construcción tan frágil y delicada como esta.

A lo largo de su evolución, los pulmones se han ido haciendo más y más tiernos y receptivos para aquello que necesitamos y, al mismo tiempo, más y más protectores para impedir el paso de aquello que no queremos. En este tiempo han logrado una arquitectura prácticamente perfecta. Solo podemos reprocharles un defecto: su disposición un tanto precipitada, directamente junto al esófago, lo que nos lleva a atragantarnos con la comida y a expulsar en medio de toses las bebidas que no han pasado por donde debían.

Sin embargo, quien conozca la historia de la evolución de los pulmones no tendrá más remedio que perdonar esos puntos débiles. Esta historia arranca con los peces, cuyo hábitat fue perdiendo oxígeno con el paso del tiempo. Para evitar asfixiarse, a estos seres no les quedó más remedio que salir a la superficie del agua en busca de oxígeno. O esa es al menos la hipótesis actual. Los peces lograron sobrevivir porque fueron generando «sacos de aire» cada vez mejores.

La aparición de los pulmones constituyó un acontecimiento asombroso. Que un ser acuático se adentre en un medio completamente ajeno a él representa un paso radical. Y construir un órgano completamente nuevo para conseguirlo es una enorme hazaña. Rara vez ocurre algo así en la historia de la evolución. Y en este caso (a pesar de algunos problemas de atragantamiento), la verdad es que salió bastante bien. La combinación de pulmones y vías respiratorias es una prueba crucial y extraordinaria de aquello de lo que somos capaces nosotros, los seres vivos, cuando queremos conseguir algo que no tenemos.

Las dos características más importantes de los mamíferos actuales se basan en la respiración: gracias a ella nos mudamos a tierra, en lugar de seguir viviendo en el mar, y los cada vez más refinados movimientos respiratorios nos permitieron en último término desarrollar un cerebro más complejo que, en esencia, consumía más oxígeno.

Si el cerebro es el que genera el impulso de respirar y los músculos son los responsables de que atrapemos el aire, los pulmones constituyen el tercer eslabón: son aquello que en nuestra sociedad del rendimiento y la meritocracia solemos pasar por alto cuando explicamos qué hay que hacer para conseguir algo. Porque si queremos cubrir nuestras necesidades no solo tendremos que contar con ambición y empeño, sino también con la capacidad de asumir lo que venga. Quien no pueda fluir con el aire que quiere respirar lo tendrá difícil.

Respirar, al igual que beber, digerir o dormir, forma parte de las «tareas domésticas» de la humanidad: unas actividades que, aunque hayan sido subestimadas a lo largo de la historia e ignoradas a la ligera, no solo son más inteligentes de lo que se pensó durante mucho tiempo, sino que además moldean la vida de una forma mucho más intensa de lo que hasta ahora se ha querido ver.

Nuestros pulmones nos lo demuestran: lo que necesitamos acaba por cambiarnos. Y esta es una diferencia fundamental entre las máquinas y nosotros. Nuestras necesidades no son depósitos de gasolina que tenemos que llenar para poder funcionar. Lo que queremos y el modo en que lo conseguimos determinan aquello en lo que nos convertimos. Nosotros, los seres vivos, nos formamos a través de nuestras necesidades. En este momento y 19.999 veces más cada día.

La materia que necesitamos

Hace unos dos mil cuatrocientos millones de años se produjo un terrible accidente debido a la acumulación de un gas tóxico. Una serie de bacterias marinas mutaron y cambiaron de tal forma que, de repente, empezaron a producir una reacción química a partir de la luz solar. En ese proceso generaron un gas residual que envenenó a otras bacterias. Buena parte de los seres vivos que existían por aquel entonces murieron. De ese modo quedó mucho espacio libre, así que las bacterias del gas tóxico pudieron expandirse prácticamente sin que nada las frenara. Pronto su gas no solo asoló el mar, sino que también ascendió hacia el aire. Nuestra atmósfera se llenó de él: se trataba del oxígeno.

Poco a poco, el oxígeno fue acorralando a los demás gases que hasta entonces habían compuesto la atmósfera. Entre ellos se encontraban el dióxido de carbono (CO_2) y el metano, que, tanto entonces como ahora, son gases de efecto invernadero, es decir, mantienen caliente la atmósfera de la Tierra. Su repentina disminución generó un fenómeno contrario al del actual cambio climático: empezó a hacer un frío extremo. El planeta vivió entonces su primera gran glaciación y durante unos doscientos millones de años permaneció congelado en el permafrost.

Todo podría haber terminado en ese momento. No en vano en el universo existen otros planetas helados en los que prácticamente no hay nada aparte de... frío. Por fortuna, sin embargo, doscientos millones de años más tarde varios volcanes entraron en erupción y lanzaron tanto CO_2 a la atmósfera que esta volvió a ser más cálida. Gracias al calentamiento de la Tierra y al deshielo de la corteza, la vida pudo continuar. Y... ¿quién lo habría imaginado? Resulta que el gas tóxico «oxígeno» sorprendió con un par de interesantes características...

El oxígeno es sumamente reactivo. Se une casi a cualquier cosa que se le ponga por delante. ¿Hierro? ¡Óxido! ¿Manzanas frescas? ¡Manzanas pochas! ¿Hidrógeno? ¡Agua! De ese modo, en muy poco tiempo surgieron nuevos compuestos (advertencia para todos los adictos a la adrenalina: «en muy poco tiempo» significa «en unos pocos cientos de millones de años»). Los materiales, las plantas y los organismos unicelulares que aparecieron por aquel entonces se convirtieron en la base de la nueva vida. Y, digámoslo tranquilamente, aun a riesgo de ser un pelín parciales: aquella era una vida emocionante.

Quien quisiera vivir a partir de entonces tendría que llevarse bien con el oxígeno, ¡ese imprevisible oxígeno! Las únicas opciones para entenderse con este elemento eran las siguientes: escapar de él (aunque no había muchos lugares a los que huir), utilizarlo de alguna manera (una solución mejor) o adaptarse para lidiar con él (una salida igualmente buena). Las plantas consiguieron producir oxígeno por sí mismas con la ayuda de la luz solar. Así nacieron árboles de metros y metros de altura y convoyes kilométricos de algas. Al fin y al cabo, en los días despejados hay sol en abundancia y para acceder a él no es necesario moverse... Impulsados por la capacidad de reacción del oxígeno, los organismos unicelulares se unieron para formar los organismos pluricelulares, a partir de los que surgió una diversidad prácticamente inabarcable de animales.

Esta parte de la historia se conoce como la «Gran Oxidación» o la «Catástrofe del Oxígeno». No ha trascendido si a la hora de ponerle el nombre a este acontecimiento se sintió más compasión hacia las bacterias vulnerables al oxígeno que hacia nosotros (que respiramos este gas). En cualquier caso, el término está bien elegido porque nos recuerda algo fundamental: nacimos de una crisis y gracias, precisamente, a la capacidad de lidiar con ella.

Para llevarse bien con el oxígeno es necesario entender cuáles son sus objetivos, que son, concretamente, ninguno: en el aire, este gas se mueve de acuerdo con patrones totalmente aleatorios. Eso sí, en cuanto se cruza con una molécula que le viene bien, está encantado de unirse a ella. A veces la cosa funciona y a veces no.

La estrategia del cuerpo para resistir lo mejor posible a la Catástrofe del Oxígeno se basa en el conocimiento de un sencillo dato: el oxígeno es caos... ¡y el caos es energía fuera de control! Por tanto, si conseguimos controlar un poco de esa energía, prácticamente dejará de ser catastrófica. Es lo mismo que ocurre con el fuego: dependiendo de cómo lo utilicemos, prepararemos una relajada barbacoa o incendiaremos el porche.

Si un torrente de moléculas de oxígeno consigue aterrizar

en nuestros pulmones, al principio esas moléculas revolotearán sin rumbo fijo, pero pronto la situación cambiará. En cuanto las primeras desemboquen en la sangre, el cuerpo las meterá en vereda. El primer punto de atracción: el hierro de nuestra sangre. Si se combinara con él, el oxígeno generaría óxido (uno de sus productos clásicos), pero en este caso nuestra sangre va un paso por delante. De hecho, en los glóbulos rojos el hierro se envuelve en proteína, a la que el oxígeno se acerca mucho, pero no tanto como para poder reaccionar bien con ella. Mediante esa estrategia se consigue atraer el gas por todo el cuerpo sin sufrir molestos contratiempos. Y esto no es todo: resulta que el hierro puede reutilizarse en el siguiente latido del corazón.

Si los glóbulos cargados de oxígeno pasan por delante de alguna célula que requiere energía, apartarán aún más a ese gas del hierro. A más tardar en ese momento el oxígeno abandonará su esperanza de unirse a él, así que optará por migrar hacia nuevos territorios. Sin embargo, esa migración no durará demasiado: ¡zas! De repente, lo atrapará un complejo enzimático cuya forma recuerda a una rueda de molino. Lo que tiene lugar entonces es lo que explica por qué necesitamos oxígeno para vivir y por qué nos morimos cuando no lo tenemos.

Las enzimas rueda de molino (o, por decirlo con más propiedad, la ATP sintasa y el citocromo c oxidasa) consiguen energía a través del oxígeno. Para ello, toman los restos más minúsculos de nuestra comida (restos de hidrógeno, concretamente) y se los ofrecen a alguien que no es para nada selectivo: ¡el oxígeno!

Una vez que la rueda de molino lo ha atrapado y lo ha arrojado a los despojos de hidrógeno, el oxígeno puede al fin (¡!)

girar libremente y hacer lo que mejor se le da: ¡reaccionar salvajemente con todo lo que se le ponga por delante! Si se une a dos restos de hidrógeno, se convertirá en agua y fluirá. La energía que se libere con esa reacción impulsará la rueda de molino y alimentará a nuestras células. Si respiramos, seguirá llegando más y más material. Y mientras la rueda gire, habrá vida. En cambio, cuando se detenga, moriremos.

La reacción que nos mantiene vivos es un tanto irónica: en su camino a través de los vasos sanguíneos, desde los pulmones hacia el interior de las células, donde alcanza hasta el compartimento celular más pequeño, el oxígeno es acompañado y controlado férreamente. Hay que evitar que se venga arriba y se una sin orden ni concierto a otros elementos... Pero, en último término, ¡es precisamente eso lo que necesitamos que haga! La energía del caos hace posible nuestra estabilidad.

Esta relación con el oxígeno se ha ido perfeccionando a lo largo de la evolución, pero todavía no es completamente controlable: en una de cada cien rotaciones, más o menos, dos porciones de oxígeno logran escaparse de las enzimas rueda de molino. Justo en mitad de la reacción. Lo que surge en ese momento se llama «radical de oxígeno». Esa molécula a medio acabar es aún más aficionada a las reacciones que su material de partida y explica por qué no solo es perjudicial la «insuficiencia» de oxígeno, sino también su «exceso». Los radicales pueden unirse prácticamente con cualquier otro elemento y desencadenar en nuestro cuerpo descontroladas reacciones en cadena. Lo habitual es que unas enzimas interceptoras especiales traigan a estos fugitivos de vuelta a la rueda de molino..., pero a veces no consiguen hacerlo.

En todas nuestras necesidades siempre hay un «exceso» y una «insuficiencia». Una alimentación excesiva no nos sienta bien. Por lo general, dormir demasiado tiempo hace que nos sintamos más cansados que despejados e incluso cuando bebemos cantidades muy elevadas de agua a gran velocidad podemos acabar sufriendo graves problemas, incluso un coma. En todo el cuerpo, lo fundamental es el equilibrio y el modo de mantenerlo.

Radicales de oxígeno

Los radicales de oxígeno son más que peligrosos. Si no los atrapamos a tiempo, se acabarán peleando espontáneamente con las proteínas, arrugarán las grasas de las membranas de nuestras células e incluso desteñirán «mechones» enteros de ADN como si se tratase de decolorantes para el cabello (un producto cuyo funcionamiento, dicho sea de paso, se basa en su contenido de radicales libres). En caso de que se vuelvan numerosos, nuestras células serán incapaces de mantenerlos a raya, así que sufrirán «pequeñas catástrofes del oxígeno».

En nuestra vida cotidiana, los radicales de oxígeno crecen «en exceso» después de que tomemos alimentos especialmente energéticos, como pasta con queso o hamburguesas con patatas fritas seguidas de un postre azucarado; en definitiva, cuando las ruedas de molino se ven obligadas a funcionar a pleno rendimiento. El resultado, aparte de esta sobreestimulación de las ruedas, es un estrés físico inusualmente alto, importantes inflamaciones, estrés mental o lesiones en los tejidos. Prácticamente siempre que nuestras células agotan sus fuerzas y necesitan mucha *más* energía, producen *más* anticuerpos o notifican *más* lesiones que de costumbre.

En los casos más graves, a estos radicales se les pueden unir otros llegados del exterior. Es lo que provocamos involuntariamente cuando tomamos medicamentos (por ejemplo, una dosis demasiado elevada de paracetamol), aplicamos determinados métodos de cocción (como el sobrecalentamiento de las grasas o el ahumado) o adoptamos los típicos hábitos: alcohol, tabaco o una exposición solar excesiva. Si el ambiente general se inclina hacia el caos, nuestras células no saldrán bien paradas.

Los radicales de oxígeno se encuentran implicados en casi todas las enfermedades que existen: son ellos los que reaccionan con el colesterol «malo» o colesterol LDL, lo que se traduce en arteriosclerosis, que a su vez causa un aumento de la tensión arterial; son ellos también los que aparecen como producto de las células inmunitarias hiperactivas, que, al liberarlos, favorecen las dolencias inflamatorias crónicas, como el reúma, en las articulaciones, o la enfermedad de Crohn, en el intestino; y son ellos igualmente los que, a través del alcohol y del tabaco, dañan el ADN y provocan cáncer. Incluso en el alzhéimer, el párkinson o la esclerosis múltiple se requiere como mínimo una etapa de reacción con los radicales de oxígeno para que aparezcan las lesiones en las neuronas que caracterizan a estas enfermedades.

La buena noticia es que contamos con aliados. Las plantas llevan varios miles de millones de años negociando con los radicales de oxígeno y en este tiempo han logrado desarrollar algunos notables trucos. Y, cuando nos las comemos, se los tomamos prestados. La regla general de la medicina nutricional dice que los antioxidantes liposolubles, como los que, por ejemplo, se encuentran en los frutos secos y las semillas, protegen las grasas de nuestras células. Los solubles en agua, presentes en la pulpa de frutas y hortalizas, velan por su interior líquido y la sangre. Así pues, las personas que ingieren estos alimentos en cantidades suficientes gozan de una mayor protección frente a numerosas enfermedades.

Dentro de este principio básico hay que tener en cuenta ciertos matices y particularidades. Por ejemplo, entre los antioxidantes, los arándanos se consideran un «superalimento» porque son capaces de neutralizar igual de bien tres tipos diferentes de radicales (oxígeno singlete, radical peroxilo y anión superóxido). Los tomates solo neutralizan un tipo de radical (el oxígeno singlete), pero, eso sí, ¡son los más eficaces en esta tarea! La vitamina C (que se encuentra en casi todas las frutas, hortalizas y verduras) puede invertir los papeles: en las células sanas intercepta los radicales más fácilmente que en las células que han sufrido una alteración maligna, colocándolas al final en una posición de desventaja.

De todas formas, y a pesar de los prometedores resultados que se han obtenido en diversos estudios, la investigación en este ámbito también presenta un rostro amargo: los ensayos sobre el suministro de determinados antioxidantes (vitaminas A, C o E) en forma de cápsulas o comprimidos, en los que se habían depositado tantas esperanzas, al final han quedado en agua de borrajas. No han demostrado proporcionar una ventaja significativa en las decenas de miles de voluntarios que han participado durante años en ellos. Los antioxidantes ni los han protegido de una forma significativa frente a las enfermedades ni les han alargado la vida. De hecho, en algunos fumadores ¡la vitamina E incluso aumenta el riesgo de padecer cáncer! Desde que se observó este efecto, los científicos se están preguntando por qué se produce.

Los radicales de oxígeno tienen otra faceta más que durante mucho tiempo ha pasado desapercibida: no solo son más caóticos que el propio oxígeno, sino que, por si fuera poco, aportan una ración adicional de energía... o, expresado con un símil automovilístico, dan más gasolina. Las células de los tejidos aprovechan este efecto para comunicarse entre sí. De hecho, ¡esa energía adicional funciona casi como los signos de exclamación de la comunicación celular! Las células inmunitarias la emplean para plantar cara a bacterias y virus (de hecho, la desinfección de las lentes de contacto mediante un radical de oxígeno, en concreto el peróxido de hidrógeno, se basa en este principio) y, además, con su ayuda podemos descomponer las células que se alteran y se vuelven cancerosas. Por eso atrapar sistemáticamente los radicales podría frenar estas beneficiosas funciones, lo cual no sería en absoluto favorable.

A todo ello hay que añadirle una sorprendente diversidad: por ejemplo, solo de la vitamina E ¡hay ocho formas diferentes! Algunas personas, por razones de carácter genético, no toleran bien la variante que, en altas concentraciones, suele usarse en los grandes estudios (el gamma-tocoferol o γ-tocoferol). Además, en los vegetales existen otras sustancias que, según se piensa, neutralizan los radicales incluso mejor y que no forman parte de las vitaminas. Es el caso, por ejemplo, de los polifenoles.

Ante esta nueva y desconcertante situación, siempre resulta tranquilizador ver algún rostro relajado. Por ejemplo, el del profesor estadounidense Ronald Prior, un pionero de la investigación acerca de los radicales, que sostiene una visión sumamente pragmática: según este autor, tenemos que centrarnos en lo seguro, esto es, en el aumento de los radicales después de las comidas. Esa subida no se produce para marcar las células cancerosas ni para organizar la defensa frente a las bacterias. Por lo general, es simplemente la consecuencia de un esfuerzo por parte de las ruedas de molino, para las que cualquier ayuda sería bienvenida.

Frutas, hortalizas, verduras y frutos secos: si todo va bien, una alimentación sana nos aporta, prácticamente sin gastos de envío, los beneficiosos antioxidantes. Fuera de este tipo de dieta, sin embargo, las cosas se ponen más complicadas: patatas fritas caseras o de bolsa, filetes empanados, pasteles... Todas estas comidas proporcionan energía, pero prácticamente no contienen antioxidantes. Cuanto más nos alimentemos a base de este tipo de bombas calóricas, mayor será el riesgo de que desarrollemos enfermedades crónicas, infartos de miocardio y otras dolencias por el estilo.

En teoría, si queremos montar una especie de «tráfico de indulgencias» en el terreno de los radicales de oxígeno, por cada pequeña ración de patatas fritas caseras de 320 kilocalorías se necesitaría tomar un buen puñado de arándanos (en torno a 25 gramos). Como alternativa, también se podría recurrir a un puñado generoso de avellanas (unos 15 gramos), a un tercio de manzana o a un plátano y medio. Con el kétchup lo tendríamos más difícil para compensar los radicales: los 250 gramos que serían necesarios suponen prácticamente el contenido de medio bote, que, además, ¡nos aportaría una cantidad de azúcar que nos rompería la estadística! (De hecho, ese azúcar empujaría aún más las ruedas de molino).

En la actualidad aún se debaten algunas cuestiones en este ámbito, como, por ejemplo, si los antioxidantes procedentes de las hortalizas y otros alimentos llegan de verdad a todas las células o si tal vez algunos de ellos solo actúan en el intestino. Sin embargo, aunque así fuera, Ronald Prior podría perfectamente encogerse de hombros, porque lo que, de acuerdo con sus cálculos, sería aconsejable se aplicaría igualmente en este contexto: está demostrado que las personas que toman cinco raciones de frutas y verduras al día viven más tiempo y con más salud. Precisamente esta cantidad permite neutralizar los radicales que se generan a través de una dieta media de 2.200 kilocalorías al día. Así pues, si Prior está en lo cierto, podríamos perfeccionar un poco más nuestra relación con el oxígeno.

Hace unos dos mil cuatrocientos millones de años se produjo un maravilloso accidente, en el que se originó un residuo llamado oxígeno. La incapacidad de lidiar con él estuvo a punto de provocar nuestra extinción... y aún no podemos decir que todo vaya sobre ruedas. Cada aliento, cada pez que hace burbujas, cada árbol de metros y metros de altura constituye la prueba de que nosotros, los seres vivos, somos capaces de superar las crisis y lidiar con lo indeseado. Y, aunque nos lleve tiempo, aunque el proceso esté plagado de contratiempos y aunque sigan existiendo errores, nuestras ruedas de molino funcionan, encontramos caminos por los que avanzar e impulsamos, estoica e impasiblemente, la vida.

Una pequeña digresión acerca del equilibrio de la vida

En 1944, el premio nobel de Física Erwin Schrödinger propuso al mundo científico la siguiente adivinanza: «¿Qué es la vida?». Aquella pregunta desencadenó un debate que Schrödinger decidió resumir en un libro. En él volvemos a encontrar las dos grandes características del oxígeno: la energía y el caos. Esta sería una síntesis:

Desde el punto de vista de la física, todo lo que hay hoy en el mundo puede clasificarse en función de cuánta energía necesita para existir y cuán caótico (o estable) es. Por ejemplo, una piedra es sumamente estable y apenas requiere de energía para existir. En cambio, el tiempo meteorológico, que cambia de un segundo para otro, es increíblemente caótico y consume una ingente cantidad de energía. En esta escala, nosotros, los seres humanos, nos situaríamos exactamente en el centro, aunque un pelín más cerca del caos del tiempo que de la calma de la piedra.

Para mantenernos debemos cubrir continuamente una serie de necesidades: respiramos, comemos, bebemos, dormimos. Una y otra vez procuramos acercarnos al punto central, justo entre la piedra y el tiempo, pero en cuanto nos descuidamos nos volvemos a alejar de él.

Por tanto, con cada inspiración y con cada espiración revoloteamos alrededor del punto de nuestra existencia. El hecho de que nunca podamos permanecer durante largo tiempo en el centro —es decir, en plena paz, sin deseos, anhelos ni decepciones— no es la «maldición de la vida»: ¡es su definición!

La regulación de la respiración

Hasta hace apenas unos años, los científicos seguían pensando que la respiración funciona como un tosco interruptor: según ellos, tan pronto como terminaba un ciclo de inspiración-espiración (esa era la idea más extendida), las neuronas responsables de la inhalación volvían a activarse automáticamente... en un movimiento de «clic-clac», por decirlo de algún modo. Pero no es así. En cada ciclo se vuelve a decidir cómo y cuándo vamos a inhalar. Segundo a segundo, se negocia cuán profundamente se debe respirar, cuántos músculos y cuánta energía se emplearán para ello y a qué velocidad se expulsará el aire. Para estas elecciones, el centro respiratorio situado en el cerebro necesita un amplio abanico de datos proporcionados por los pulmones, la sangre y los músculos.

Con el objetivo de mover los pulmones con la máxima precisión posible, una serie de receptores distribuidos en varios puntos —en los vasos sanguíneos del cuello, en las aurículas del corazón y en el cerebro— perciben los niveles de ácidos, dióxido de carbono y oxígeno de la sangre. También se recaba información acerca de la dilatación de los pulmones y sus vasos sanguíneos, la tensión arterial y el pulso. En un complejo proceso de negociación, estos datos se combinan en el cerebro con la información acerca de si estamos tumbados, corriendo o buceando, o si tenemos motivos para sentir miedo. En teoría, para poner en marcha la inspiración bastan tres neuronas convencidas. En la práctica, sin embargo, es necesario que miles de ellas se coordinen y se decidan.

También el aire de la atmósfera se basa en un proceso de negociación similar: es el denominado «ciclo del oxígeno». Lo que se llama «ciclo» es, en realidad, una estrecha red de productores de oxígeno (como las plantas), consumidores de oxígeno (como nosotros, los animales) y la atmósfera (incluidos los estratos de roca, los océanos y los suelos). Todos ellos toman o emiten oxígeno. Gracias a la inteligente unión de todos los implicados, desde hace miles de millones de años este planeta cuenta con suficiente aire. Por ejemplo, ya no puede haber más animales (que consuman oxígeno) que algas y plantas (que produzcan oxígeno). El mercado se autorregula, pero si y solo si *todos* los participantes son *razonablemente* interdependientes.

La dependencia es *el* sello distintivo de la naturaleza. No obstante, para ella ser dependiente no es un signo de debilidad, sino un rasgo que permite una forma específica de inteligencia.

Cuando la naturaleza crea una interconexión razonable entre todos los seres posibles, aparecen patrones (similares a los patrones de pensamiento de nuestra mente). Ciencias como las matemáticas, la física, la geografía o la medicina no son sino intentos de entender y registrar estos patrones.

Si esta red de dependencias tan sutilmente equilibrada se desordena, sufriremos las consecuencias. Por ejemplo, una fracción de neuronas parecerá especialmente ruidosa o bien resultará convincente aunque esté equivocada. En nuestro centro respiratorio, al igual que en cualquier parlamento, reunión de comunidad de vecinos o encuentro profesional, a veces se producen desacuerdos: de repente, respiramos más rápida y profundamente de lo que deberíamos o jadeamos de un modo innecesariamente forzado o superficial. En algunos momentos de tensión y pánico, preocupación e inquietud o alegría, nuestros pulmones se mueven como si estuviésemos corriendo, escondiéndonos o brincando... Pero en realidad estamos aquí, sentados, en silencio.

En los casos más graves, puede ocurrir que exhalemos tanto ácido carbónico (a través del dióxido de carbono o CO_2) que nuestra sangre pierda sus valores normales de acidez. Las proteínas de la sangre y de los nervios reaccionarán de una forma desmesurada. Al igual que la leche, que forma grumos cuando se vierte en ella zumo de naranja, o el vinagre cuando se mezcla con levadura, el cambio en el nivel de acidez genera reacciones de lo más variopinto. Los nervios más finos de los dedos o de la boca empezarán a sentir un hormigueo y, si pasado un tiempo también se contraen los vasos sanguíneos del cerebro, perderemos la conciencia.

En este caso, el desmayo persigue un fin pragmático: durante la breve pausa de la respiración que se produce en ese momento, se acumula en el torrente sanguíneo nuevo dióxido de carbono, que restablece la acidez que necesitamos. Entonces volveremos a respirar con normalidad. En la inconsciencia, el centro respiratorio recuerda sus valores de inicio, la información que procede de nuestros órganos...

A lo largo de la historia los seres humanos hemos desafiado en repetidas ocasiones las interdependencias del mundo. Por lo general, ese desafío nos ha salido bien, aunque alguna que otra vez el resultado ha sido un tanto tosco. En general, si conseguimos integrar razonablemente las novedades en las dependencias ya existentes, todo funciona: nos enfrentamos a las hambrunas mediante invernaderos, inventamos la cesárea para evitar la muerte precoz de bebés y madres y desde hace siglos conservamos los pensamientos y las ideas en libros y textos en general. En este tiempo hemos logrado liberarnos de muchas de las limitaciones que sufríamos antaño.

Evidentemente, cualquier novedad conlleva riesgos, pero a menudo las ventajas que aporta son mayores. Aunque esto no está tan claro en el caso de los inventos que no se integran en las dependencias previamente establecidas. Es el caso, por ejemplo, de la idea de horadar la tierra para extraer los restos de seres vivos que murieron hace millones de años: eso es justo lo que hacemos para explotar el petróleo, el gas natural o el carbón (que se forman, sin excepción, a partir de los microbios y los depósitos de vegetales). Cuando quemamos los seres vivos descompuestos para obtener energía es como si exhalásemos de una sola tacada toneladas de moléculas de dióxido de carbono sin producir a continuación ningún oxígeno. En consecuencia, el equilibrio se tambalea.

También en la regulación moderna de la respiración hemos hecho avances y nos hemos topado con limitaciones: hoy en día podemos envasar aire en botellas metálicas, que utilizamos para respirar mientras buceamos, como si fuésemos peces. Desde 1970 incluso es técnicamente posible respirar sin pulmones. ¡Y también sin aire! A través de la denominada oxigenación por membrana extracorpórea, se extrae la sangre del cuerpo, se le proporciona oxígeno y, por medio de una cánula, se vuelve a introducir en el organismo. Mediante ese mismo método se retira del torrente sanguíneo el dióxido de carbono —que en condiciones normales expulsaríamos con la espiración— empleando una serie de filtros.

Precisamente esta respiración extracorpórea nos demuestra que incluso los inventos extraordinariamente útiles son también asombrosamente complejos: dan lugar a una serie de efectos secundarios que ponen de relieve la red de interdependencias del cuerpo. El corazón, el intestino, el metabolismo, el sistema inmunitario... ¡todos ellos están ligados a los pulmones! Los movimientos respiratorios expanden o relajan el corazón. El diafragma, que se hunde durante la respiración, masajea el estómago y el intestino, lo que facilita la digestión. Y, de acuerdo con estudios recientes, hasta el hecho mismo de que por nuestras vías respiratorias circule aire fresco o bien aire ya viciado nos protege frente a las infecciones, ya que cambia constantemente su valor de pH. Además, determinados patrones de respiración calman al cerebro y, a través de este eje, influyen en nuestro metabolismo. ¡Un cuerpo expuesto a la oxigenación extracorpórea se perdería todas estas conexiones!

Si *de verdad* queremos reemplazar la respiración, tendremos que imitar todas estas interdependencias. Y también las interdependencias que nacen de esas interdependencias...

Aun cuando hayamos creado una especie de naturaleza paralela, un mundo en el que, en mayor o menor medida, gozamos de poder, bienestar o autonomía, eso no cambia ni un ápice lo esencial: lo que en el fondo sostiene este mundo es la dependencia. Y en todo lo que deseamos debemos tenerla siempre en cuenta y evaluarla lo mejor posible. Podemos entrelazarnos de una forma más delicada en dependencias razonables, jugar con ellas y evitar romperlas.

Técnicas de respiración

Desde hace algunos años se viene investigando en mayor profundidad la respiración, precisamente porque presenta una particularidad: los movimientos respiratorios pueden controlarse a través de dos vías: la consciente y la inconsciente. Es algo insólito en nuestro cuerpo. Prácticamente ningún otro órgano vital se deja influir por la conciencia. No podemos ralentizar el ritmo del corazón a nuestro antojo, ni motivar al intestino para que digiera más rápido, ni pedirles a los riñones que produzcan menos orina cuando nos encontramos atrapados en un atasco. Sin embargo, sí que somos capaces de respirar más rápido o de contener la respiración según nuestra voluntad. Y, cuando la conciencia no tenga nada especial que aportar, la respiración pasará de una manera fluida al modo inconsciente. Este «bilingüismo» de la respiración entraña una singular oportunidad: gracias a él, dos áreas de trabajo del pensamiento que de otro modo estarían separadas entran en contacto entre sí.

Los primeros estudios acerca de las técnicas de respiración no han decepcionado. De hecho, nos han permitido entender qué aporta la respiración controlada durante un parto, por qué preferimos fumar cigarrillos en lugar de tomar la nicotina a través de parches o por qué a veces suspiramos cuando nos sentimos relajados. A partir de aquí, incluso centros como la Universidad de Harvard están analizando este tema, y en unidades especiales del Ejército estadounidense o de la Policía alemana se está proporcionando formación sobre determinadas técnicas respiratorias. La investigación acerca de los ritmos de la respiración ha inspirado también aplicaciones y cursos: parece que ciertas técnicas mejoran el estado de ánimo, otras ayudan a despejarse después del bajón que sufrimos a la hora de la siesta, algunas alivian las migrañas y los ataques de pánico y otras favorecen el sueño. Rara vez se explica el conocimiento científico que está detrás de todo ello, a pesar de que muchos de los efectos reposan básicamente en dos principios: la relación entre inspiración y espiración y el paso (o no) del aire por la nariz.

Hay algo que, de entrada, es fácil de constatar: espirar relaja, pero inspirar despierta. Si inspiramos y espiramos con normalidad, entre ambas acciones se mantiene un equilibrio, por lo que apenas nos percatamos de sus efectos. Sin embargo, si el pensamiento consciente o inconsciente tiene motivos para la agitación, ese equilibrio se rompe. Cuando la inspiración se vuelve más larga, más profunda o más frecuente, nos activamos. En casos extremos, incluso nos tensamos o nos angustiamos. Si quieres probarlo, inspira durante treinta segundos de manera profunda pero rápida. Precisamente por sus efectos a esta técnica se la conoce también en algunos idiomas como la «respiración con efecto café expreso».

Funciona del siguiente modo: al inspirar, los pulmones se llenan de aire, con lo que sube su «presión atmosférica». Eso presiona la sangre recién aireada hacia el corazón. Si inhalamos de manera especialmente profunda, la cantidad de sangre enviada será muy alta. De hecho, hasta la mitad de la sangre que se encuentra en los pulmones puede salir de ellos. Esta carga adicional desencadena en el corazón un breve instante de nerviosismo, igual que el que se genera en una caja de supermercado en la hora punta. Para bombear los milímetros de más, el corazón inhibe los nervios que, en condiciones normales, estarían muy a favor de la relajación y el aburrimiento. Por eso en la inspiración este órgano late más rápido.

Durante la espiración, el nerviosismo se diluye y los pulmones se vuelven más blandos y pueden admitir de nuevo más sangre, descargando así al corazón. Por eso su latido se ralentiza durante los segundos que dura este movimiento. En ese momento, el corazón vuelve a escuchar todos los impulsos nerviosos, incluso los que le llaman a la calma.

Cuanto más despacio espiremos, más tiempo tendremos para esta fase de descanso. Una sola respiración no sirve de mucho, pero si este ejercicio se repite varias veces a lo largo del día se consigue un efecto general: está estadísticamente demostrado que quien realiza, de media, espiraciones más largas que sus inspiraciones desarrolla menos enfermedades ligadas al estrés. Cuanta más serenidad reciba el corazón, mejor se coordinará con los pulmones. Con la respiración tenemos que actuar como cuando hacemos bricolaje sin prisa: debemos dedicarnos por completo a cada pliegue y cada punta de nuestro aliento. Eso nos permitirá ahorrar energía y nos protegerá del desgaste.

En el cerebro, el efecto de nerviosismo del corazón se refuerza debido a un aliado inesperado: la nariz. Cuando inspiramos a través de ella, un torrente de aire recorre los orificios nasales, lo que activa las terminaciones nerviosas de la mucosa, que, a su vez, informan al cerebro. Cada inspiración genera así una señal.

En la respiración lenta, esa señal sería la siguiente:
Tuuut Tuuut Tuuut Tuuut

En la respiración rápida, en cambio, tendríamos esto:
Tit Tit Tit Tit Tit Tit...

Hoy en día, gracias a los escáneres cerebrales y a los estudios con electrodos en el interior del cráneo (¡sí, has leído bien!), sabemos ya que esta señal es un metrónomo, una especie de director de orquesta que regula el nivel de actividad del cerebro. Por él se guían sobre todo la amígdala y el hipocampo, que son áreas cerebrales responsables de la vigilancia (si esa vigilancia es muy intensa, se llega a la ansiedad) y de la capacidad de memorización. Cuando los nervios de la mucosa nasal se aturden o respiramos por la boca, el efecto desaparece. (Por cierto, la *espiración* tampoco desencadena este efecto). Si te apetece probar, por ejemplo, cuánto del nivel de vigilancia que mantienes mientras estás corriendo procede de la nariz, puedes ir alternando la respiración nasal y la bucal para ver qué es lo que más te despierta.

Hay unidades especiales del Ejército y de la Policía que en situaciones extremas aplican las técnicas de respiración basadas en una espiración lenta: parece que en las clases de las academias de policía el pensamiento consciente aprende que, en caso de enfrentamiento con alguna persona armada, debe permanecer tranquilo. Sin embargo, en esa misma clase el pensamiento inconsciente está solamente... inconscientemente presente. Así pues, cuando a la hora de la verdad se produce una situación extrema, en la mayoría de los casos el pensamiento inconsciente recurre a su propuesta originaria, es decir: «¡AAAAAAHHH!». Para que esa propuesta no lleve las riendas, es necesario que la respiración proporcione calma. En la respiración 4-6, la inspiración es más corta (cuatro segundos) que la espiración (seis segundos). Un solo minuto de esta técnica basta para bajar objetivamente la tensión arterial y para reducir la producción de hormonas asociadas al estrés.

Las matronas aplican la misma herramienta que las academias de policía: también durante los partos se utiliza la respiración como un elemento facilitador. La verdad es que un útero sabe con bastante exactitud qué tiene que hacer en ese momento, pero no es especialmente bueno a la hora de comunicar sus intenciones. La respiración permite remediar esta carencia. Si aparece el estrés, que desencadena una respiración innecesariamente rápida y poco profunda, nuestra conciencia puede, por decirlo así, responder al teléfono y ayudar a aplicar una exhalación más sosegada (siempre y cuando, desde luego, esté convencida de que el sosiego servirá de algo). En las primeras etapas del parto, el estrés aumenta la sensibilidad frente al dolor y reduce el riego sanguíneo de los órganos internos, así que no es mala idea introducir un poco de relajación. En cambio, al final del parto se requiere justo lo contrario: en ese momento hay que emplear todas las fuerzas para expulsar al bebé. Ahora no se trata de respirar tranquilamente, sino de encender las alarmas del cuerpo a través del jadeo.

Las técnicas de respiración no solo nos ayudan cuando parimos o cuando intervenimos en una misión especial: en mitad de un frenético día a día, existen pocos ejercicios de relajación mejores que salir al aire libre para inspirar profundamente un par de veces y deleitarse en una lenta espiración. Y precisamente eso es lo que hace que el tabaco resulte tan traicionero: combina sustancias adictivas y cancerígenas con un hábito realmente maravilloso. Es una técnica de respiración casi de manual...

Visto así, puede que el hábito de fumar sea el único ejercicio de relajación socialmente aceptado. Nos permite interrumpir el trabajo, podemos ejercerlo también en una fiesta ¡y en las estaciones de tren y en los aeropuertos incluso se habilitan áreas específicas para que lo practiquemos antes de emprender nuestro viaje! Si en lugar de fumar nos sentásemos en la postura del loto y susurrásemos «ommm», seguramente nos encontraríamos con reacciones de desaprobación.

Durante mucho tiempo se especuló con la posibilidad de que las técnicas de respiración sirvan de ayuda a las personas que están intentando dejar el tabaco. Por fin, en el año 2020 un equipo de científicos publicó el primero de los extensos estudios que desde entonces se han llevado a cabo sobre este tema. En él se comparó el protocolo tradicional de deshabituación con una técnica de respiración consciente desarrollada en el ámbito del yoga. El resultado estaba claro: en los pacientes que habían recurrido a la respiración, el riesgo de recaída se redujo el doble que en los demás. La respiración les ayudó sobre todo a limitar la intensidad de las sensaciones negativas habituales del síndrome de abstinencia.

Naturalmente, nuestra respiración no lo puede todo. Ni la mejor técnica de inspiración y espiración facilita la tarea de dar a luz a un bebé demasiado grande, y quien echa en falta el gratificante chute de dopamina que proporciona un cigarrillo no lo encontrará exclusivamente en la respiración. Pero si lo consciente y lo inconsciente trabajan codo con codo, el proceso resultará mucho más sencillo. El bilingüismo de la respiración nos permite combinar lo mejor de dos mundos.

Respiración disfuncional

Seguramente los pulmones lamentan a veces ser tan sensibles. Por ejemplo, cuando nuestros pensamientos se disparan, estos órganos empiezan a tomar aire de manera profunda y rápida, pese a que no necesitemos ni «más oxígeno» ni «menos dióxido de carbono». Otro caso: existe un fenómeno sorprendentemente extendido, conocido como la «apnea del *e-mail*», por el que contenemos la respiración cuando abrimos un correo electrónico, aunque no haya razón alguna para ello. Y a veces, después de un resfriado, seguimos inspirando «por costumbre» por la boca, aunque haga tiempo que la nariz se nos haya desobstruido.

Se calcula que en torno al 10 por ciento de los seres humanos respiran de una manera insana. Esta «respiración disfuncional» provoca cansancio, tensión en la nuca o frío en las manos o en los pies, y puede agravar la sensación de que nos falta el aire. En ocasiones aparece acompañada de enfermedades pulmonares, como el asma, y en ese caso pasa desapercibida, lo que a menudo determina que los medicamentos recetados al paciente no se traduzcan en una mejora palpable de su estado.

Ya sabemos que nuestra conciencia puede ser irracional y

que a veces nos impide hacer lo correcto. Lo que, en cambio, tenemos menos en cuenta es que en determinadas circunstancias la conciencia puede romper el equilibrio de nuestras funciones fisiológicas básicas. Los estudios que se están llevando a cabo en este terreno arrojan una nueva luz sobre los conocimientos ancestrales, especialmente sobre la meditación.

Dos de las instrucciones que más se repiten en las sesiones de meditación son «No te aferres a tus pensamientos» y «Limítate a observar tu respiración». En ese sentido, esta práctica es algo atípica: de hecho, en el resto de las técnicas de respiración lo que se busca, en último término, es involucrar de una manera específica a la conciencia. Y, de acuerdo con las investigaciones, es posible que la propuesta del yoga responda a un motivo de peso: la intervención de la conciencia en los procesos del cuerpo no siempre es útil. En la mayoría de los casos, que nuestros pensamientos se disparen no nos sirve para solucionar ningún problema. Y tampoco tiene sentido permitir que influyan en la respiración.

Si conseguimos dejar de aferrarnos a las rumiaciones, el centro respiratorio podrá volver a dedicarse en mayor medida a analizar cuánto oxígeno hay en la sangre y cuánto dióxido de carbono es necesario expulsar; en definitiva, dedicarse a lo esencial, en el aquí y el ahora. Y eso facilita un cambio directamente cuantificable: la respiración se ralentiza y se relaja cuando, sencillamente, la dejamos en paz. Es más, incluso se vuelve más eficiente (aunque probablemente a nuestra conciencia no le guste mucho oír esto).

A veces, en una meditación no se consigue todo esto de manera directa, pero sí se produce un fenómeno muy simple: se bosteza. Y el bostezo (al igual que la tos o el estornudo) es uno de los reflejos que permiten «poner a cero» el centro respiratorio. Cuando un estímulo, como la rumiación o la ansiedad, influye demasiado en la respiración, este tipo de gestos funcionan como un repentino paréntesis. Si los nervios del centro respiratorio van corriendo de acá para allá al ritmo de los pensamientos disparados, cuando llegue la pausa de un bostezo volverán a percibir todo lo demás.

En ocasiones las pantallas son como una versión tipo «comida rápida» de la meditación: los vivos colores y sonidos del exterior apartan a la conciencia de sus propios pensamientos y, al tenerla ocupada procesando este tipo de impresiones, parece que consiguen alejarla de la respiración. Eso es lo que sugieren diversos estudios de los años setenta y ochenta del siglo pasado, cuyos resultados está retomando la investigación actual. Según sus hipótesis, si queremos alcanzar la agradable sensación de una respiración armoniosa, nos será igual de útil —al menos a corto plazo— meditar o mirar fijamente el móvil. Las dos actividades van a serenarnos y a apartarnos de nuestras cavilaciones.

Para determinar si nuestra respiración es disfuncional o simplemente inquieta, hay que tener en cuenta si nos ocasiona problemas importantes. Por ejemplo, hay personas que activan los músculos del tórax de tal forma que a lo largo del día aparece un dolor en los puntos en los que se ancla esta musculatura (es decir, en la nuca). Otras sienten un cansancio extremo por la tarde porque respirar innecesariamente de una manera más frecuente y profunda tiene un coste: el esfuerzo se va acumulando a lo largo de la jornada hasta que, al llegar la noche, ¡se sienten tan exhaustas como si acabaran de llegar de una sesión de *running* en el parque! Si en reposo respiramos más de veinte veces por minuto, expulsaremos tanto dióxido de carbono que los pequeños vasos sanguíneos que nos recorren las manos y los pies se contraerán. ¿Los efectos? Sensación de frío y hormigueo y, en algunos casos, incluso taquicardia, ansiedad y mareo. Una señal característica de que nuestra respiración es disfuncional es que casi todos estos problemas mejoran tras unas horas de sueño, pero vuelven a aparecer a lo largo del día, que es, prácticamente, el momento en que más tiempo permanece activa nuestra conciencia...

Hay acontecimientos que cambian nuestras rutinas respiratorias. Igual que una persona que ha sufrido un robo en su casa adquiere la costumbre de cerrar hasta tres veces la puerta de su domicilio, cuando el cuerpo vive momentos de asfixia (por ejemplo, por asma o problemas del corazón) acaba desarrollando movimientos respiratorios desproporcionados. A veces ese efecto puede ser producto del estrés o de resfriados persistentes. Pero, en cualquier caso, cuando esos movimientos se enquistan, por lo general ya no bastará con calmar nuestros pensamientos. En este caso hay que actuar como cuando adoptamos una postura corporal incorrecta: tendremos que desaprender activamente los patrones de movimiento adquiridos, ¡y para eso necesitamos que la conciencia vuelva!

El problema más habitual —la respiración acelerada— suele responder bien al método Buteyko, que consiste en aguantar la respiración después de espirar. De ese modo, el centro respiratorio y la musculatura implicada se dan cuenta de que no necesitan volver a inspirar automáticamente después de cada exhalación. Así, el estímulo principal que desencadenará la siguiente inspiración volverá a ser el nivel de CO_2 de la sangre, que aumenta lentamente entre respiración y respiración. El método Buteyko también ayuda a los pacientes que padecen asma, a los que incluso les permite en ocasiones reducir la medicación. No obstante, todavía no está claro si de verdad actúa contra esta enfermedad o si, sencillamente, alivia la parte disfuncional de la respiración que no depende directamente del asma.

A veces da la impresión de que no podemos confiar en nosotros mismos a la hora de gestionar nuestras propias necesidades: devoramos paquetes enteros de golosinas, pasamos demasiado tiempo pegados al móvil y son muchas las personas que fuman pese a que saben lo insano que es este hábito. Nuestro comportamiento —consciente e inconsciente— puede perjudicarnos. Y esto también es aplicable a la respiración. Sin embargo, los conocimientos acerca de su regulación resultan inspiradores: si hemos construido miedos inconscientes, nuestra conciencia es capaz de «respirarlos» de manera que se calmen. Y si nuestra conciencia se ha perdido en cavilaciones sin sentido, los procesos inconscientes del cuerpo son capaces de «bostezarlas» para que volvamos a tomar contacto con la realidad. Si ambas facetas consiguen llevarse bien entre ellas, restablecerán el equilibrio del corazón y el cerebro. Con una pequeña contribución de la nariz.

La contaminación atmosférica: los elementos indeseados

Casi siempre que conseguimos algo que anhelamos recibimos al mismo tiempo algo que no deseábamos: en una carrera deportiva profesional, problemas en las articulaciones; en una relación sentimental, peleas; en una merienda a base de frambuesas, minúsculas pepitas que se nos quedan largo tiempo entre los dientes y acaban por sacarnos de quicio. Nuestros pulmones lo saben: lo que ellos necesitan es aire limpio, pero en él siempre hay partículas suspendidas que inspiramos sin querer. Estos órganos lidian con los elementos indeseados a diario.

Esos elementos indeseados pueden clasificarse en diferentes categorías. Por ejemplo, en nuestro aire hay cosas molestas e inofensivas. Si respiramos un par de partículas de sal, los pulmones apenas se resentirán. Al fin y al cabo, sus propias células contienen sal, así que unas cuantas partículas más o menos no van a suponer un gran cambio. Sin embargo, si su número es relativamente elevado —que es algo que, por ejemplo, ocurre cuando estamos junto al mar—, las vías respiratorias reaccionan: para no volverse ellas mismas saladas, sus células expulsan humedad hasta que la concentración de sal del aire respirado se vuelva soportable. Podemos aprovechar este mecanismo específicamente durante la inhalación: si nos pulverizamos una solución salina isotónica (es decir, una solución con el mismo contenido de sal que nuestro cuerpo), nuestras vías respiratorias mantendrán una humedad óptima; en cambio, si inhalamos una solución salina hipertónica (o sea, que posee más sal que nuestras células), nuestros mocos se volverán más fluidos, por lo que nos resultará más fácil expectorarlos. Sin embargo, una cantidad excesiva de este tipo de solución puede alterar el contenido de sal de nuestro cuerpo. Eso sí, los daños no pasarán de ahí.

Las partículas de hollín, en cambio, generan más estrés que la sal. Del mismo modo que al intestino no le apetece lo más mínimo tomar un alimento carbonizado en la barbacoa, los pulmones tampoco sienten especial entusiasmo por el aire achicharrado. En este caso, nuestras vías respiratorias no pueden asir estas partículas y diluirlas en humedad, sin más: de hecho, tienen que evacuarlas, porque de lo contrario les obstruirán el paso o les provocarán reacciones. En función de la sustancia que se haya quemado, el hollín puede ser, además, pegajoso o irritante. Existe un sistema creado específicamente para enfrentarse a agentes como este. Si cuando observas un orificio nasal la imagen que se te viene a la cabeza es la de las cerdas de una escoba, entonces es que has comprendido el principio básico: las vías respiratorias se protegen de la suciedad mediante vellos.

Existen dos tipos de vellos: los vellos nasales visibles de la nariz (vibrisas) atrapan las pelusas de mayor tamaño, que, sencillamente, se quedan prendidas de ellos. En cambio, los cilios, mucho más pequeños, se reúnen un par de milímetros más allá de la entrada de las fosas nasales y actúan de una forma más enérgica: con la ayuda de diminutos músculos, se agitan ochocientas cincuenta veces por segundo y barren el aire. Todo aquello que interceptan se evacúa hacia la garganta, que cada pocos segundos se traga este material para que el vigoroso tubo digestivo se ocupe de él empleando sus ácidos y enzimas. Lo principal es proteger de estos elementos a los tiernos pulmones...

Los vellos trabajan en estrecha colaboración con las denominadas «células caliciformes», encargadas de producir una mucosidad en la que se incluyen anticuerpos contra los patógenos más habituales. Si alguna impureza o algún virus queda atrapado en el moco, ya no podrá escapar tan fácilmente durante el barrido... Cuando están juntos, los vellos y la mucosidad son como una fregona y un cubo de agua. Gracias a su acción conjunta es posible eliminar el 50 por ciento de la suciedad del aire que respiramos. Y todo eso sin salir de la nariz. Eso significa que quien respira por la boca se pierde este servicio.

Cuando respiramos demasiado a menudo por la boca, las células inmunitarias de la garganta se encuentran con muchas más impurezas y, si como consecuencia de ellas crece su tejido inmunitario, se generará lo que se conoce como «amígdalas hipertrofiadas». En ese momento puede desencadenarse un problemático círculo vicioso, porque esa hipertrofia dificulta aún más la respiración a través de la nariz. En algunos casos, la hinchazón puede remitir de manera espontánea en los niños cuando pasan una temporada sin sufrir resfriados y, por tanto, pueden volver a respirar por las fosas nasales.

Como en el tórax el conducto se estrecha, aumentan las probabilidades de interceptar las impurezas que aún puedan quedar en el aire inspirado. Aquí los vellos barren en la dirección contraria, es decir, no hacia abajo, desde la nariz hacia la garganta, sino hacia arriba, desde los pulmones hacia la garganta. El estómago se ocupará de todo lo demás... Incluso cuando alguna partícula consiga superar la garganta y llegar hasta los bronquios, allí las vibraciones la repelerán y lograrán que acabe aterrizando en el estómago la próxima vez que traguemos saliva.

Los vellos pueden lidiar sin problemas con una cantidad normal de elementos indeseados. Sin embargo, cuando las partículas son demasiado pesadas, fluidas o peligrosas, necesitan ayuda. En ese momento, los nervios de las vías respiratorias activarán la musculatura de la zona para que tosamos o estornudemos y generemos así una onda expansiva que catapultará la suciedad hacia el exterior, pasando previamente por miles de vellos.

Si, a pesar de todo, las impurezas llegan al núcleo del pulmón, es decir, a los sensibles alvéolos pulmonares (¡y, en consecuencia, al umbral mismo de la sangre!), habrá que cambiar de estrategia. Aquí ya no valen los jueguecitos de desplazar partículas de acá para allá, porque en la zona no hay ningún vello y, en la mayoría de los casos, ya es demasiado tarde para desencadenar un ataque de tos. Todo aquello que, llegados a este punto, no se haya expulsado a través de una vibración o de una expectoración aterrizará en una instancia más severa: los fagocitos.

Los fagocitos especiales y especializados de los pulmones (denominados «macrófagos pulmonares») se mueven por los tejidos de los angostos alvéolos de una forma similar a la de las amebas y capturan todo lo que pueda llegar a ser peligroso. Forman parte del sistema inmunitario y siempre tienen alguna tarea que realizar: de hecho, cuando el aire está limpio pueden dedicarse a limpiar la sangre que desfila ante ellos, como una especie de trabajito extra. En cualquier caso, para ellos acoger la suciedad es un gesto muy arriesgado, porque no siempre sobreviven. De hecho, cuanto más cerca estén de la sangre, más sacrificios tendrán que asumir.

Vellos, fagocitos y compañía: buena parte de las impurezas que inhalamos se eliminan mediante los métodos tradicionales. Sin embargo, si alguna pequeña partícula consigue superar estas barreras, no es infrecuente que se deposite en el tejido de la zona. Eso explica los pulmones grises de la población de las ciudades o los pulmones negros de los fumadores y de los mineros. Almacenar la suciedad tiene un alto precio: para proteger nuestra sangre, los pulmones están dispuestos a enfermar.

Las personas que tienen más ramificaciones en las vías respiratorias (es el caso de aproximadamente el 16 por ciento de la población) presentan un mayor riesgo de desarrollar la enfermedad pulmonar obstructiva crónica (EPOC). Los científicos creen que en las bifurcaciones se almacena más suciedad, como ocurre también en las ramificaciones de un río. De hecho, es lo que se deduce de un amplio estudio, publicado en 2017, en el que se analizaron miles de imágenes radiológicas, pruebas genéticas y exploraciones.

Sin embargo, eso no significa necesariamente que quienes poseen pulmones menos ramificados se vayan de rositas: puede que en otros patrones pulmonares se acumule menos suciedad, pero es posible que esta llegue con más facilidad a la sangre (y provoque enfermedades vasculares, renales o cerebrales). Se trata, en cualquier caso, de una pista que se está investigando en la actualidad.

La frenética actividad de los vellos barredores, la firme potencia de los músculos al toser, la vigilancia de los fagocitos y, por último, el espíritu de sacrificio de los tejidos: todos estos factores protegen al cuerpo frente a los elementos no deseados. De ese modo se consigue eliminar una cantidad enorme de sustancias perjudiciales. Sin embargo, no todas ellas desaparecen: los gases y las partículas ultrafinas pueden atravesar los alvéolos pulmonares y pasar al torrente sanguíneo. Ahora será el turno de los vasos y los órganos. Las vías respiratorias ya han hecho todo lo que estaba en su mano.

Dióxido de nitrógeno y PFAS: un peligro que puede llegar hasta nuestra sangre

La contaminación atmosférica no es nada nuevo. Existe desde el principio de los tiempos. O, como mínimo, desde las primeras erupciones volcánicas, hace tres mil millones de años. También las tormentas de arena, las plantas aromáticas, el mar y los incendios forestales han arrojado desde siempre sustancias insanas al aire. ¿La buena noticia? Que nuestro cuerpo conoce desde hace tiempo la mayoría de las impurezas de este mundo y ha encontrado vías para mantenerlas a raya. ¿La mala? Que ahora estamos ante un nuevo mundo.

Hoy en día, hasta el 90 por ciento de la contaminación atmosférica nociva tiene un origen humano. En algunos casos, la polución procede de sustancias que siempre han existido, pero que ahora están presentes en cantidades considerablemente mayores (por ejemplo, el dióxido de nitrógeno). En otros, proviene de sustancias que, de no ser por nosotros, no se hallarían hoy en la naturaleza, como ocurre con las PFAS (sustancias perfluoroalquiladas y polifluoroalquiladas).

Las PFAS y el dióxido de nitrógeno representan en buena medida lo que supone este nuevo mundo. Sus nombres nos resultan abstractos. A diferencia de la sal o el hollín, la mayoría de las personas no saben de dónde salen esos componentes y se sienten perdidas ante la inabarcable diversidad de sustancias que, o bien son nuevas, o bien aparecen ahora en concentraciones excesivas, como ocurre con el dióxido de azufre, el dióxido de carbono, el ozono, los ftalatos... Intimidan tanto que hasta vacilamos a la hora de intentar conocerlas mejor: su lista nos recuerda a la relación de ingredientes que aparece escrita con letras minúsculas en los envases de comida, a las condiciones generales de venta que figuran en las páginas web o a los programas políticos que contienen cientos de páginas. Sin embargo, lo cierto es que cada día inhalamos todas estas sustancias. Quien se atreva a examinarlas con un poco más de detalle estará en condiciones de prestar una gran ayuda a sus propios pulmones. Al igual que la sal y el hollín, las PFAS y el dióxido de nitrógeno abren la puerta a un mayor conocimiento, así que merece la pena organizar una expedición por estos parajes...

1. PFAS (sustancias perfluoroalquiladas y polifluoroalquiladas): un producto humano en el aire

Las PFAS permiten aumentar la resistencia de los materiales. Una manera de generarlas es aplicar electricidad a un material estándar, como el cartón o el plástico, y tratarlo después con gases fluorados. Durante esta reacción ocurre algo que ya conocemos de nuestra experiencia con la pasta dental provista de fluoruro: cuando nos frotamos los dientes con esta sustancia, conseguimos que se deposite en el esmalte dental y que forme potentes enlaces en él. Esos enlaces atraen a los minerales de la zona, lo cual endurece el esmalte. Así se consigue que la superficie de los dientes reaccione en menor medida con otros elementos —como, por ejemplo, los ácidos de las bacterias generadoras de caries— y se vuelva más duradera.

En la producción de las PFAS no se utiliza fluoruro, sino flúor en estado puro, ¡que reacciona de una forma mucho más intensa! Aplicado sobre fibras textiles permite que las alfombras repelan el polvo; cuando se administra a la ropa impermeable ayuda a que el agua se deslice mejor sobre ella, y como complemento de las pinturas contribuye a que las paredes de los edificios resistan en mayor medida las inclemencias meteorológicas. La lista de usos es muy larga y se extiende desde los cosméticos con efecto de larga duración hasta los vasos de cartón o el papel de hornear, pasando por los envases revestidos en los que los restaurantes nos sirven la comida para llevar, los pulverizadores impermeabilizantes, los pesticidas que recubren las hojas de las plantas o las sartenes de teflón. Se podría decir que muchas cosas de nuestra vida serían imposibles si no existieran las sustancias de este nuevo mundo...

Las PFAS llegan a la atmósfera mientras se fabrican o bien cuando se incineran en las plantas de gestión de residuos. En los espacios interiores se liberan a medida que las alfombras ignífugas se van desgastando, por ejemplo, o cuando pulverizamos productos que contienen estas sustancias. Durante mucho tiempo se dudó de que las PFAS fuesen realmente perjudiciales para nosotros: al fin y al cabo, están tan ligadas a los nuevos materiales que no se muestran muy dispuestas a reaccionar químicamente con otros elementos (y, además, no reaccionan a temperaturas inferiores a 600 °C). Por eso cuando nos tragamos un trozo de teflón de una sartén rallada lo más probable es que recorra el cuerpo sin mayores consecuencias. Sin embargo, las partículas pequeñas se comportan de un modo diferente. Llegan a la sangre a través de la respiración, la bebida o la comida. Y si no conseguimos eliminarlas mediante la orina, se van acumulando en diferentes zonas del cuerpo, igual que ocurre con los vasos de plástico en los parques. Unas cuantas partículas no suponen ningún problema, pero cuando son demasiadas a veces generan alteraciones.

En dosis elevadas, ciertas PFAS obstaculizan la protección frente a las células cancerosas, dificultan la producción de anticuerpos después de la aplicación de vacunas (sobre todo en el caso de los niños) o merman la fertilidad. Por eso desde hace unos años están prohibidas algunas de las aproximadamente cuatro mil ochocientas PFAS que existen. Sin embargo, como son sustancias que persisten durante largo tiempo, resulta complicado llevar a la práctica esa prohibición: una vez que se encuentran en circulación, ni la naturaleza ni nuestro organismo pueden eliminarlas.

Mientras tanto, estas sustancias están empezando a aparecer en lugares en los que en principio parecía imposible encontrarlas. Se extienden a través del agua, las nubes y el aire, de tal modo que en el año 2019 se detectaron en todas y cada una de las muestras de lluvia que se analizaron en todo el planeta. Por eso ya no es recomendable beber agua de lluvia no tratada. Además, se han localizado cantidades especialmente elevadas de PFAS en los casquetes polares y en el hígado de los osos polares. La paradoja de estas sustancias es muy representativa de nuestro tiempo: aquello que en un principio se iba a utilizar para proteger los objetos frente al desgaste se ha acabado convirtiendo en un problema de gestión de residuos.

2. El dióxido de nitrógeno: presente de forma natural en la atmósfera..., pero en cantidades excesivas

El aire que respiramos se compone de nitrógeno en un 78 por ciento, aproximadamente. Este elemento suele comportarse de una forma bastante tranquila e inofensiva para nosotros: lo inspiramos, lo espiramos y punto. Sin embargo, si un rayo atraviesa el cielo, un volcán entra en erupción, un trozo de bosque se incendia o alguien enciende una fogata, el nitrógeno recibe de repente un aporte de energía que le permite atraer átomos de oxígeno. Con ellos crea dióxido de nitrógeno (NO_2). En pequeñas cantidades, este compuesto tan rico en energía es incluso un buen fertilizante para suelos y aguas, pero a partir de cierta concentración el aire, por decirlo así, acusa el exceso de abono. Lo que ocurre en ese momento recuerda a las salidas de tono de ciertas superestrellas que, de la noche a la mañana, se hacen millonarias. Solo que el dióxido de nitrógeno, en lugar de comprarse un mono como mascota o estrellar un coche de alta gama contra una pared por mera diversión, reacciona de un modo diferente. Diferente, pero, eso sí, igual de imprevisible...

Cuando el NO_2 se encuentra con las células de las vías respiratorias, reacciona de una forma completamente arbitraria. Evidentemente, nuestras células cuentan con ciertos mecanismos para atraparlo, pero a partir de una cierta cantidad esos recursos son insuficientes. En ese caso, las células de los vellos nasales se rompen y el dióxido de nitrógeno se multiplica, llega hasta los vasos sanguíneos y allí irrita también a sus células. Cuando los daños son pequeños apenas nos percatamos de ellos, pero todo cambia cuando son de mayor calado. Si respiramos durante unos minutos este gas en grandes cantidades sentiremos aspereza en la garganta. Las personas que tengan vías respiratorias especialmente sensibles sufrirán también una opresión en el pecho.

El dióxido de nitrógeno no solo tiene un origen natural (rayos, volcanes y demás): también puede ser producto de la actividad humana. En su momento aprendimos a encender el fuego y desde entonces siempre estamos quemando algo: gasolina, en el caso de los motores de los automóviles, o petróleo, carbón y gas, en el de las fábricas, las centrales eléctricas y las calefacciones. En el interior de nuestros edificios hay cocinas de gas, cigarrillos, velas y chimeneas (que, aunque no producen tanta cantidad de este gas como las grandes instalaciones industriales, lo cierto es que también disponen de menos aire para acoger ese NO_2).

Hablemos en cifras: en condiciones naturales, la cantidad de dióxido de nitrógeno en el aire exterior es de entre 0,4 y 9 microgramos por metro cúbico. Sin embargo, en una calle de Alemania con abundante tráfico es fácil llegar a 60 microgramos por metro cúbico (o 30 partes por mil millones), es decir, entre 5,5 y 150 veces más que el valor de partida de la naturaleza (siempre en función de la referencia con la que se compare, claro).

Para entender la magnitud de estas cifras es útil cotejarlas con los cigarrillos. Si un niño camina durante media hora por la mañana y otra media hora por la tarde en una calle con mucha circulación rodada (por ejemplo, para ir al colegio), respirará compuestos de nitrógeno equivalentes a la décima parte de un cigarro. En el caso de un adulto en la misma situación, esa proporción se elevará a un tercio. Y si, en lugar de caminar, se desplaza en bicicleta o corriendo, respirará aún más rápida y profundamente...

De entrada, una décima parte o un tercio de un cigarrillo no parece una cantidad abrumadoramente alta. De hecho, un fumador se sentiría orgulloso si pudiera reducir su consumo a ese porcentaje. Sin embargo, con el tiempo las sustancias se van acumulando. Si los pequeños se crían en zonas muy transitadas, al cabo de diez años, de media, tendrán un mayor riesgo de desarrollar asma, cuyos efectos empezarán a sentir al llegar a la adolescencia.

Los efectos indeseados de nuestra época ya no son tan evidentes como un rayo o un incendio forestal, sino que se manifiestan a través de varios factores al mismo tiempo, se deslizan por debajo del umbral del dolor y de ese modo difuminan también las fronteras entre la ignorancia y la culpa. A diferencia del cáncer o de la pandemia de covid-19, la contaminación atmosférica no produce ninguna enfermedad con nombre propio: más bien interviene como factor de riesgo en una serie de problemas ya conocidos. Si las partículas de suciedad se adhieren al polen o a algún patógeno, favorecen el desarrollo de alergias y de infecciones respiratorias. Y si las sustancias nocivas llegan a la sangre, no solo alcanzarán a los vasos sanguíneos, sino también a órganos como el cerebro. Está demostrado que en algunos de nosotros provocan cambios de humor y que en el caso de las personas de edad avanzada aumentan incluso el riesgo de padecer demencia, párkinson y depresión. Si en una ciudad la contaminación atmosférica es particularmente alta, incluso los órganos menos sensibles acabarán viéndose afectados y la probabilidad de desarrollar enfermedades renales y diabetes aumentará.

El aspecto más estudiado en la actualidad es la relación entre la polución del aire y las afecciones cardiovasculares. Cuando las células del sistema inmunitario reaccionan ante las sustancias nocivas presentes en la sangre mediante una inflamación, a veces desencadenan pequeños trombos, lo que, unido a otros factores de riesgo, puede ser la gota que colma el vaso: alrededor de una quinta parte de todas las muertes prematuras se producen como consecuencias de infartos de miocardio y una cuarta parte, debido a un ictus. Estos valores aumentan precisamente en las fechas y en los lugares en los que se han sobrepasado los valores máximos de concentración de las sustancias nocivas en la atmósfera. Lo mismo cabe decir de los dolores de vientre y de las apendicitis, que también son más frecuentes en esas circunstancias: no en vano no solo respiramos las partículas, también las ingerimos.

La contaminación atmosférica actual ocupa un extraño cuarto puesto: junto con la hipertensión arterial, el tabaco y la dieta poco saludable, es uno de los cuatro riesgos más importantes para nuestra salud en todo el planeta. De hecho, cada año provoca la muerte de unos siete millones de personas, una cifra que supera la de las muertes que ha causado anualmente la pandemia de covid-19 desde que estalló (entre 1,8 millones y 3 millones). En las estadísticas de la polución del aire, hay Estados, como Alemania, que salen mejor parados que otros, como China o la India, pero lo cierto es que, en lo que respecta a las sustancias nocivas procedentes del tráfico urbano, mi país ocupa uno de los peores puestos en Europa. En la actualidad cualquier gran ciudad alemana supera los nuevos valores de referencia que ha propuesto la Organización Mundial de la Salud (OMS) para las partículas en suspensión y el dióxido de nitrógeno. Y a veces los sobrepasa con creces, además.

Al igual que en el caso de los problemas de las articulaciones en el deporte de alto rendimiento, las peleas de pareja y las pepitas de frambuesa, ante la contaminación atmosférica a la que estamos asistiendo en nuestros días cabe plantearse una pregunta: ¿cuándo sigue mereciendo la pena algo, a pesar de todo?

¿Qué harían los pulmones ahora?

Nuestra historia se respira mientras avanza. En este sentido, los dos últimos siglos han sido como un esprint: en un cortísimo espacio de tiempo hemos hecho grandes progresos y hemos cumplido muchos deseos. Sin embargo, también hemos acumulado no pocos efectos indeseados. Los pulmones ya han vivido en numerosas ocasiones esta situación y han encontrado un camino para lidiar con ella.

Cuando corremos, en algún momento alcanzamos un punto de inflexión: de repente, tenemos que respirar mucho más profundamente y a más velocidad. Y no solo porque nuestro cuerpo necesita más oxígeno, sino también, y sobre todo, porque aparecen más y más desechos metabólicos, ¡que tenemos que expulsar a través de la espiración! El más abundante en nuestro organismo es el dióxido de carbono (CO_2).

En un esprint, una espiración a nuestro ritmo habitual resultaría demasiado lenta, así que lo que hacen los músculos es activarse y empujar hacia el exterior, laboriosa y dinámicamente, el aire utilizado. Aunque en otros contextos espirar sea una tarea que no requiere esfuerzo, ¡en este, de repente, consume mucha energía!

De hecho, si los pulmones se limitaran a seguir respirando como antes de correr, se produciría una acidificación excesiva. Cuando el dióxido de carbono se acumula en la sangre (ya como ácido carbónico), el nivel de pH se hunde. Y eso es exactamente lo mismo que está ocurriendo ahora en todos los mares del mundo. E igual que el CO_2 acumulado les complica la vida a los peces que habitan en ellos, también nos causa calambres en los músculos. En el océano, este elemento erosiona los arrecifes de coral, y en nuestro cuerpo provoca que se desprendan iones de calcio de los huesos, lo que dificulta el trabajo de los nervios y desencadena también otras reacciones. Si los pulmones no se esfuerzan más de lo normal para respirar, pronto nos vendremos abajo y no podremos dar ni un paso más.

Entre el 2 y el 5 por ciento: ese es el porcentaje de nuestra energía que consume la espiración activa cuando corremos. Entre el 2 y el 5 por ciento: ese es también, paradójicamente, el porcentaje del producto interior bruto que, de acuerdo con los cálculos por extrapolación de los principales equipos de investigación, costaría a todos los Estados del mundo adoptar medidas suficientes para combatir el cambio climático. Así pues, tal vez ha llegado el momento de que nos detengamos, nos planteemos esta opción y nos preguntemos si de verdad sería tan terrible aplicarla, tal y como hace nuestro propio cuerpo.

Política, valores máximos y ventilación: proteger nuestras necesidades

La mayoría de nosotros somos sorprendentemente torpes a la hora de detectar una escasez de aire. En los espacios interiores es habitual que, por ejemplo, si alguien sale del salón para ir al baño, al volver suelte algo así como «¡Qué cargado está el ambiente!» para convencernos de que hay que abrir la ventana. Igual que no nos damos cuenta inmediatamente de la presencia de elementos indeseados en nuestra respiración, muchos de nosotros tampoco nos percatamos de que llevamos largo tiempo desempeñando un trabajo que apenas nos motiva, ni somos capaces de dejar atrás hábitos insanos ni de terminar con relaciones que nos hacen infelices. Percibir lo que no queremos y decidir que, aunque podríamos soportarlo, preferimos cambiarlo: todo esto forma parte del arte de vivir. También forma parte de él la capacidad de sentir satisfacción. La historia lo demuestra: el aire que respiramos es, desde hace por lo menos dos mil cuatrocientos años, un campo de entrenamiento en este sentido. Una y otra vez buscamos límites que nos guíen en nuestro camino: ¿qué debemos aceptar y qué no?

1. Política

Hasta el siglo XVII, lo habitual era que las autoridades políticas no adoptasen ninguna medida para combatir la polución del aire. Sencillamente, se consideraba normal que la atmósfera estuviera sucia, aun cuando los habitantes de las zonas urbanas sufriesen ronquera o, por ejemplo, el filósofo Séneca se sorprendiera de lo «despierto» que se sentía cada vez que salía de la ciudad (lo cual, de acuerdo con las fuentes históricas, se debía probablemente al vapor de amoniaco que se generaba entonces al quemar carbón). Cuando, en la época de la industrialización, el problema se agravó, se tomaron las primeras decisiones. Las personas cada vez enfermaban más por culpa de su trabajo. Además, aparecieron lo que se conoce como «boinas de contaminación», es decir, formaciones de esmog que nos impiden ver unos pocos metros más allá, lo que llevó a implantar chimeneas más altas y a trasladar ciertas industrias al campo. De ese modo se consiguió un cierto respiro, pero no se resolvió el problema.

La expansión de los automóviles en el siglo XX se consideró en un primer momento una victoria para el medioambiente —al fin y al cabo, el aire y el agua dejarían de ensuciarse con los residuos de los caballos empleados para el transporte—, pero pronto la alegría inicial dio paso al miedo.

En 1952, poco después de que el transporte urbano de

Londres pasara a organizarse con autobuses de motor, todo se disparó: una capa de aire cálido cayó sobre la ciudad y generó un área de bajas presiones. La polución de las fábricas, de los vehículos y de las calefacciones de carbón no encontró vías de salida y se estancó. Al cabo de unas pocas horas, se formó una «niebla negra como la pez» que impedía ver cualquier cosa que estuviese más allá del propio ombligo. Los chóferes de los autobuses tenían que apearse y palpar a ciegas las paredes de las casas para saber por dónde continuar. Y en la mayoría de los casos fracasaron en este intento. En apenas unos días, doce mil personas enfermaron y murieron.

Si estás pensando que este acontecimiento provocó que se adoptaran de inmediato medidas adecuadas, te equivocas. Después de la Segunda Guerra Mundial muchos ciudadanos se habían quedado sin casa y la economía seguía renqueante. La política hace lo mismo que una mujer traumatizada ante la agresividad de su marido alcohólico: se preocupa de lo básico, es decir, de tener un techo sobre la cabeza y un plato de comida en la mesa. En aquel tiempo, eso parecía más importante que disponer de un aire de calidad. Con todo, se dio un primer paso: de repente se empezó a pensar que había que actuar de una manera diferente. Cuatro años más tarde se promulgó la primera Clean Air Act (o Ley de Aire Limpio) del Reino Unido, con la que se pretendía evitar acontecimientos similares en el futuro.

Sin embargo, la ley no era lo suficientemente estricta. En 1962 la historia se repitió. Por aquel entonces en Alemania se registró también un incremento de la mortalidad de en torno a un tercio en los días en los que había más contaminación atmosférica. En los certificados de defunción constaba como causa de la muerte el «infarto de miocardio», que, como los expertos ya sabían, se debía, en último término, a la polución del aire. Esta repetición de los acontecimientos no se señaló como tal a la opinión pública, pero en los círculos de especialistas empezó a crecer la sensibilidad con respecto a este tema. Poco a poco, los políticos comenzaron a interesarse por el asunto y a dirigir su atención hacia los resultados de los estudios. Incluso la industria se mostró dispuesta a participar. ¿La consecuencia? Por primera vez en la historia ciertos valores de emisiones de gases bajaron.

Este doloroso movimiento de avance, retroceso, nuevo avance y, por fin, descubrimiento de un camino recuerda a la manera en la que aprendemos a caminar. Se trata de un proceso que continúa aún hoy. En cuanto el tema «legislación atmosférica» pareció estar liquidado, empezaron a producirse muertes masivas de árboles como consecuencia de la contaminación. En los años setenta, las lluvias de dióxido de azufre sobre el suelo de los bosques fueron tan ácidas que los abetos pequeños, con las raíces más cortas, sencillamente se murieron. Un tercio de la superficie forestal europea resultó dañado. Y, aunque se adoptaron medidas para paliar la situación —a las que algunos bautizaron como la «solución de miles de millones de dólares para un problema de millones de dólares»—, al final los costes se quedaron bastante por debajo de lo previsto inicialmente y la naturaleza se recuperó. En apenas unos años, el nivel de dióxido de azufre de la atmósfera se redujo en hasta un 70 por ciento. Aquella victoria llegó justo a tiempo.

La fase de la comprensión ha sido corta: casi todo aquello sobre lo que hablamos hoy cuando nos referimos a la contaminación del aire no se ha empezado a entender hasta hace unos años. En la década de los ochenta, la relación entre el CO_2 y el clima ya era conocida por gran parte de la opinión pública. Desde los noventa, la ciencia ha analizado en profundidad una sustancia nociva tras otra: tras el dióxido de azufre de la lluvia ácida le tocó al ozono, a continuación al dióxido de nitrógeno y, por último, a las partículas en suspensión. Solo desde hace unos años (¡!) existe, además, un modelo más preciso para medir la contaminación atmosférica y desde que se cuenta con él todos los grandes países industrializados han conseguido reducir al mismo tiempo, y por primera vez en su historia, *varias* sustancias de este tipo. Sin embargo, este resultado no debe hacernos caer en una euforia desmedida: aún queda mucho camino por recorrer. Los *lobbies*, por una parte, y la indolencia, por otra, frenan la acción. Mientras tanto, el reloj sigue avanzando. No obstante, también es importante reconocer de dónde venimos y dónde estamos hoy, porque eso nos demuestra que no somos impotentes. La política, la industria y la sociedad ya han avanzado mucho. Cuando de verdad hay voluntad, podemos lograr cosas entre todos.

2. Valores máximos

Desde 1985, en el interior de un refugio antiaéreo reconvertido, situado cerca de Münster, se vigila el nivel de contaminantes entre la población alemana. En las más de cuatrocientas mil muestras analizadas en este tiempo, se ha conseguido detectar ciertos productos químicos y medir con una precisión de microgramos su aumento y su disminución en nuestra sociedad. Solo con el paso del tiempo ha sido posible identificar algunos de sus efectos secundarios.

También en este lugar es posible examinar la eficacia real

de las medidas adoptadas: en 1988 se prohibió en Alemania la adición de plomo a la gasolina y empezaron a instalarse los surtidores «sin plomo». Pues bien, en los años siguientes los niveles de este elemento en las muestras de sangre se redujeron de media en un 87 por ciento. El caso es que, al igual que ocurrió con las PFAS y con otras sustancias, al principio el plomo parecía estar destinado a hacer nuestra vida más agradable. La adición de este elemento permitía contar con tuberías de agua más maleables, pinturas para la pared resistentes al agua y motores de vehículos menos ruidosos y más duraderos. Sin embargo, cuando el plomo llega al organismo humano provoca una gran cantidad de efectos secundarios no deseados, como cansancio, anemia o daños en el sistema nervioso. En realidad es algo que ya sabíamos —no en vano se prohibió su uso en tuberías y pinturas ya en los años veinte—, pero el plomo se mantuvo en la gasolina durante más tiempo porque se diluía en el aire sin que nadie lo viese.

Solo cuando los científicos descubrieron por casualidad en la década de los setenta que más del 77 por ciento de la población de Estados Unidos presentaba valores elevados de plomo en sangre (y se demostró que la presencia de este elemento provocaba enfermedades) se volvió a reflexionar acerca de la hipótesis de que el plomo llegase, a través de las emisiones de los gases de los tubos de escape, al aire que respiramos y de que pasase a la sangre desde los pulmones. Aquel fue uno de los pistoletazos de salida para la creación de biobancos como el de Münster.

Dado que en nuestra época lo indeseado suele ser invisible, necesitamos valores límite claros para combatirlo. Y, en la búsqueda de esos valores, nuestros ojos han vuelto a posarse en ellos: los pulmones, los vellos, la mucosidad y los fagocitos.

En total, los pulmones pesan 600 gramos (350 el derecho, 250 el izquierdo) y su capacidad de eliminar la suciedad es limitada. En los últimos veinte años se ha investigado con más intensidad que nunca dónde se encuentran sus límites en este sentido.

Los estudios acerca de la calidad del aire son muy variados: a veces se toman muestras de personas que respiran los gases de escape a través de una mascarilla, o se investiga qué pasa con la mortalidad y la morbilidad de una ciudad después de que cierre una fábrica que producía mucho esmog. A menudo se cotejan las cifras de muertes e ingresos hospitalarios con los registros de las estaciones locales de medición de la calidad del aire. Desde hace poco podemos obtener datos incluso metro a metro, gracias a las mediciones que se realizan desde casa por medio de los satélites espaciales.

Este tipo de estudios no dicen gran cosa por separado, pero cuando sus resultados se analizan juntos y en periodos de muchos años resultan reveladores: de repente se evidencian paralelismos entre el desmantelamiento de una fábrica en el Medio Oeste de Estados Unidos y la prohibición de fumar en los bares y restaurantes de Barcelona, o los ingresos hospitalarios pueden clasificarse en función de los niveles de determinadas sustancias perjudiciales en la atmósfera. Si se observa que la polución del aire o el aumento de alguna de esas sustancias coincide en general con un incremento de los problemas de salud (y si eso se produce independientemente de la meteorología o del número de bajas por enfermedad en el periodo estudiado), entonces hay base sólida para extraer conclusiones. Este tipo de investigación es lenta pero segura.

Han sido necesarios dieciséis años de estudios y más de

quinientos artículos especializados para que la OMS establezca nuevos valores máximos para la contaminación del aire. Las directrices vigentes en la actualidad, adoptadas en 2021, son más estrictas que las anteriores, de 2005. Indican, además, que podemos tolerar valores superiores a lo previsto, pero para ello es necesario que hagamos pausas en la exposición. Así, por ejemplo, el dióxido de nitrógeno (NO_2) puede llegar sin problemas a una media de 25 microgramos por metro cúbico en una jornada (e incluso a una media de hasta 200 microgramos por metro cúbico en una hora), pero, fuera de estos picos puntuales, en la media anual se observan consecuencias para la salud a partir de valores superiores a 10 microgramos por metro cúbico (en lugar de a partir de 40 microgramos por metro cúbico, como se pensaba antes).

También existen directrices para las partículas finas (PM2,5), que llegan a la sangre a través de la respiración, y para las partículas más gruesas (PM10), que las vías respiratorias pueden interceptar. Lo sorprendente de estos nuevos valores límite es que no solo permiten proteger el cuerpo, sino que, si se respetan, podríamos incluso materializar buena parte de las medidas que son necesarias para conservar el medioambiente.

Si quieres comprobar si el aire en torno a tu casa respeta estos y otros valores, puedes recurrir a diversas páginas web y aplicaciones. De hecho, hay ya aplicaciones de previsiones meteorológicas que recogen los niveles actuales de sustancias nocivas de cada lugar. A continuación encontrarás un resumen de los principales valores límite de la OMS:

Sustancia nociva (en µg/m³)	Límite máximo diario	Límite máximo anual
NO_2 (por lo general expresado en partes por mil millones)	25 (corresponde a unas 13 partes por mil millones)	10 (corresponde a unas 5 partes por mil millones)
$PM_{2,5}$	15	5
PM_{10}	45	15

Fuente: OMS, 2021.

Todos los valores máximos diarios presentados pueden superarse durante tres o cuatro días al año sin que ello provoque consecuencias significativas a largo plazo. Por este motivo los valores máximos anuales son inferiores a los diarios. Las PFAS están incluidas en los niveles de PM. En la actualidad, las estaciones de determinación de la calidad del aire aún no pueden medir las de menor tamaño (que se incluyen en la fracción de PM0,1).

Las personas con vías respiratorias sensibles, como es el caso de quienes padecen asma, no siempre necesitan consultar una tabla para saber si se han alcanzado o no los valores máximos. Por lo general los pulmones se lo dicen directamente: en ese caso se estrecharán las vías respiratorias o se desencadenarán el estornudo o la tos. Algunos de estos pulmones «sensibles» reaccionan de una manera especialmente intensa al dióxido de nitrógeno; otros, a las esporas de moho que se encuentran en las paredes de las habitaciones, y otros indican con la irritación de los ojos y la tos un aumento de los valores del ozono. Lo irónico es que, si tienes a una de estas personas en tu entorno, puedes sacar partido de la situación: los pulmones sensibles reaccionan a las sustancias nocivas ya en valores que para los demás solo generan efectos negativos *a largo plazo*. Por eso en los estudios se indica dónde comienzan los valores máximos horarios y diarios, lo que crea un margen de seguridad para el resto de la población.

También en lo que respecta a la gestión de la incomodidad hemos tenido que avanzar a tientas. Cuando empezamos a encender hogueras, a construir centrales eléctricas de carbón o a fabricar coches, al principio no teníamos claro qué efectos provocaríamos con todo ello. Hasta que conseguimos dominar los sistemas de protección contra incendios como lo hacemos hoy, nuestra «nueva» capacidad de prender fuego nos llevó a arrasar viviendas enteras, bosques y grandes partes de las ciudades, pero no por ello se planteó nunca la posibilidad de renunciar por completo a este elemento o de rogar encarecidamente a los ciudadanos que se abstuviesen de vez en cuando de encender hogueras. El fuego era esencial para la vida. Sus ventajas superaban a sus inconvenientes. En cambio, hoy nadie echa de menos el plomo en el aire. La decisión de asumir o no los riesgos y en qué medida hacerlo no puede depender de una lotería. Los valores máximos aportan claridad en este sentido.

3. Ventilación

Que el aire sirva para ventilar: esa es una tarea de la política, la industria y la ciencia. Airear es una actividad que cualquier persona puede llevar a cabo. En los interiores, la contaminación del aire constituye un fenómeno en sí mismo: las sustancias y las cantidades que en el exterior jamás representarían un problema para nosotros cuentan aquí con mucho menos espacio. Fuera, las partículas procedentes de la cocina, de los productos de limpieza, de las velas y de los cosméticos, o incluso de nuestro aire espirado, se dispersan fácilmente, pero dentro se concentran.

De acuerdo con los estudios en esta materia, entre el 66 y el 78 por ciento de las aulas europeas superan los niveles máximos de dióxido de carbono (CO_2) y de partículas en suspensión (PM10) permitidos. A partir de 1.000 partes por millón (unos 1.800 miligramos por metro cúbico) de CO_2 cambia el riego sanguíneo del cerebro: nos cansamos antes, no podemos prestar la misma atención o incluso empezamos a sufrir una repentina jaqueca..., lo cual es muy poco práctico si queremos aprender o trabajar. En los espacios en los que se reúnen muchas personas puede ser de ayuda instalar aparatos de medición de este gas o, al menos, planificar momentos de ventilación con una frecuencia establecida (si es demasiado caro colocar un aparato de ese tipo en cada sala, siempre se puede adquirir uno solo y tomarlo prestado de vez en cuando hasta que se aprenda cómo airear bien).

De acuerdo con la Oficina Federal de Medio Ambiente de Alemania, en las viviendas se puede aplicar una regla general: en verano conviene ventilar dos veces al día entre veinte y veinticinco minutos, si es posible a primera hora de la mañana y por la noche (que es cuando la temperatura y los niveles de ozono suelen estar en sus niveles más bajos). En cambio, en los días más frescos el frío aporta una ventaja adicional: la diferencia térmica entre el exterior y el interior permite que el intercambio de aire sea más rápido, así que en lugar de entre veinte y veinticinco minutos bastará con entre tres y cinco minutos (aunque la operación se debe repetir de dos a cuatro veces al día). Sin embargo, si tenemos montado en el salón un altar con velas o nuestra cocina está llena de humo porque hemos estado friendo carne en ella, es aconsejable que abramos las ventanas con más frecuencia.

Para las personas que sufran de alergia al polen o vivan en calles especialmente afectadas por el tráfico es una buena idea instalar, además, un purificador de aire, que aportará ventajas también a quienes no quieran abrir las ventanas por la noche debido al ruido exterior: dormir con las ventanas cerradas y sin mover el aire viciado (por ejemplo, empleando un ventilador) reduce en un 8 por ciento la calidad del sueño. Una reducción de un 8 por ciento en la calidad del sueño no suena tan terrible. Y, de hecho, no lo es en absoluto para ciertas personas... Es algo tan insignificante como una reducción de un 8 por ciento en el sueldo: a corto plazo quizá resulta asumible, pero a la larga no es un cambio para mejor, desde luego.

Nadie tiene que ventilar a la perfección, ninguna política tiene que conocer ya todas las respuestas y prácticamente ninguna empresa produce aún sin generar sustancias nocivas. Al igual que hacemos en nuestra vida cotidiana, descuidamos una y otra vez los límites, las propias necesidades y la gran red de las interdependencias. Pero estamos mejorando. El lema «En dirección contraria a lo indeseado» es una fórmula que, a veces, nos guía en la misma dirección en la que lo haría la fórmula alternativa «En dirección hacia lo bueno». Si ese es el caso, prestemos atención a la señal: por ese camino avanzaremos bien.

Desde el año 2021 contamos con los valores límite más precisos que ha habido jamás, y desde la identificación de la lluvia ácida y la introducción de la gasolina sin plomo sabemos ya lo mucho que se pueden reducir las sustancias nocivas cuando la política, la tecnología y la ciencia trabajan codo con codo.

Nuestros pulmones —esos órganos tiernos y sensibles— son tal vez más decisivos para nuestro futuro que muchas otras cosas que se han puesto ruidosamente en el centro de la escena. Con su capacidad de adaptarse suavemente, de reaccionar y de regular en silencio, han superado ya el mayor de los retos: enfrentarse a la vida con oxígeno. Qué necesitamos, cómo debemos poner límites a lo que no deseamos y dónde se halla nuestro equilibrio: todo esto se decidió hace ya largo tiempo en nuestro aliento. Cada vez que nos sintamos cansados o sobrepasados podemos recordar cómo se las apañan nuestros pulmones. Respiración tras respiración.

2

Seguridad

El sistema inmunitario

La casa de Bill

En mi infancia solíamos ir con frecuencia a casa de Bill los fines de semana.

Bill, un pianista estadounidense, era el mejor amigo de mi abuela Hedi. En la época en la que estudió Música en Heidelberg conoció al amor de su vida, así que decidió quedarse en Alemania y se compró una casa en el macizo de Odenwald. Aquella propiedad estaba rodeada por todas partes de un espeso zarzal. Para entrar en ella, mi madre tenía que bajarse del coche y abrir una cancela. Cuando la franqueábamos, los guijarros empezaban a brincar, repiqueteando, bajo las ruedas del automóvil. En cuanto se paraba el motor, yo abría de golpe la puerta, me bajaba de un salto y respiraba profundamente. Olía a hierba, a vacas, a heno y a bosque. La puerta de la casa siempre estaba abierta y casi siempre nos encontrábamos a Bill sentado junto a la chimenea.

A mi abuela se le iluminaba el rostro en cuanto lo veía. Mi madre se dejaba llevar por la ternura. Mi hermana, que cuando estaba ante extraños solía taparse los ojos con las manos, aquí, en cambio, adoptaba una actitud valiente y libre. Bill obraba ese efecto: todas las personas —fuesen pequeñas o grandes, rectas, contrahechas o encorvadas— le parecían tan válidas como lo era él. Y, de alguna manera, todas ellas se volvían algo mejores de lo que habrían esperado de sí mismas antes de sobrepasar el zarzal.

Bill y mi abuela se conocieron en una de las épocas más difíciles de su vida. A ella la acababa de abandonar su marido, algo que en los años cincuenta todavía se consideraba un motivo para que la mujer abandonada fuese expulsada de la parroquia y los niños del vecindario dejaran de jugar con sus hijos.

Y así se vio entonces: viviendo en un suburbio, con faldas grises, normas estrictas, pelo ondulado y lágrimas casi a diario. La primera vez que vio a Bill fue en una fiesta de cumpleaños. Él estaba tocando al piano una triste canción. Hacía apenas unas semanas su gran amor había muerto en un accidente.

Ambos se convirtieron entonces en los mejores amigos y siguieron siéndolo durante toda su vida. Entre semana hablaban cada día por teléfono. Los fines de semana mi abuela acudía con sus hijos a visitarlo. Cocinaban, veían películas, tocaban música y charlaban hasta bien entrada la madrugada. Cuando mi madre y su hermano crecieron, se llevaban a sus propios amiguitos a Odenwald y más tarde siguieron acudiendo con sus pandillas y sus primeros amores y finalmente con nosotros, sus hijos.

Durante décadas, en aquel lugar se congregó una variopinta comunidad. En las grandes veladas, Bill nos hablaba, con su graciosa flema, de sus múltiples viajes. Todos los comensales nos partíamos de risa. Mi abuela, por su parte, le planteaba las preguntas más insólitas. Nunca nos aburríamos. Todo aquel que entraba alguna vez en aquella casa regresaba a ella. Cierto verano un grupo de veinte amigos cavó un agujero

en el jardín y construyó una piscina. Bill hizo la gracieta de fingir que no se había dado cuenta de lo que habían preparado y caminó por la zona, como si nada, hasta caer al agua, vestido y todo. En otra ocasión un amigo preparó una tarta de queso tan exquisita que mi abuela conservó un trozo y la expuso desde entonces en una vitrina de su salón (la porción aguantó así más de veinte años).

En los cumpleaños se reunían cien o doscientos invitados, a los que Bill y mi abuela conocían perfectamente. Para muchos, ambos eran como sus segundos padres. No fueron pocas las personas que, en las épocas difíciles, encontraron refugio en ellos, se recompusieron, se recuperaron gracias a sus delicadas preguntas y a su enorme tolerancia y pudieron emprender, con más fuerza que antes, el camino de vuelta desde la casa de Bill hasta su propia vida. Incluso el agricultor de la esquina, que al principio se mostraba escéptico, apreciaba a Bill e inclinaba la cabeza con respeto para saludarlo cada vez que se cruzaba con él. Detrás de aquel zarzal Bill había creado un lugar en el que la gente se sentía segura. Y de una forma, además, que para la mayoría era nueva. Lo que proporcionaba seguridad no eran los espesos arbustos ni la alta cancela, sino la sensación de que allí cada persona era comprendida de verdad y apreciada con todas sus características y sus debilidades. Esta sensación les ayudaba a enfrentarse a las dificultades y a sacar fuerzas de toda aquella belleza.

Incluso cuando alguien abusaba de la confianza de Bill (por ejemplo, llevándose una lámpara cara o el dinero que había guardado en el cajón de un mueble del pasillo), él le encontraba la gracia a la situación y escondía su vieja prótesis dental en el aparador o elaboraba una lámpara similar a la desaparecida, pero esta vez hecha con macarrones. De esa manera vivía mejor que si se hubiese atrincherado en un chalet con murallas.

Bill y mi abuela habían entendido algo que también supieron proporcionar a todos los demás, aunque sin decirlo expresamente: el lugar más seguro no es aquel en el que no hay riesgos, sino aquel en el que hay soluciones. Es un lugar en el que se lidia tanto con lo inesperado, con lo desconocido y con lo peligroso como con lo familiar y lo beneficioso.

El sistema de la seguridad

Siempre las mismas metáforas de lucha y de guerra a la hora de hablar del sistema inmunitario: las bacterias se aniquilan, los virus se combaten, la piel y la mucosidad hacen las veces de murallas... Y lo cierto es que estas descripciones no son del todo falsas. Pero ¿a qué se dedican en realidad las células inmunitarias el resto del tiempo, es decir, justo ahora? Y... ¿ahora? Y... ¿ahora? ¿De verdad nuestra seguridad se basa única y exclusivamente en atacar todo lo que pueda resultar sospechoso o perjudicial?

Aunque durante mucho tiempo la investigación se ha centrado en todo lo relacionado con los ataques —al fin y al cabo, queríamos entender qué ocurre durante una enfermedad—, hoy en día sabemos lo siguiente: nuestro sistema inmunitario no tiene el más mínimo interés en librar una guerra permanente. Su objetivo primordial es otro: aspira a conocernos lo mejor posible. Para ello produce cada día cientos de miles de millones de indiscretas células.

Las células inmunitarias se fabrican en el interior de la médula ósea (sobre todo en la pelvis y en el esternón). Desde allí, avanzan a través de los vasos sanguíneos hasta llegar al corazón, que los bombea a su vez en dirección a otros vasos. De ese modo, alcanzan todos los rincones del cuerpo en los que fluye la sangre: desde el cuero cabelludo hasta los dedos de los pies, pasando por las vellosidades intestinales. Algunas se desplazan desde los vasos hasta los tejidos circundantes y comprueban qué tal va todo por allí.

Las denominadas «células asesinas» (a las que no se les dio la opción de escoger ellas mismas su nombre) o NK *(natural killer)* facilitan un intercambio especialmente intenso: recorren a toda velocidad el cuerpo palpando al resto de las células. El apretón de manos —o, dicho de una forma más austera, el punto de contacto— se produce a través de los receptores celulares, a los que se acoplan esas células asesinas. En cada toma de contacto el objetivo es responder a la siguiente pregunta: ¿qué has estado haciendo hoy?

Las células de nuestro cuerpo están preparadas para este encuentro. De hecho, toman una porción de las proteínas que han producido a lo largo del día y se la enseñan a las NK en su superficie. En la mayoría de los casos, las células asesinas responden con un «ajá» o un «vale, vale» y a continuación siguen su camino. Solo de vez en cuando —y esto es realmente la excepción— contestan con un «¡oh!».

Por lo general, hay dos motivos posibles para ese «¡oh!»: puede que una célula haya mutado hasta convertirse en cancerosa o puede que haya sido infectada por un virus. En ambos casos, las NK se toparán con proteínas sospechosas y darán una señal de alarma a la célula en cuestión, que, si no tiene ningún inconveniente, se desintegrará, contando para ello con la ayuda de las propias células asesinas: ellas velarán por que este proceso transcurra de la manera más cuidadosa e inofensiva posible. Gracias a este trabajo, cada semana evitamos, sin saberlo, diversos cánceres e infecciones víricas. Y cuando, pese a esta labor, se desarrollan cánceres, el motivo suele ser que las células tumorales han aprendido a esconderse (por ejemplo, desmontando los puntos de contacto).

Existen otros emisarios, los conocidos como «fagocitos», que aplican un enfoque más pragmático que las células asesinas. A ellos les importan menos los detalles del asunto. Para su trabajo, les basta con saber si estamos más o menos bien o si no lo estamos en absoluto, así que en lugar de recabar información acerca de cada proteína se guían por un patrón típico: si en un tejido detectan una bacteria inofensiva y observan que todas las células se encuentran en buenas condiciones, no le dan mayor importancia; sin embargo, si se percatan de que en esa zona las células están sufriendo o incluso presentan daños, cambian de actitud: atrapan a las bacterias intrusas, convocan a otros fagocitos y debaten con ellos si conviene o no avisar a las demás células inmunitarias.

Además de los fagocitos y las células asesinas, hay muchos más elementos: granulocitos, células dendríticas, diferentes variantes de precursores... Y, dado que prácticamente cada tipo de célula nos informa de una manera diferente, es lógico que se comuniquen entre ellas. Las células inmunitarias que se encargan de hacer de moderadoras en este debate pueden calentar el tono o rebajarlo. En este sentido, las células T auxiliares son verdaderos líderes: calman o instigan a las células asesinas según lo que, en su opinión, sea más conveniente hacer en cada circunstancia. Este es el principio del sistema inmunitario: cuatro ojos ven más que dos (solo que aquí, en realidad, no hay ojos...).

Si la única función de las células inmunitarias fuese buscar «lo malo» y combatirlo, se podrían ahorrar toda esta investigación: bastaría con que estudiaran lo que es «malo», sin más. Sin embargo, para ellas el autoconocimiento es más importante. Si no fuesen capaces más que de identificar a «sospechosos», se sentirían sobrepasadas al llegar al intestino (cuando no incluso antes) porque, para una célula inmunitaria, este es el lugar más terrible al que puede viajar: aquí llega constantemente una enorme cantidad de sustancias ajenas al organismo, que se frotan con las paredes intestinales y acaban alcanzando incluso la sangre. El mundo es grande y cada día podemos ingerir algo que a nuestras células les parezca extraño. ¡Por no hablar de todos esos microbios! En el ojo, una célula inmunitaria colapsaría en apenas unos segundos. De hecho, cualquier célula de este tipo que haya pasado por esa zona lo admitirá: ¡es más realista aspirar a conocerse a sí mismo que pretender catalogar un mundo que nunca se deja conocer por completo! Y además de realista, por comparación, también es más factible.

Precisamente en los lugares en los que nuestro cuerpo está más en contacto con el mundo exterior, al sistema inmunitario no le basta con reconocer lo perjudicial. Si las células intestinales se encuentran bien —por ejemplo, si no les afecta tomar un poco de cacahuete—, lo que suele ocurrir es lo siguiente: las células inmunitarias locales se mostrarán las unas a las otras partículas del fruto seco en cuestión y emitirán señales que dirán algo así como: «Aparentemente, todo está bien». De ese modo, en el intestino se genera un ambiente de gran tolerancia, hasta tal punto que las células inmunitarias que han pasado por allí se vuelven unas convencidas pacifistas y, cuando consideran que en nuestros tejidos todo está en orden, se encargan de calmar a otras células inmunitarias que tienen la «piel más fina» y tienden a desencadenar inflamaciones precipitadas.

Conocernos también es importante porque «lo malo» no necesariamente es malo en todas partes. Para las células intestinales, que haya una pizca de arena en la ensalada o un par de bacterias en el yogur no supone ningún problema, ¡pero si alguno de estos elementos llega a una zona de piel arañada, las células locales se enfadarán muchísimo! Las reacciones de las células inmunitarias dependen del lugar en el que se hallen y de la zona de la que recaban información. Nuestro sistema inmunitario es una red que acumula experiencias y se forma una idea del contexto.

El inmunólogo Irun R. Cohen compara la forma de proceder de las células inmunitarias con el reconocimiento de patrones por parte de las máquinas autodidactas. Hoy en día, la inteligencia artificial es capaz de trabajar con hasta ciento cincuenta millones de enlaces de datos. De ese modo consigue conducir un coche o identificar un cáncer de mama en las imágenes de una mamografía. Sin embargo, esto no basta para gestionar la complejidad del sistema inmunitario. De hecho, sus células acumulan mucho más contenido, así que, teniendo en cuenta que esas células se elevan a entre dos y tres trillones y que se informan las unas a las otras de manera constante acerca de nosotros, ¡los ciento cincuenta millones de enlaces de datos de la IA son claramente insuficientes! Por eso, de acuerdo con Cohen, es mejor comparar este sistema con nuestra conciencia: para entender quiénes somos nosotros, quiénes son las demás personas, qué nos sienta bien y qué nos hace daño, el cerebro enlaza las células nerviosas en complicados patrones. Y, estrictamente hablando, eso es lo único que hace nuestro sistema inmunitario.

Al igual que nuestro pensamiento, la comunidad de células inmunitarias se desarrolla con las experiencias, tanto buenas como malas. Esas células no solo conocen a los patógenos, sino también a los microbios «amables», a los que permiten vivir en nuestro interior. A lo largo de su evolución, han entendido que, para nuestra seguridad, la tolerancia y una cooperación positiva son tan importantes como la defensa o incluso más que ella.

Atacar a todos los microbios externos supondría un gasto de energía enorme y bastante absurdo. Se calcula que en todo el mundo hay en torno a diez mil millones de microbios diferentes, y solo unos mil cuatrocientos de ellos generan enfermedades. Su proporción, pues, es tan pequeña como si solo seis personas en nuestro planeta fuesen «peligrosas».

Muchos microbios son beneficiosos para nosotros, o no tienen ningún efecto en nuestro cuerpo, o bien incluso nos protegen. En la mayoría de los casos ocupan un espacio que, de no ser por ellos, los patógenos podrían aprovechar para aterrizar en nuestro organismo, o generan ácidos u otras sustancias que detienen a determinados gérmenes. Si estas bacterias desaparecen —por ejemplo, después de la ingesta de antibióticos—, somos mucho más propensos a desarrollar diarreas y sinusitis.

Para rendir a los gérmenes colaboradores el homenaje que merecen, la ciencia incluso les ha otorgado un título: los microbios que pueblan la nariz, la garganta, la piel, el intestino y demás... ¡ya se consideran oficialmente parte de nuestro sistema inmunitario!

Por tanto, los desinfectantes o los antibióticos deben consumirse con moderación cuando no sean necesarios, porque con ellos eliminamos también una parte de nuestra propia protección microbiana.

Para garantizar nuestra seguridad, el sistema inmunitario se concentra en tres actividades:

- Tolerar lo inofensivo
- Cooperar con lo útil
- Y protegernos de todo lo demás, que es perjudicial para nosotros.

Nada de esto sería posible si no nos conociera bien y si no siguiera aprendiendo constantemente.

Este es el sistema de la seguridad.

¿Qué son los virus y las bacterias?

Vivimos en un mundo desconcertante. En él hay cosas buenas, cosas malas y, sobre todo, cosas regulares. El nombre de algunas bacterias luce pomposamente en los envases de yogures, mientras que el de otras está asociado a terribles escándalos. Tampoco los virus han gozado en los últimos tiempos de muy buena prensa que digamos. Si volvemos la mirada a todas esas peligrosas enfermedades infecciosas y a todas las desgracias y las desdichas que asolan este mundo, rápidamente nos invadirá la sensación de que estamos rodeados del mal por todas partes. ¿De verdad todo se reduce a comer o ser comido? Si tú también tienes cada vez más esta impresión, te invito a examinar ahora en detalle una de esas amenazas: ¿qué son los virus y las bacterias? ¿Y para qué sirven?

Hace sesenta y cinco millones de años nuestros ancestros se infectaron con retrovirus endógenos, parientes del VIH. Si aquello no hubiera ocurrido, hoy no existiríamos, porque fue precisamente esa infección lo que hizo posible que portásemos bebés en el vientre. El VIH y los retrovirus similares a él reducen la capacidad de defensa del sistema inmunitario. Pues bien, se piensa que hace sesenta y cinco millones de años esos virus consiguieron instalarse en un lugar muy especial: la placenta. La infección hizo posible que el sistema inmunitario de la madre dejase tranquilo al feto —que desde el punto de vista genético es, en su mitad, ajeno a ella— y lo tolerase en la barriga. Un paso fundamental para nuestro nacimiento como seres humanos. Estamos vivos gracias a virus como estos.

La física y bióloga molecular Karin Mölling no solo ha investigado esta función de los antiguos retrovirus, sino que, además, la ha dado a conocer a un amplio público a través de sus importantes hallazgos sobre los virus: estos organismos son trozos de genoma (ADN o ARN) que van revoloteando por ahí y actúan a modo de propuestas para cambiar de vez en cuando desde el punto de vista genético. La mayoría de estas propuestas nos dejan totalmente indiferentes: no las aceptamos porque no tienen cabida en nuestras células. Otras, en cambio, son positivas, e incluso introducen modificaciones maravillosas en nuestra vida, mientras que otras no le gustan nada a nuestro sistema inmunitario. Si este sistema considera que un virus es perjudicial, entonces enfermaremos y nos defenderemos de él.

Dado que las partículas víricas cambian a una velocidad increíblemente elevada, continuamente aparecen nuevas propuestas. En ocasiones la evolución ha impulsado este mecanismo: en torno al 50 por ciento del genoma humano, es decir, de nuestro ADN, se explica por infecciones víricas que sufrieron las generaciones anteriores a nosotros. Por eso, si queremos ser justos, antes de examinar aquellos ejemplares que nos hacen enfermar tendremos que reconocer que la función principal de los virus no es en absoluto la de provocar dolencias.

En una sola inspiración entramos en contacto, de media, con trescientos virus que no tienen el más mínimo interés por nosotros. De hecho, es mucho más probable que apunten a otro objetivo: las bacterias. No en vano la tarea de la mayoría de los virus es regular las bacterias, lo que los convierte en los organizadores más importantes de nuestro planeta.

Si los virus desapareciesen durante un par de días, todo el mundo vivo colapsaría. Primero caerían los mares, que se mantienen limpios gracias a los virus. Cuando determinadas bacterias marinas proliferan en exceso, los virus correspondientes se activan y las reducen, lo que garantiza el equilibrio. De ese modo, cada día se eliminan el 80 por ciento de estas bacterias. Solo así se deja una cantidad suficiente de nutrientes para el plancton, un conjunto de microorganismos que alimenta a su vez a animales acuáticos de pequeño tamaño, que son la base de la dieta de otros animales mayores. Sin virus no habría vida en el mar. Y sin vida en el mar no habría vida en la tierra.

En nuestro cuerpo, los virus desempeñan la misma función: mantienen a raya a las bacterias en la boca y en el intestino. Así pues, la desaparición de estos virus nos acarrearía no pocas enfermedades. De hecho, en los pacientes que padecen enfermedades inflamatorias del intestino, reúma o sobrepeso los científicos suelen encontrar un desequilibrio en la proporción de bacterias intestinales, lo cual podría ser un efecto colateral de un sistema inmunitario intolerante que actúa de una manera demasiado agresiva o incluso de una carencia de virus reguladores de bacterias (bacteriófagos).

Estos nuevos planteamientos científicos siembran dudas acerca de la industria alimentaria, que a menudo produce yogures y quesos con bacterias específicas que son menos vulnerables frente a los bacteriófagos. Los fabricantes consideran que esta es una característica positiva, dado que permite proteger a sus microbios del queso, pero hoy en día aún no se ha investigado lo suficiente cuál será el impacto de estas medidas en nuestro ecosistema interno.

*

Las bacterias son completamente diferentes a los virus. No nos presentan propuestas genéticas. De hecho, utilizan sus genes exclusivamente para sí mismas. Y justo por eso son atractivas: porque, si las dejamos con vida, nos transmiten sus capacidades.

Por lo general, es bueno disponer de más capacidades. Por ejemplo, las palomas poseen genes que les permiten oír los infrasonidos y los perros pueden sentir el campo magnético de la Tierra (un vestigio de sus antepasados lobos que hoy en día aún los lleva a defecar diligentemente en dirección al norte). Sin embargo, adaptar nuestra genética para adquirir este tipo de capacidades resultaría en cierto modo superfluo: al fin y al cabo, no tenemos que migrar una vez al año hacia el sur sin sistemas de navegación y, en principio, acudir al baño siguiendo una brújula interna sería un estorbo más que una ayuda. Pero existen otras capacidades que nos pueden resultar útiles y para las que sería importante contar con la posibilidad de acceder a un intercambio, en función de lo que necesitemos en cada momento. Esas capacidades son las que nos prestan las bacterias.

El trueque suele tener lugar en el intestino grueso. Los seres humanos disponemos de algunas enzimas digestivas, pero, claro está, no tenemos el surtido completo para todos los elementos comestibles. Por ejemplo, no somos capaces de descomponer las fibras más largas de la piel de una manzana. Por suerte, en esta fruta habitan bacterias que están encantadas de devorar este tipo de fibras, así que, cuando llegan a nuestro intestino grueso, nos las quedamos. En esa región del cuerpo, las bacterias pueden descomponer las fibras no digeribles de la fruta en nuestro lugar y, a cambio, nosotros les proporcionamos alimento: una situación en la que todo el mundo sale ganando. En torno al 10 por ciento de la energía de nuestras células intestinales procede precisamente de este tipo de cooperaciones. Si, pongamos por caso, nos mudamos desde una zona del centro de Alemania hasta la costa japonesa, adquiriremos nuevas bacterias, que, por ejemplo, dispondrán de los genes necesarios para sacar partido de las algas marinas. Esto nos evita tener que modificar constantemente nuestro genoma en función de dónde nos establezcamos en cada momento (un proceso que, francamente, en la mayoría de los casos no ocurre de una forma tan rápida).

No es casualidad que nuestro cuerpo esté cubierto de un

manto protector compuesto por bacterias allí donde entra en contacto con el mundo exterior. El sistema inmunitario tiene motivos de sobra para recurrir a las bacterias en calidad de expertas: ellas conocen de primera mano al resto de los microbios de la región, con los que a menudo llevan generaciones compitiendo por el alimento y el hábitat. Eso les ha permitido desarrollar antibióticos específicos, lo que las convierte en nuestros principales aliados a la hora de protegernos de los elementos nocivos. Nuestro manto de microbios produce sus propios principios activos, exactamente a medida de las bacterias aéreas y terrestres de la zona en la que vivimos. Y cuando nos mudamos a otro lugar, ese manto cambia.

Hoy la ciencia conoce mejor este préstamo de los buenos microbios. Existen bacterias de la piel que contrarrestan los efectos de las radiaciones ultravioletas (UV), bacterias de los pulmones que atrapan a los virus del resfriado o bacterias de la boca que ahuyentan a los causantes de las caries. Si aprendemos a conocerlas mejor, conseguiremos ayudarlas de la manera adecuada. De las bacterias que nos protegen de la caries sabemos, por ejemplo, que les encanta comer xilitol, una sustancia dulce que se obtiene a partir de la corteza del abedul. Si mascamos chicle que, en lugar de azúcar u otros edulcorantes, contenga ese delicioso xilitol, contribuiremos a la proliferación de estas bacterias, que, cuando se alimentan más que otras y pueden expandirse con facilidad, a veces incluso consiguen sanar las lesiones bucales incipientes y nos evitan la necesidad de recurrir al taladro.

Un sólido conocimiento de lo bueno brinda una eficaz protección frente al peligro, como han averiguado los científicos, que cada vez prestan más atención a los efectos positivos de los virus y las bacterias. Pero ¿dónde está exactamente la frontera entre «lo bueno y lo malo»? ¿Hasta qué punto podemos cooperar con los microbios y a partir de qué momento es conveniente que dejemos de hacerlo? Nadie —¡ni siquiera el cerebro!— se ocupa tanto de responder a esta pregunta como nuestro sistema inmunitario. Por eso es interesante escuchar su opinión al respecto...

Patógenos: ¿qué es «lo malo»?

> Sus ojos, grandes, redondos y brillantes, tienen —debido a las saltonas escamas supraoculares bajo las que se encuentran— algo de pérfido o de porfiado. [...] Quien la observe sin prejuicios verá en ella a un animal enormemente estúpido, un modelo de pobreza espiritual. El rasgo más llamativo de su carácter es la ira sin sentido. Cualquier elemento inusual enciende su cólera... [...] Huelga decir que una criatura como esta jamás forja amistad con otros animales y que es indomesticable. Un espíritu tan limitado como el suyo resulta imposible de educar.
>
> *Über die Kreuzotter [«Sobre la víbora»]*, Brehms Tierleben,
> Alfred Edmund Brehm, 1901

Si algo se considera «malo», merece la pena estudiarlo con más detalle: a menudo el taimado propósito que parece perseguir ese malvado elemento se queda entonces en nada. Es lo que ocurre con las víboras, de las que hoy en día sabemos ya que se trata de animales extremadamente sensibles.

Reaccionan de una manera intensa al viento o a la presencia de gatos domésticos y, tan pronto como detectan un peligro, escapan a toda prisa. Su «ira sin sentido» se activa cuando algún animal las acorrala o cuando alguien las pisa (por ejemplo, el autor de esta enciclopedia animal que tan poca simpatía parece tenerles…). La mayoría de los casos de lesiones en seres humanos se producen porque, sin darse cuenta, la víctima las molesta justo cuando está caminando por la maleza. En realidad, lo que en la cita anterior se califica de «pérfido» no es más que un acto de legítima defensa.

Si lo miramos de una manera objetiva, también un patógeno que causa dolor de garganta al infectar las células de la zona actúa simplemente porque necesita colonizar un nuevo hábitat. Tras la fachada de «lo malo» existen causas, motivos y conflictos de intereses. *Comprenderlos* nos aporta más que limitarnos a *combatirlos*. Mediante un conocimiento útil, las enfermedades se pueden aliviar, tratar o incluso prevenir. Para eso existe precisamente la investigación médica, que lleva siglos preguntándose ante los patógenos «¿Qué es "lo malo"?» y que, al igual que la humanidad, ya ha acumulado en sus respuestas algunos errores.

Al principio los científicos pensaban que las bacterias eran malas en todos los casos: tan pronto como colonizaban el cuerpo —creían— se desencadenaba la enfermedad. ¡Qué impacto cuando se descubrió que el intestino grueso está repleto de bacterias! Pero ¿cuál fue la deducción lógica ante aquel hallazgo? ¡Que había que extirparlo! Y de ese modo, a principios del siglo XX, a cientos de personas se les extrajo innecesariamente el intestino grueso. No pocas de ellas murieron como consecuencia de aquellas intervenciones quirúrgicas.

La hipótesis que se formuló a continuación fue la siguiente: ciertas especies concretas —es decir, ciertos grupos de bacterias— son nocivas. Pero tampoco eso es del todo verdad. Cuanto más se perfeccionaron las técnicas de análisis de las bacterias y los virus, más claro se vio que ninguna especie es mala de por sí. Desde el punto de vista genético, una bacteria *E. coli* inofensiva se parece en más de un 99 por ciento a una EHEC (o bacteria *E. coli* enterohemorrágica) potencialmente mortal...

Así pues, ¿qué determina si las bacterias ocasionan daños o no? En su búsqueda de respuestas, los científicos dirigieron entonces su atención al sistema inmunitario. Las preguntas que le plantearon dieron un impulso decisivo a la ciencia: ¿contra qué luchan los anticuerpos de las células inmunitarias? ¿A qué reaccionan exactamente cuando segregan anticuerpos? ¿Qué comportamiento de las bacterias les molesta? ¿Qué es, por tanto, «malo» para el sistema inmunitario?

Gracias a la mejora de la tecnología se han identificado determinadas características de los microbios que están en el origen de las enfermedades: son los denominados «factores de patogenicidad».

Vamos a acercarnos, pues, a «lo malo» a escala microscópica. Empecemos por los factores más sencillos:

1. Adhesión

Las bacterias, los virus o los hongos nocivos tienen que fijarse de alguna manera a nosotros. De lo contrario, se deslizarían o resbalarían. Para acoplarse, necesitan estructuras que encajen en las nuestras, igual que encaja una llave en una cerradura. Si el patógeno causante de un resfriado solo consigue aferrarse a las células de la nariz y de la garganta, pero no a las del intestino, padeceremos un aumento de la mucosidad y dolor de garganta, pero no diarrea. Por eso casi siempre podemos tragarnos a los desencadenantes de los resfriados sin que eso dé lugar a una gastroenteritis.

En el caso de los gérmenes causantes del resfriado, lavarse las manos es eficaz porque la mayoría de los patógenos de este tipo no son especialmente buenos a la hora de adherirse a las células de la piel. Cuanta más suciedad o grasa haya en nuestras manos, mejor podrán agarrarse u ocultarse. Y por eso también es útil el jabón.

Resulta de gran ayuda saber *cómo* se sujeta a nosotros un germen peligroso y cómo podemos evitar que se adhiera. De hecho, nuestro cuerpo utiliza este conocimiento para bloquear las estructuras de adhesión de virus y demás elementos por el estilo: por ejemplo, añade a la leche materna ciertos azúcares especiales (galactooligosacáridos) que se acoplan justo a las células del intestino delgado humano en las que podrían instalarse los causantes de la diarrea. De ese modo el bebé quedará protegido frente a ellos. Desde que la ciencia descubrió esta particularidad, también se añaden estos azúcares a numerosas leches artificiales.

Los científicos han conseguido replicar las estrategias antiadhesión para prevenir una serie de enfermedades. Hoy en día, por ejemplo, se puede encontrar en el mercado la D-manosa, un azúcar que evita las cistitis al posarse en los puntos de la vejiga en los que, de no ser por ella, se instalarían las bacterias *E. coli*. También ciertas vacunas (como la de la tosferina) actúan creando anticuerpos adhesivos.

2. Obtención de nutrientes

Robar está mal. Eso lo tenemos clarísimo. Sin embargo, la investigación en torno a la patogenicidad se pone más bien del lado de Robin Hood y matiza: lo que está mal es robar aquello que es importante para los demás. Mientras que las bacterias «buenas» se llevan las sobras de nuestra digestión (es decir, lo que en realidad no necesitamos), las «malas» nos arrebatan algo que es valioso para nosotros. El hierro, por ejemplo. Birlarnos el hierro es un típico hábito de los patógenos, que lo necesitan para sobrevivir y disponen de enzimas que les permiten unirse a él con una fuerza cien veces mayor que la de las células humanas. Para nuestro organismo esto es un fastidio, porque el hierro constituye un preciado elemento: es imprescindible para transportar el oxígeno en la sangre y nos resulta muy complicado obtenerlo con la alimentación.

Como a estas alturas el sistema inmunitario conoce bien los largos dedos ávidos de hierro de las bacterias «malas», ha desarrollado una estrategia: en cuanto se da cuenta de que esas bacterias nos están molestando, retira prudentemente el hierro de nuestra sangre y lo almacena. Por eso si te haces una analítica después de una infección severa no es extraño que tus valores de hierro sean bajos, sin que eso signifique necesariamente que te falta este elemento: lo único que ocurre es que está oculto en lo que se conoce como la «ferritina». Al cabo de un par de días ese hierro escondido regresará a tu sangre.

3. Invasión y colonización

A la mayoría de las bacterias amables les parece muy bien que nuestras células dispongan de fronteras externas (membranas): no intentan desplazarlas ni negocian constantemente sobre la conveniencia o no de esos límites. «Respeto por las fronteras»: este es un criterio fundamental a la hora de diferenciar los microbios dañinos de los inocuos. Así, las bacterias inofensivas de la garganta deambulan por la superficie de la mucosa sin atosigar demasiado a sus células. De ese modo conviven pacíficamente con nosotros. En cambio, las bacterias que provocan moqueo, irritación de la laringe y diarreas suelen ir un paso más allá: se comen la membrana celular, destruyen las fibras de las células o penetran en el interior de estas últimas.

En realidad, también existen algunos patógenos que la célula puede tolerar en su interior, pero se distinguen por una importante característica: no provocan destrucción o, si la provocan, será de escasa importancia. Sin embargo, si esos microbios acaban con una serie de células del organismo y las células inmunitarias los atrapan, pueden estar seguros de que no tendrán escapatoria. Esas células inmunitarias aprenderán a reconocerlos, pasarán a la acción y grabarán en su memoria la identidad del agente que ha perturbado la paz. Aun cuando resulte doloroso asumir daños celulares, estas lesiones permiten desenmascarar al causante el problema. Para cuando aparezca el dolor de garganta —cuando no incluso antes—, ya se habrá pillado al infractor y el sistema inmunitario lo estará atacando mediante una perceptible inflamación.

Los factores de patogenicidad que hemos visto hasta ahora son sencillos: si un microbio toma algo que nosotros necesitamos con urgencia, pasa a considerarse algo malo. Si viola una frontera con el propósito de destruir, también. Y si uno de estos microbios «malos» llega a nosotros, tenemos un problema. El sistema inmunitario aprende pronto estas lecciones. Sin embargo, hay otros dos factores más peliagudos...

4. Inmunoevasión

Cuando un patógeno se da cuenta de que nuestro sistema inmunitario va a actuar contra él, tiene dos opciones posibles: o bien cambia para volverse menos dañino o bien sigue actuando como hasta ese momento, pero sortea la irritante reacción del organismo. En el caso de la inmunoevasión, el patógeno opta por esto último: engaña al sistema inmunitario específicamente para que tarde más tiempo en percatarse de que algo no va como debería. Ese es el peligro de este factor de patogenicidad.

Para ser justos, hay que reconocer que la mayoría de las bacterias y de los virus se toman en serio la protesta de las células inmunitarias y se vuelven más amables, aunque esto es algo que puede ocurrir en un corto periodo de tiempo —por ejemplo, durante el proceso de un resfriado— o bien a lo largo de millones de años. En ese lapso, los patógenos pueden, pongamos por caso, acallar a los genes responsables de las proteínas perjudiciales (este proceso se conoce en biología como «silenciamiento génico»), lo que recuerda en cierto modo a esas comidas familiares en las que nuestro tío se muerde la lengua por el bien de la paz en la mesa. Eso sí, ni mucho menos todos los microbios que optan por no aplicar esta táctica son «malos».

Existen diferentes niveles de gravedad de la inmunoevasión. En sus formas moderadas el efecto suele ser inofensivo y se parece más bien a una relajación del sistema inmunitario, lo que, en el caso de las bacterias intestinales, ¡a veces nos sienta incluso bien! Estos microorganismos liberan sustancias que ayudan a las células inmunitarias a ser más tolerantes. Es como cuando nos resbalan ciertos comentarios de nuestros amigos: eso impide que cualquier pequeña diferencia de opiniones escale rápidamente y desemboque en una pelea. Estas bacterias intestinales, pues, reducen el riesgo de que desarrollemos alergias o enfermedades autoinmunes.

Sin embargo, cuando la inmunoevasión adquiere proporciones importantes, se convierte en un problema: las bacterias del género *Pseudomonas*, por ejemplo, atacan específicamente a las células inmunitarias y se disfrazan (una de las tácticas que emplean es unirse a la superficie de las proteínas de la sangre), de manera que, vistas desde fuera, no parezcan unas intrusas. Dado que las bacterias se esconden muy bien, el sistema inmunitario es incapaz de identificar correctamente al culpable o interpreta, equivocadamente, que los daños detectados proceden del interior del cuerpo... Para descubrir esta maniobra de engaño las células inmunitarias necesitan más tiempo, que es justo lo que aprovechan las bacterias para multiplicarse desenfrenadamente. Es así como causan graves infecciones, sobre todo pulmonares o digestivas.

Si nuestro sistema inmunitario se encuentra con uno de estos patógenos, por lo general solo puede hacer una cosa: volverse más listo para la próxima vez. Después de padecer infecciones derivadas de alguno de estos taimados gérmenes, reaccionará de una forma más vehemente o bien extremadamente cuidadosa si alguna vez vuelve a detectar células dañadas. Así pues, una palmadita en la espalda para infundirnos calma puede acabar siendo una trampa, como también puede serlo la creencia de que la culpa de todo es nuestra. Y un engaño de este tipo constituye una amarga lección.

5. Toxinas

Rara vez los neologismos que crea la ciencia se convierten en palabras de moda. Pero quizá ese ha sido el caso del adjetivo «tóxico», que en los últimos tiempos se emplea con frecuencia para describir a personas o relaciones que no nos sientan bien. Pero ¿qué significa en origen esta palabra?

Las toxinas son verdaderas maestras en el arte de la manipulación. No solo saltan por encima de las células o las desestabilizan, sino que también provocan que cambien por completo su comportamiento. En concreto, ¡que lo cambien por otro que nos perjudique!

El ejemplo de la diarrea nos permite comprender con facilidad la diferencia entre los patógenos «habituales» y los tóxicos. En el caso de los primeros, son nuestras propias células las que lanzan la señal que desencadena la colitis. En ese momento, las células intestinales se separarán un poco con el fin de facilitar el paso de los líquidos, que arrastrarán consigo a los gérmenes. En cambio, los tóxicos nos manipulan, porque su toxina engatusa a nuestras células intestinales, haciéndoles creer que ellos mismos son la señal de la diarrea. Tan pronto como las células se aparten las unas de las otras, los gérmenes ocuparán los espacios intercelulares y producirán más y más toxina. Si alguna vez sufres una diarrea de este tipo, enseguida notarás la diferencia: la colitis «útil», que gestiona nuestro cuerpo, es desagradable pero eficaz (por lo general, alcanza su objetivo en uno o dos días); en cambio, la que desencadenan las toxinas microbianas es completamente irregular. En ella podemos perder entre 10 y 40 litros de líquidos al día y, cuando el organismo queda fuera de control, incluso es preciso el ingreso hospitalario.

Las toxinas son tan peligrosas porque sus impulsos se mezclan con las señales realmente beneficiosas. Por eso, de no ser por la medicina moderna, los patógenos tóxicos resultarían, en la mayoría de los casos, letales: estamos hablando del tétanos, de la rabia, del ántrax... Si queremos protegernos de esta amenaza, por lo general solo tenemos dos opciones: o bien la detectamos *antes* de que sea demasiado tarde y acudimos a un hospital para que nos administren anticuerpos prefabricados, o bien conseguimos que nuestro sistema inmunitario esté sobre aviso y sepa qué aspecto tiene una toxina (lo cual se consigue mediante una vacuna, que permite crear de antemano los anticuerpos adecuados).

6. Un sorprendente factor de patogenicidad: nosotros mismos

La investigación actual, provista de mejores aparatos y técnicas, ha llegado a una sorprendente conclusión: cuantos más microbios se analizan en una muestra grande, más habitual es encontrar en la población completamente sana los «típicos patógenos», es decir, los que causan dolor de garganta, diarrea o neumonía. Sin embargo, en esas personas los microbios no provocan dolor de garganta, diarrea o tos, sino que viven en su cuerpo sin enfermarlas... ¿Cómo es posible?

Que una bacteria nos haga algo malo no solo depende de sus genes, sino también de qué tipo de existencia lleve. Si se encuentra integrada en una buena comunidad bacteriana o habita en un nicho seguro de la garganta en el que no hay amenazas, a veces no tendrá ningún motivo para dedicarse a dañar a las células. Por ejemplo, algunos patógenos que irritan la laringe solo se activan en el momento en que sufrimos estrés, dado que cuando permanecemos durante largo tiempo en una situación de sobrecarga nuestro sistema inmunitario se vuelve más intolerante. Y si algunas bacterias sienten que las células inmunitarias las tratan con más rudeza, recurrirán a sus factores de patogenicidad para defenderse.

Por otra parte, ciertas bacterias intestinales actúan en función de lo que les demos de comer: si su dieta contiene demasiada carne, producirán toxinas como el amoniaco o el nitrito, lo que aumentará el riesgo de que desarrollemos cáncer de colon. En cambio, si reciben más verduras, se quedarán tranquilas y, a lo sumo, provocarán alguna que otra flatulencia, pero la cosa no pasará de ahí. Ciertos virus y bacterias solo han dirigido su atención hacia nosotros cuando hemos reducido sus hábitats en la selva o en los bosques: es el caso de los virus del Ébola y del Zika. A muchos otros patógenos los atraemos a través de las macrogranjas y después los multiplicamos cuando, por ejemplo, dejamos fuera del frigorífico durante varias horas una ensaladilla en la que al principio solo había una insignificante colonia de salmonela.

Tal vez la víbora sea un buen ejemplo de aquello que consideramos malo o maligno. Si no la conocemos bien, puede parecernos un animal estúpido que se deja llevar por una rabia sin sentido. Sin embargo, una vez que contamos con información sobre ella, quizá no se convierta en un tierno osito de peluche, pero sí al menos en una amenaza que podemos mantener bajo control. Y todo aquello que nos impide conocer —la manipulación, la desinformación o la ignorancia— nos pone en peligro. A veces, saber qué parte de nuestro interior es «mala» nos proporciona el poder más importante en el sistema de la seguridad: la capacidad de pasar a la acción.

Enfermar: el lado desagradable de la seguridad

Estar enfermo no es plato de buen gusto. Ninguna emoción o pensamiento negativo lo es. Miedo, ira, preocupación... El caso es que sabemos que precisamente eso que nos hace sentir mal en un primer momento puede acabar siendo útil, pero no siempre descubrimos de manera inmediata para qué nos sirve. Este fenómeno se manifiesta con mucha más claridad en el sistema inmunitario que en cualquier otro ámbito. Empecemos, pues, por aquí.

Enfermar es una vía por la que el sistema inmunitario resuelve los problemas. Si no está de acuerdo con el modo en que se está tratando al cuerpo, decidirá intervenir. Para ello ha creado dos secciones: una que funciona como el miedo (el sistema inmunitario innato) y otra que actúa más bien como la reflexión (el sistema inmunitario adaptativo).

El innato, que, como hemos visto, se parece al pánico, reacciona con una impresionante rapidez, pero sus reacciones son desagradables. Casi todo lo que asociamos con «estar enfermos» y que no nos gusta —mocos, tos, fiebre y compañía— no viene de los patógenos en sí, sino de las medidas que adoptan las células inmunitarias. En cambio, la reacción del sistema inmunitario adaptativo es mucho más agradable, pero también más lenta. Se necesitan hasta dos semanas para producir los anticuerpos adecuados para combatir las bacterias y los virus (y por eso algunos resfriados persistentes duran tanto). Eso sí, este sistema puede aprender a crear una memoria que irá mejorando a lo largo de nuestra vida. Así, si de repente aterriza en la nariz un patógeno que él conoce, le bastarán apenas unos días para resolver el asunto de manera discreta y sencilla. En un cuadro de enfermedad ordinario, ambos sistemas trabajan juntos.

Para actuar con semejante velocidad, el sistema inmunitario innato tiene que basarse en patrones. En sus células se registran las características distintivas de los patógenos que ya causaban enfermedades a nuestros antepasados, lo cual nos permite detectar cualquier semejanza, por mínima que sea, con respecto a infecciones que en realidad nosotros mismos jamás hemos sufrido. Ese es un punto en común con el miedo, que también clasifica los peligros conforme a esquemas: acerca de depredadores, velocidades, fuego, agua, violencia... De hecho, ciertos miedos son también innatos. Gracias a miles de generaciones de ancestros, nuestro organismo dispone de vías de eficacia probada para enfrentarse a los problemas y no se ve obligado a inventar la rueda desde cero una y otra vez.

Disponer de patrones rápidos permite ahorrar tiempo, pero conlleva el riesgo de que tanto el miedo como el sistema inmunitario innato se equivoquen: exageran, nos hacen olvidar lo importante o nos generan un sufrimiento innecesario. Dado que existen personas que han nacido sin capacidad para el miedo o con un sistema inmunitario incompleto, hoy sabemos que, a pesar de los errores que pueden cometer estos dos elementos, vivimos mejor con ellos que sin ellos. Aun cuando sus actos puedan parecer brutales en un primer momento, lo que consiguen con ellos es admirable.

Por ejemplo, para producir mocos, las células inmunitarias «innatas» envían una señal a los vasos sanguíneos de la zona para que se ensanchen y se vuelvan porosos, de manera

que el líquido pueda salir a través de ellos y fluir por la nariz. Como ocurría en el caso de la diarrea, de esa forma se arrastran los patógenos. El principio del sistema inmunitario innato es claro y cristalino: lo mejor que puede hacer algo malo es desaparecer. Punto pelota.

Pero los mocos no solo sirven para organizar esta «diarrea de nariz». También brindan algo más: apoyo. A través de los vasos porosos, otras células inmunitarias pueden pasar con más facilidad desde la sangre hasta los tejidos, donde ayudarán a eliminar al agente que ha causado el aumento de la secreción nasal. Estamos hablando concretamente de los fagocitos, que capturan al patógeno y, mediante sus enzimas, consiguen neutralizarlo. El reverso de todo este flujo y de la deambulación de las células inmunitarias por los tejidos es una nariz hinchada que moquea y nos pone de los nervios. Los mocos son desagradables, sí, pero, en el fondo, no son más que la señal de que el personal de apoyo ya está sobre el terreno, ocupándose de la situación.

Para resolver los problemas, nuestro cuerpo recurre a lo desagradable, que utiliza a menudo en su propósito más puro: como aviso. Por ejemplo, cuando nos torcemos un tobillo y se nos hincha, esa inflamación se debe a que las células inmunitarias están informando de un daño en la zona. Aquí ocurre lo mismo que en el caso de la nariz congestionada: los vasos sanguíneos de alrededor se vuelven porosos y emiten señales para pedir ayuda. Ese bulto que crece más y más y del que tanto nos quejamos significa que las células están acudiendo y reuniéndose para evaluar los daños y protegernos de los gérmenes. Por eso solo tiene sentido aplicar frío en la zona inflamada y contrarrestar así el efecto del personal de apoyo que se ha desplazado al terreno si podemos garantizar que la herida en cuestión ha quedado limpia (empleando un producto desinfectante), o si no hay herida y la piel está intacta.

También el dolor tiene este «carácter informativo», solo que no se dirige a las células de la sangre, sino a los nervios. Cuando nos duele la garganta o un brazo, las células del sistema inmunitario innato avivan a propósito la sensibilidad de los nervios. De ese modo, avisan al cerebro de que han detectado un problema y le indican dónde se ubica exactamente. ¿Tal vez a él se le ocurre alguna manera de ayudarlas? ¿Hacer gárgaras, quizá? ¿Acudir a nuestra médica de cabecera? ¿O cuidar la zona dolorida para que pueda repararse tranquilamente?

El sistema inmunitario innato ejerce un enorme poder sobre nuestro cuerpo: si necesita energía —por ejemplo, en el caso de la gripe es necesario producir en un corto plazo de tiempo muchas células nuevas—, no tendrá ningún reparo en inmovilizarnos. Y para ello dispone de sustancias generadoras de señales que se acoplan al cerebro y nos hacen sentirnos cansados o decaídos. De esa manera evita que consumamos calorías para realizar movimientos innecesarios.

Como los síntomas de la depresión son muy parecidos a estos, la ciencia cada vez está estudiando con más atención el papel que desempeña el sistema inmunitario en esta enfermedad. Los primeros estudios en este sentido señalan, por ejemplo, que las analíticas de sangre de algunas personas depresivas arrojan un nivel elevado de los marcadores inflamatorios. Así pues, es posible que su estado de ánimo mejore un poco si recurren a remedios sencillos, como la aspirina o el ibuprofeno.

El sistema inmunitario adaptativo, por su parte, hace acto de aparición en la escena de la enfermedad en momentos muy puntuales. Si ninguna de las estrategias adoptadas (expulsión de elementos indeseados, generación de dolor para llamar la atención, suministro de células inmunitarias que favorecen la inflamación) sirve de nada, solo queda un recurso: aprender de lo vivido. Desde luego, si un patógeno consigue enfermarnos es porque posee alguna capacidad especial: sabe acoplarse, engañar o multiplicarse a toda prisa. Sea cual sea esa habilidad, merece la pena estudiarla. Y para eso se crean lo que se conoce como las «células T» y las «células B».

Si ciertas células del sistema inmunitario innato se percatan de que existe un germen resistente y persistente, se dispersarán y partirán en busca de las células T. ¿Qué llevarán en su equipaje? Fragmentos del patógeno en cuestión para enseñárselo. Y si, por casualidad, alguna célula T pasa por allí, vivirá su momento de gloria: se convertirá en una heroica salvadora. En ese instante se dividirá en dos grupos. Uno de ellos avanzará hasta el foco de la crisis, donde espoleará a las células de la zona para que sigan trabajando tal y como han hecho hasta ahora. Tan pronto como esas células se percaten de que ahora cuentan también con células T entre sus filas, su productividad aumentará de una manera extraordinaria. El otro grupo, en cambio, buscará células B.

Como en una carrera de relevos, una célula T tendrá que encontrar una célula B que, al igual que ella, sea adecuada para el patógeno. Si lo consigue, en ese instante se producirá un enorme acontecimiento: la célula B localizada se activará ¡y generará unos dos mil anticuerpos por segundo! Esos anticuerpos estarán, en cierto modo, hechos a medida del germen. Pero, para mejorar aún más, la célula B se dividirá una y otra vez. En un momento determinado, sus clones se reproducirán en tal proporción que darán lugar a miles de células nuevas por minuto. Esas nuevas células cambiarán ligeramente con cada división y, a su vez, generarán más anticuerpos. Al cabo de unos pocos días, una única célula B puede haberse renovado y modificado tanto como los seres humanos lo hemos hecho a lo largo de decenas de miles de años de evolución. En ese tiempo, el número de células de este tipo habrá crecido tanto que podremos incluso palparlas con los dedos: los ganglios linfáticos en los que se reproducen, situados en la parte superior del cuello, se inflamarán de manera manifiesta. De ese modo, nuestras células B consiguen producir anticuerpos exactamente a medida de cualquier microbio o partícula ajena al cuerpo que se interponga en nuestro camino.

El proceso de la formación de anticuerpos requiere tanto esfuerzo y energía que las células B se agotarían enseguida... de no ser por las células T, que se encargan de enviarles constantemente señales químicas para que sigan adelante y no se rindan. Al mismo tiempo, estas motivadoras células T se dividen y, acompañadas de sus múltiples clones, recorren el mar de las células B recién nacidas en busca de «superaglutinantes», los anticuerpos más eficaces de todos los que existen. Si los encuentran, los clones de células T se unirán a las células B de estos superaglutinantes y confirmarán que se ha encontrado una nueva y mejor solución. En ese momento, las células B iniciales podrán, al fin, cejar en su empeño y morir. Así es como el sistema inmunitario perfecciona constantemente su proceder, hasta encontrar el mejor método posible.

«Identificar el problema es más importante que encontrar la solución, porque cuando se comprende de forma precisa el problema es posible hallar la solución adecuada»: esta frase, atribuida a Einstein, describe a la perfección el funcionamiento de los anticuerpos. Lo que estos agentes hacen, fundamentalmente, es marcar el germen resistente. Nada más que eso. Porque a veces contar con la mejor información es suficiente para superar un problema. De hecho, es lo que facilita el trabajo a las células del sistema inmunitario innato del cuerpo, ya que les permite concentrar sus acciones en un objetivo específico. En lugar de provocar inflamaciones aquí y allá e irritar frenéticamente diferentes zonas, se limitarán a actuar contra lo que se encuentre marcado.

Al menos en nuestro organismo la reflexión no es el antídoto del miedo, pero sí constituye una vía que simplifica su labor. Si todo sale bien, el miedo se volverá más inteligente y moderado, en lugar de explotar en forma de «levantamiento general». Cuando las células B y T y los fagocitos y las células inflamatorias del sistema inmunitario conectan bien entre sí, despiertan una serena fuerza que trae consigo la sanación.

Una vez que la nueva paz se consolide, el sistema inmunitario innato volverá a relajarse: permitirá que la nariz se deshinche, que los nervios restablezcan su umbral de dolor habitual y que la sustancia que emite una señal para que nos sintamos cansados deje de producirse. Por fin volveremos a sentirnos en forma.

Los medicamentos contra el resfriado y el equilibrio del herpes

Cuando estamos enfermos queremos evitarnos sufrimientos innecesarios. Por eso muchas personas recurren a los medicamentos. Con este gesto se reabre un debate que es ya todo un clásico: ¿no sería mejor dejar la congestión nasal en manos de la autoprotección del cuerpo? ¿Y qué cabría decir de otras posibles formas de protección, como, por ejemplo, el miedo? ¿A partir de qué momento es adecuado ignorar la congestión nasal o el miedo? Al fin y al cabo, los medicamentos más populares contra el resfriado (descongestionantes nasales, antitusivos y analgésicos) actúan directamente contra los efectos que provocan las células inmunitarias y, de hecho, ¡incluso reducen el número de estas células! Alivian con eficacia la irritación de garganta, los mocos y el dolor en las articulaciones o en los oídos, pero no son de mucha ayuda en otros procesos de la enfermedad. Además, hay científicos que incluso sostienen que algunos analgésicos alargan hasta un día la duración de las infecciones. Aún no se ha determinado si eso es cierto, pero sí que es posible dar algunas recomendaciones en este sentido.

Hoy en día existen ya suficientes datos como para defender el uso de espráis para reducir la inflamación nasal, ya que evitan la aparición de sinusitis y las otitis. Si por culpa de los mocos apenas podemos dormir, perdemos el sabor de los alimentos o no conseguimos respirar con normalidad, es recomendable negociar con el sistema inmunitario el uso de estos productos, aunque siempre respetando la dosis recomendada y durante el tiempo estrictamente necesario.

En cambio, los antidiarreicos, como la loperamida, son harina de otro costal. Estos medicamentos entumecen la musculatura intestinal. Así, cuando el intestino trata de expulsar el patógeno causante de la colitis, se encuentra con que el antidiarreico se lo impide, lo cual puede facilitar el crecimiento del germen en cuestión. Por eso aumenta el riesgo de que la patología se agrave o derive en un cuadro de colon irritable. Solo deberíamos tomar este tipo de medicamentos cuando la diarrea no sea consecuencia de una infección, cuando la pérdida de líquidos empiece a ser un peligro o cuando no tengamos más remedio que coger un avión.

El caso de la tos se encuentra a medio camino entre el de la congestión nasal y el de la diarrea. Aquí son plausibles las dos opciones: bloquear el síntoma mediante medicamentos o abstenerse de hacerlo. Hay que tener en cuenta que al toser expulsamos los molestos microbios, así que, en un principio, deberíamos permitir esta reacción del cuerpo (siempre que no sea demasiado extrema). Sin embargo, la tos que se mantiene *tras* una infección es diferente. En esas circunstancias, las vías respiratorias pueden presentar hipersensibilidad hasta durante cuatro semanas. Si cualquier mínima sequedad del aire o partícula de polvo acaba desencadenando un ataque de tos, los antitusivos ya no estorbarán a las células inmunitarias en su importante tarea.

Estar enfermo no siempre consiste solo en soportar una airada pelea entre células y patógenos. Nuestro sistema inmunitario también es capaz de sopesar y hacer concesiones. Es el caso, por ejemplo, del herpes labial: después de enfrentarse con el sistema inmunitario, los virus causantes se retiran de los labios y se establecen en las neuronas, donde permanecerán en estado latente. Dado que no atacan a estas células, nuestro organismo los dejará en paz. Sin embargo, si en algún momento nuestro sistema inmunitario vuelve a debilitarse (a causa del estrés, del frío o de una infección, pongamos por caso), los virus volverán a querer entonar su vieja canción: saldrán del estado latente, se desplazarán hasta los labios y provocarán la aparición del herpes. ¿La consecuencia? Una vez más, el sistema inmunitario los amonestará.

Este forcejeo tiene algo positivo: el virus le hace ver a nuestro sistema inmunitario que ha dejado desatendidas las zonas de la boca y de la nariz. Puede que un aviso como este lo ponga de los nervios, pero nunca viene mal. Una vez que superemos el episodio de herpes, contaremos con más células inmunitarias para la boca y la nariz que antes, ¡lo que nos proporcionará una protección más eficaz frente a otros patógenos! Y cuando la infección es inofensiva, para algunas personas los herpes acaban resultando más beneficiosos que dañinos, gracias precisamente a que les confieren una mayor protección. En otros casos, en cambio, no es así. Sea como fuere, eso no significa que los virus sean nuestros mejores amigos, pero sirve para explicar, de acuerdo con las ideas de la biología evolutiva, por qué nuestro sistema inmunitario no acabó con ellos hace ya tiempo.

Este mismo principio es aplicable a otros virus y bacterias. Por ejemplo, existen virus pulmonares especiales o patógenos impertinentes que causan resfriados y que después de una infección no se extinguen por completo, sino que siguen viviendo en las células de las vías respiratorias. Desde allí obligan al sistema inmunitario a mantenerse atento, con lo que nos ayudan en buena medida a protegernos de virus de la gripe más violentos. A la larga, esta sobreactivación no siempre es perjudicial para el sistema inmunitario. A veces enfermar no es malo. En ocasiones las experiencias críticas aportan algo a nuestras células que nos hace mejores.

Cuando el miedo del sistema inmunitario es desmedido: las alergias

Hasta hace unos años, las alergias se consideraban como una mera reacción irracional y sobreprotectora del sistema inmunitario: tan pronto como se cuela en el organismo una sustancia ajena a él, por inofensiva que sea —una particulita de polvo doméstico, polen, soja o cualquier otro elemento por el estilo—, las células inmunitarias entran en pánico y hacen una montaña de un grano de arena. Así, inducen a los ojos a lagrimear, hinchan las fosas nasales, provocan diarreas o, en los casos más graves, incluso dificultan la respiración. ¿Por qué reaccionan de ese modo?

Los principales responsables son los mastocitos, unas células del sistema inmunitario innato que actúan de intermediarias entre este y las células adaptativas. Los medicamentos antialérgicos actúan cubriendo las vacuolas de los mastocitos, que son como diminutas bocas a través de las que estas células gritan «¡Alarmaaaaa!». Si los mastocitos no pueden secretar su «histérica» histamina, las alergias se atenúan.

Durante mucho tiempo, la ciencia se centró en hallar una respuesta para la siguiente pregunta: ¿cómo calmar a los mastocitos cuando vuelvan a sobrerreaccionar irracionalmente? Sin embargo, algunos investigadores empezaron a plantearse otro interrogante: ¿qué es lo que provoca que los mastocitos se preocupen tanto? ¿Existen quizá causas fundadas para su intranquilidad?

Una de las primeras personas que abordaron esta cuestión fue la científica estadounidense Margie Profet, que partió de la hipótesis de que toda reacción alérgica persigue un objetivo: protegernos de algo. De hecho, cuando las vías respiratorias se hinchan, reducen la cantidad de elementos dañinos que inspiramos; cuando los ojos lagrimean, expulsan las partículas peligrosas; las náuseas, el dolor de barriga, la diarrea o el vómito impiden la entrada de sustancias perjudiciales o permiten evacuarlas... Hasta la peor de las reacciones, a saber, la anafilaxia, podría perseguir un fin específico, según sostiene Profet: cuando se suspende la circulación sanguínea, se evita que los elementos tóxicos se distribuyan por todo el organismo. De entrada, su argumento suena lógico, pero no explica por qué las reacciones del sistema inmunitario llegan a veces a ser potencialmente mortales ni por qué se desencadenan debido a estímulos que son del todo inocuos.

En realidad, para entenderlo tenemos que echar la mirada atrás: hasta hace unos doscientos años, nosotros, los seres humanos, aún nos infectábamos con una amplia gama de parásitos, que doblegaban al sistema inmunitario para lograr vivir en nuestro cuerpo. Los parásitos son mucho mayores que las bacterias o los virus. Para combatirlos se requiere claramente más contundencia. O, lo que es lo mismo, una verdadera reacción de histeria y pánico.

Los mastocitos pueden trabajar en dos sentidos: o bien refuerzan el sistema inmunitario innato (al que pertenecen) o bien consolidan el sistema inmunitario adaptativo. Si, por ejemplo, se enteran de que una parte del sistema innato se huele algún peligro, avisarán al sistema adaptativo antes de lo habitual para que se plantee de inmediato la posibilidad de producir anticuerpos con el fin de resolver el problema. Si, por el contrario, optan por reforzar el sistema inmunitario adaptativo, reunirán a aquellos anticuerpos que, por lo general, se generaron en su momento tan solo de manera preventiva, y se lanzarán con ellos a patrullar por el cuerpo, dando la voz de alarma tan pronto como identifiquen alguna partícula que se corresponda con esos anticuerpos. Lo que en condiciones normales solo representaría un posible problema para el sistema inmunitario, para los mastocitos, en cambio, es un motivo de crisis.

En ambos casos se elimina un paso de seguridad: en principio, las células inmunitarias, que el sistema intercala como elemento de amortiguación, comprueban si una amenaza es lo suficientemente grave como para justificar que se produzcan anticuerpos y se provoque una inflamación. La omisión de ese paso puede ser tanto una maldición como una bendición. ¡En algunas infecciones activar el «modo turbo» nos ayuda a sobrevivir! Si ejecutásemos todos los pasos burocráticos de control en el caso de la peligrosa infección de una herida, pronto podríamos sufrir una septicemia. Así pues, en este caso el alarmismo de los mastocitos nos salva la vida. Sin embargo, si estas células se emplean inútilmente y lanzan sin necesidad a su jauría, una actitud que en principio era beneficiosa se convierte en un peligro. En ese momento se desencadenan respuestas que, más que ayudar al cuerpo, lo dañan. Por ejemplo, reaccionamos ante un cacahuete con una violencia innecesaria pese a que este fruto no tiene en sí nada de malo.

Pero detengámonos unos instantes en ese cacahuete. La pregunta que cabe plantearse es la siguiente: ¿qué problema tiene con él nuestro sistema inmunitario innato? Pues lo que ocurre es que los cacahuetes pueden contener toxinas de moho especialmente peligrosas... De hecho, basta una pequeña cantidad de ellas para provocar en el organismo daños irreversibles.

«¡No si estamos nosotros aquí para evitarlo!», proclaman los mastocitos de las personas que presentan alergia a este fruto seco. O esa es, al menos, la tesis de Margie Profet. Si estas células descubren alguna vez huellas de semejantes toxinas en un alimento, en el futuro evitarán que lo ingiramos. ¿La consecuencia? Boca hinchada, malestar y vómitos: un procedimiento bastante intransigente. Hay otras alergias que podrían tener un origen similar. Por ejemplo, en el aire existen partículas de polvo peligrosas que son capaces de adherirse al polen y, de hecho, los ácaros domésticos que desencadenan las alergias se parecen a los que invaden y contaminan los almacenes de trigo. En este caso habría al menos un motivo de peso para el alboroto causado.

Durante mucho tiempo se cuestionó el planteamiento de Margie Profet, pero en el año 2013 dos equipos de investigadores de las universidades de Harvard y Stanford consiguieron presentar pruebas de estos mecanismos de generación de alergias. Desde entonces, las hipótesis de Profet se consideran ya *una* de las posibles causas de este fenómeno. Llegados a este punto, cabe tener en cuenta otra observación: los mastocitos parecen sentirse especialmente incómodos cuando reciben novedades demasiado deprisa.

Todo lo nuevo entraña riesgos imprevistos. Cuando el trigo se empezó a cultivar y a almacenar en silos, se dio un importante paso contra el hambre. Sin embargo, el cereal acumulado atrae parásitos. Lo mismo ocurre cuando se almacena soja o se importan frutas y frutos secos exóticos. En este contexto se multiplican las alergias.

Los mastocitos quieren protegernos de nuevos peligros. Eso lleva a considerar la posibilidad de que hoy en día estén reaccionando también al cambio climático y a los actuales métodos de cultivo y cosecha. Si las plantas están estresadas o si se seleccionan pensando en obtener ejemplares que resistan durante más tiempo el almacenamiento o cuenten con toxinas que los protejan de las plagas, es posible que todos estos cambios desemboquen en alergias a las verduras, a las hortalizas y a las frutas. Existen, por ejemplo, personas con alergia a las manzanas que, sin embargo, toleran bien las variantes antiguas (como la boskoop o la reina de reinetas).

La acelerada transformación de nuestro mundo supone una presión para los mastocitos. ¿Cómo pueden garantizar nuestra seguridad cuando hay tantas novedades? Además, los avances modernos están acabando con antiguos parásitos contra los que hasta hace poco nuestras células tenían que emplearse a fondo. Cuanto mejor entendemos a los mastocitos, más comprendemos un principio que también es aplicable al miedo y al pánico en general: si nos limitamos a ponerles la etiqueta de «reacciones irracionales», no averiguaremos qué es lo que nos está pasando en realidad y tal vez pasemos por alto valiosas advertencias.

Por ejemplo, en los últimos años se han mejorado las condiciones del transporte de los alimentos y se han endurecido los límites de esporas de hongos que se consideran aceptables. Pues bien, en ese mismo tiempo también se ha constatado un llamativo retroceso en el número de nuevas alergias diagnosticadas. Esto por sí solo no prueba que exista una relación causa-efecto, pero sí se trata —dicen los científicos— de una interesante pista. El cultivo de variantes de manzana más fáciles de tolerar, en las que se recuperan las características de las frutas de antaño (por ejemplo, la Topaz o la Santana) también nos enseña que es posible llegar a equilibrios modernos en los que se tengan en cuenta las indicaciones de nuestro sistema inmunitario.

Y, si tenemos el lujo de analizar la agitación de nuestros mastocitos, obtendremos una protección especialmente concienzuda: podremos extender dobles redes y, además de comprobar el contenido de moho de un determinado objeto, nos plantearemos también la opción de reducir la contaminación del aire a través de la polinización o de conservar métodos de cultivo y variantes tradicionales de frutas, hortalizas y verduras.

Desensibilización

El tratamiento de una alergia que ya se ha manifestado es muy similar a la terapia que se aplica en el caso de las fobias: si una persona siente miedo de las ranas y ese temor es tan intenso que interfiere en su vida cotidiana, por lo general se le recomendará seguir una terapia cognitivo-conductual (o, para ser más exactos, una terapia de exposición). En ella, el paciente, acompañado siempre de un profesional, se acercará progresivamente al animal que le atemoriza. Al final, será capaz incluso de sostener la rana con sus propias manos y comprobará que no hace nada, salvo permanecer sentada y un poco intimidada. Será una nueva experiencia que se le quedará grabada en la memoria. Esta modalidad de tratamiento, que alcanza niveles de curación de en torno a un 90 por ciento, es una de las psicoterapias más exitosas.

Existe una terapia a largo plazo de las alergias, la «desensibilización», que funciona de una forma bastante parecida: bajo vigilancia médica, se administran al paciente pequeñas cantidades de frutos secos (libres de mohos) para que las ingiera, o bien se le inyectan por vía intravenosa alérgenos purificados, en dosis que irán aumentando poco a poco. De ese modo, el sistema inmunitario podrá conocer el lado inofensivo de esas sustancias y empezará a recuperar la confianza en ellas. El éxito de este método depende de la antigüedad de la alergia en el paciente, es decir, de cuántas veces se haya alarmado su sistema inmunitario ante ese agente.

La desensibilización no siempre funciona de forma perfecta. Sin embargo, incluso en los cuadros más graves puede aportar una mejoría o, al menos, proteger de las derivas que conlleven un riesgo de muerte.

Hoy en día las opciones farmacológicas, como los antihistamínicos, y la terapia de desensibilización son las soluciones más empleadas, pero ¿qué ocurrirá en el futuro? ¿Cabe imaginar un horizonte en el que nuestro sistema inmunitario se enfrente a una realidad con menos peligros? ¿O quizá el creciente nivel de higiene de nuestro entorno provocará que se vuelva aún más prudente? Para responder a estas preguntas, resulta interesante tener en cuenta el ejemplo del tetra mexicano, un pez que habita en las cuevas submarinas de Pachón. En sus cavernas apenas existen parásitos y el número de bacterias es muy inferior al que había en las aguas que acogieron a sus antepasados. La diferencia con respecto a lo que nos está ocurriendo a nosotros, los seres humanos, es que en su caso estas condiciones no datan de hace unos trescientos años, sino de hace ciento cincuenta mil años, aproximadamente. Así pues, su sistema inmunitario ha contado con mucho tiempo para adaptarse a la nueva situación. Y, de hecho, ha tomado una medida: su sistema inmunitario innato dispone en la actualidad de bastantes menos células que el de sus predecesores y el de otras especies cercanas. De ese modo, puede seguir reaccionando ante los peligros, pero se reduce el riesgo de sobrerreacción.

Así pues, si el cuerpo se percata de que las novedades del mundo se mantienen estables y si la vida le parece realmente segura a largo plazo, hay motivos para confiar en que nuestro sistema inmunitario (y tal vez también nosotros mismos) pueda reducir a la larga nuestro miedo.

Las destructivas dudas del sistema inmunitario: las enfermedades autoinmunes

¿Me he equivocado?
¿He actuado mal?
¿Estoy en el lugar correcto?

También nuestro sistema inmunitario puede dudar. De hecho, comprueba constantemente sus decisiones en los conocidos como «puntos de control» —por lo general los revisa varias veces seguidas— y pondera en todo momento si sus reacciones están siendo demasiado tibias o, por el contrario, excesivas. Casi siempre serán varias células las que se pronunciarán al respecto. En este caso, la duda, como ocurre en cualquier otro proceso de reflexión, puede ser útil, pero también perjudicial. Si el sistema inmunitario es demasiado crítico con nuestro cuerpo, aparecerán las enfermedades autoinmunes, en las que las células inmunitarias y una serie de autoanticuerpos actuarán contra nuestros propios cartílagos, las proteínas de la piel, los órganos del abdomen o los nervios. Como consecuencia de su afán extremo de seguridad, acabarán poniéndonos en peligro. Es entonces cuando surgen dolencias como el reúma, la psoriasis, la diabetes *mellitus* de tipo 1 o la esclerosis múltiple. Un drama en tres actos...

Acto primero

Antes incluso de que nuestros padres nos contemplen por primera vez, nuestras células inmunitarias nos echarán un vistazo para analizar quiénes somos. Y lo que vean en ese momento determinará su misión en la vida: harán todo cuanto esté en su mano para protegernos, sanarnos y defendernos. Para ellas, nada es más importante que nosotros, y la medida que les permitirá saber cómo *deben* ser las cosas es nuestro cuerpo. Pero ¿qué ocurre cuando nuestro sistema inmunitario se imagina que representamos un peligro para nosotros mismos? ¿Qué pasa cuando aparecen células cancerosas o no se eliminan correctamente los residuos de las células? ¿Qué sucede cuando nuestras propias células se equivocan? En esos casos, ¿no podrían (no deberían, incluso) intervenir las células inmunitarias?

Las dudas forman parte de la seguridad. A diferencia de lo que se ha creído durante mucho tiempo, las células de defensa y los anticuerpos también actúan contra las estructuras del organismo. En toda persona sana es así. Ya en la sangre del cordón umbilical de los recién nacidos completamente sanos se detectan autoanticuerpos y durante mucho tiempo se pensó que bastaban por sí solos para generar enfermedades autoinmunes. Así pues, la autoinmunidad es tan normal como dudar de uno mismo. De hecho, es lo que nos permite reaccionar ante nuestros propios errores. El problema surge cuando empieza a actuar de manera independiente y a escapársenos de las manos.

En condiciones normales, los autoanticuerpos «sanos» se unen a las células que son realmente perjudiciales, como las tumorales o las afectadas por virus. Pero también puede ocurrir que se adhieran a algo que no es ni malo ni peligroso. En ese caso, cualquier mínima anomalía les parece, equivocadamente, un cáncer; una pequeña infección les lleva a sospechar que existen virus allí donde no los hay, y una célula ligeramente dañada desencadena una operación de desintegración innecesariamente furiosa.

En las consultas médicas se oye a menudo una frase muy ilustrativa: «Su sistema inmunitario está atacando a su propio cuerpo». Y los pacientes que la oyen se sienten estafados: aquello que debería protegerlos, sanarlos y defenderlos es precisamente lo que les está dañando.

Acto segundo

Cada vez que una célula se divide se producen aproximadamente diez mutaciones azarosas. Así pues, si el sistema inmunitario castigara cualquier fallo, cualquier desviación de la norma y cualquier peligro potencial, tendría que atacar a todas nuestras células. No podemos neutralizar todo riesgo. Sin embargo, a algunas células inmunitarias les resulta difícil aceptarlo. Pero hay algo seguro, por drástico que suene: si lo que queremos es la seguridad total, entonces tendremos que matarnos...

Para poner límites sanos a su intolerancia, el sistema inmunitario se plantea una serie de preguntas (preguntas que en esta sociedad orientada hacia la perfección tal vez deberíamos formularnos con más frecuencia también nosotros mismos): ¿forma esto parte de mi vitalidad? ¿Acaso no constituye mi propio yo? ¿Qué pasaría si sencillamente lo dejase estar? Por ejemplo, si un virus se instala en el nervio óptico sin mayores consecuencias, en la mayoría de los casos el sistema inmunitario lo conservará, aunque sepa que, si ese intruso ataca a las neuronas, podría dejarnos ciegos. Con nuestras imperfectas células procede de forma similar.

Durante mucho tiempo los científicos han estado convencidos de que las células autoinmunes se descartaban mayoritariamente justo después de que se produjeran (en la médula ósea o detrás del esternón). Sin embargo, ahora sabemos que en esas zonas los controles son sorprendentemente permisivos. En torno al 40 por ciento de las células B autoinmunes que se generan por casualidad acaban llegando a la sangre y pueden activarse por efecto de otras células inmunitarias que floten por la zona... si estas últimas lo consideran necesario. Una infección puede favorecer esa reacción. No en vano una de las tesis sobre el origen de la diabetes *mellitus* es precisamente esta.

En la diabetes *mellitus* de tipo 1 el sistema inmunitario declara un ataque a las células del páncreas, encargadas de producir insulina. De hecho, las destruye, como si fueran malas para nosotros. En caso de que elimine más del 90 por ciento de ellas, las personas afectadas tendrán que inyectarse insulina porque su cuerpo será ya incapaz de secretar cantidades suficientes de esta hormona. La diabetes de tipo 1 aparece a menudo en la infancia. Y los casos aumentan precisamente en invierno, después de que los pequeños sufran alguna infección de origen vírico. Cuando llega la primavera, los nuevos pacientes se dan cuenta de que algo no acaba de funcionar.

Se piensa que, si esta enfermedad surge tras una infección, se debe a que el sistema inmunitario se ha dado cuenta de que sus anticuerpos no bastan para deshacerse de ella (hay virus que se ocultan en las células), así que decide multiplicar sus medidas y activar células inmunitarias adicionales. Ata al organismo en corto y castiga hasta la más mínima anomalía o desvío. Sin embargo, esta respuesta es perjudicial para el páncreas, que suele estresarse ante las infecciones y que, en esas circunstancias, tiende a modificar sus células. Al sistema inmunitario semejantes cambios le parecen sospechosos: ¿a qué viene la aparición de estas células diferentes? ¿Serán tal vez parte del problema? Si por casualidad la sangre conduce hasta allí anticuerpos que respondan a las células pancreáticas modificadas, se activarán por precaución.

Pero no siempre es una infección lo que desencadena la respuesta autoinmune. Las células inmunitarias pueden escapar a nuestro control por diferentes motivos. A veces tienden, por su propia naturaleza, a la autocrítica, por ejemplo porque, por su genética, cuentan con menos estructuras con las que tranquilizarse mutuamente. A veces una infección duradera, como una gingivitis crónica, es la consecuencia de que esas células están exhaustas y toman decisiones equivocadas. Si el cuerpo no se siente muy fresco que digamos, en algunos momentos no dispondrá de señales «tranquilizadoras», sencillamente. En ocasiones dormimos demasiado poco, llevamos una alimentación desequilibrada, carecemos de suficientes bacterias beneficiosas en el intestino o apenas nos exponemos a la luz solar... Y entonces, ¡plop!, las células inmunitarias se ponen a buscar a algún sospechoso.

En ese momento, cometen un error que puede hacer que los ojos del distinguido público de esta obra de teatro se empañen de lágrimas. Al igual que cuando Romeo vio a su Julieta durmiente pensó que estaba muerta, nuestro sistema inmunitario se equivoca. Arrastrado por las circunstancias adversas, la desesperación y tal vez también el agotamiento, cae entonces en un dramático malentendido. ¿Y por qué? Pues precisamente porque también el sistema inmunitario es humano.

Acto tercero

¿Se despertará a tiempo Julieta? ¿Se encontrará con Romeo antes de que sea demasiado tarde? ¡Oh, no! ¡Los dos están dormidos...! ¿O tal vez no?

La mayoría de las enfermedades autoinmunes se manifiestan en forma de brotes. Nuestro sistema inmunitario puede ahogar una rebelión y acabar por completo con ella. Pero ¿por qué no dudar de sus propias dudas? ¿Y si el cartílago en realidad está perfectamente? ¿Y si las células de la piel no se encuentran tan mal como parecía y el órgano del abdomen está de lujo?

Cuando las reacciones autoinmunes remiten, las células atacadas suelen descansar, aunque no siempre. En el caso del reúma, el dolor de las articulaciones se calma; en la psoriasis, la zona de la piel afectada se cura por sí sola. En la diabetes existe el fenómeno de la fase de «luna de miel», en la que unos seis meses después del diagnóstico inicial llega una etapa en la que se necesita menos insulina. Un momento más tranquilo como este es una buena ocasión para contactar con el sistema inmunitario. Es posible que vuelva a reflexionar acerca de su actitud crítica.

Precisamente los medicamentos y los conceptos terapéuticos que se están desarrollando en la actualidad siguen este principio: deben intervenir en la conversación, en lugar de limitarse a reprimir las células inmunitarias. Eso es lo que hace tan interesante este planteamiento, y no solo para nuestro cuerpo: también los individuos o las sociedades con una propensión extrema a dudar de sí mismos y a la crítica harían bien en mirar de reojo y con curiosidad ciertos aspectos: ¿qué aporta mejoría a nuestro cuerpo?

Los nuevos principios activos y procedimientos se aplican a las moléculas de señalización que median entre las células inmunitarias. Se administran pronto, a veces en dosis elevadas o combinados con otros productos para garantizar que el sistema inmunitario se vuelva realmente más amable. Ciertos medicamentos, como los inhibidores de TNF alfa y los inhibidores de la interleucina, se usan ya en la actualidad para rebajar las señales de agitación, pero también es posible optar por una alternativa: enviar señales tranquilizadoras o atrapar específicamente a las células que están creando un alboroto excesivo (mediante lo que se conoce como terapia con células CAR-T). Un ajuste fino, por decirlo así.

Desde hace unos años se está prestando atención, además, a dietas específicas, hipnosis médica, ciertas bacterias intestinales y factores del medioambiente, siempre como soluciones complementarias, dado que también influyen en el tono de nuestros debates internos, induciéndonos a la calma, proporcionándonos una alimentación equilibrada o, sencillamente, haciendo que nos encontremos lo mejor posible. Y eso nuestro sistema inmunitario lo nota.

Estas nuevas terapias pueden atenuar las enfermedades autoinmunes o incluso detener su avance.

El objetivo que persiguen es avisar a Romeo a tiempo de que Julieta simplemente está dormida y de que lo único que tiene que hacer es esperar un poco.

Así termina este drama en nuestros días. Con un final abierto y una nota de esperanza.

¿Fortalecer el sistema inmunitario?

«Fortalecer» el sistema inmunitario no siempre es la mejor idea. Cuantas más células inmunitarias tengamos y cuanto más alborotadas estén, más probabilidades habrá de que cometan errores y de que, guiándose por el principio de la prudencia, acaben atacando incluso aquello que es inofensivo. Pero tampoco queremos que la cantidad de células inmunitarias sea insuficiente, porque en ese caso seremos demasiado negligentes a la hora de abordar las infecciones. Así pues, la meta no ha de ser un sistema «especialmente fuerte», sino un sistema «equilibrado». Te doy desde ya un consejo: la mejor manera de reforzar consiste en no debilitar innecesariamente. ¿Y cómo se consigue esto? Pues es algo que se ha estudiado a fondo y que se basa en dos principios básicos. Primero: lo que le sienta bien al cuerpo también ayuda a que nuestras células tengan una actitud más relajada. Y segundo: si el sistema inmunitario necesita algo para funcionar con normalidad, lo sensato es proporcionárselo.

Las cinco medidas mejor analizadas en este sentido nos resultan agradablemente familiares y económicas: dormir lo suficiente, moverse, alimentarse de forma equilibrada, evitar el exceso de estrés y aplicar una higiene inteligente. Pero, aunque ya las conozcamos, si las observamos detenidamente identificaremos aquí y allá un par de nuevos trucos y sutilezas...

El sueño

Mientras dormimos producimos células inmunitarias. Un sueño insuficiente debilita nuestro sistema inmunitario. Y dormir lo suficiente, calculado a ojo de buen cubero, supone, en todo caso, descansar más de seis horas al día, un cómputo en el que también cuentan las cabezaditas.

Dormir más nos ayuda cuando sufrimos una infección o acabamos de vacunarnos, porque nos permite generar más células inmunitarias y anticuerpos.

Privarnos de sueño durante una breve temporada reduce nuestras células inmunitarias, lo cual, sin embargo, puede ser beneficioso en casos especiales, como, por ejemplo, después de un trasplante de un órgano. Sin embargo, si la falta de sueño se mantiene en el tiempo, se compensará por exceso: produciremos células inmunitarias más numerosas y agresivas, en cierto modo para descubrir qué es lo que está pasando y tomar cartas en el asunto, y eso es contraproducente en el caso de las enfermedades inflamatorias.

En dolencias como el reúma, las alergias, las enfermedades intestinales de carácter inflamatorio o el síndrome de abstinencia del alcohol, la calidad del sueño también es importante. A menudo, en esos casos las fases del sueño durante las que se generan las células inmunitarias (las conocidas como «fases de sueño no REM») son demasiado cortas. También después de pasar por el quirófano o la unidad de cuidados intensivos o de haber sufrido alguna lesión el proceso de curación será mejor si mantenemos una buena calidad del sueño.

La actividad física

Cuando nos movemos, los fluidos del cuerpo se bombean mejor, lo que significa que las células inmunitarias llegan con más facilidad a todas partes. Además, también regresan antes a su campamento base. Eso nos permite realizar, por decirlo así, un trabajo inmunitario en modo limpieza a fondo.

A veces ese modo también se activa por orden del sistema inmunitario. Por ejemplo, cuando estamos enfermos el corazón late a un ritmo más rápido. Y si estamos en forma a nuestro organismo le resultará más fácil bombear con fuerza.

Y hay otra conexión más: los músculos en movimiento liberan sustancias que ayudan al sistema inmunitario a ser más tolerante. Eso sí, ¡unos músculos sobrecargados pueden provocar justamente lo contrario! Producen sustancias «proinflamatorias» que causan irritación a través de la sangre. Por eso cuando sufrimos agujetas nos sentimos a veces tan cansados y desganados como cuando estamos enfermos.

La alimentación

Las células inmunitarias necesitan vitaminas A, C, D, E, B_2, B_6 y B_{12}, ácido fólico, betacaroteno, hierro, selenio y zinc. Si falta alguna de estas sustancias, su funcionamiento se debilita. Varias de ellas son imprescindibles para producir las células inmunitarias (es el caso del ácido fólico); otras, para generar sus enzimas protectoras (como el zinc) o para prevenir el daño en nuestras propias células (por ejemplo, la vitamina C).

A partir de los sesenta y cinco años asimilamos peor las vitaminas y los oligoelementos, lo cual se debe, en parte, al intestino y, en parte, a ciertos medicamentos (como los inhibidores de la bomba de protones), o simplemente al hecho de que necesitamos menos calorías y, por tanto, comemos menos. Por eso en estas edades se recomienda tomar complejos multivitamínicos.

Si nos alimentamos exclusivamente a base de pizza, pasta y tostadas, también sufriremos una carencia de nutrientes. Comer de manera equilibrada significa tomar entre tres y cinco piezas de frutas o verduras al día. Consumir lentejas, mijo y frutos secos permite ganar puntos extra, puesto que son buenas fuentes de zinc. Pero si los niños (o los adultos) no están muy dispuestos a tomar verduras y muestran signos de carencia de nutrientes, también en su caso se puede recurrir a complejos multivitamínicos (sobre todo en la temporada de resfriados).

Está demostrado que el alcohol, los refrescos y la comida rápida aumentan el riesgo de que desarrollemos enfermedades autoinmunes. Por ejemplo, las personas que beben regularmente bebidas de cola durante más de veinte años son más propensas a padecer reúma, y uno de los motivos para ello es que, aunque las células inmunitarias necesitan azúcar para activar el modo de defensa, si constantemente reciben mucho, o incluso demasiado, es más probable que se alboroten sin necesidad.

El estrés

¿Nos concedemos algún momento de calma a lo largo del día? Mientras comemos, ¿disfrutamos de la experiencia o nos dedicamos a rumiar nuestros problemas? ¿Tenemos momentos placenteros en los que tarareamos, cantamos, nos bañamos o nos entregamos a alguna afición que nos relaje? ¿O más bien nos dedicamos solo a correr de una cita a la siguiente? En momentos puntuales de estrés producimos grandes cantidades de cortisol, una hormona que limita la creación de células inmunitarias con el fin de evitar que malgastemos una energía que podríamos utilizar para resolver nuestros problemas. Por eso después de épocas de importante tensión es habitual que caigamos enfermos: las células inmunitarias, que vuelven a reforzarse, combaten a los patógenos que se las han apañado para colarse disimuladamente durante el «tiempo de debilidad inmunitaria».

El estrés permanente hace que las células inmunitarias existentes se vuelvan más agresivas: no solo modifica nuestro sueño y nuestros hábitos alimentarios, sino que incluso envía señales nerviosas al sistema inmunitario. Es algo sobradamente demostrado en el caso del gran nervio que nos recorre las entrañas, el nervio vago, que tiene un importante peso incluso en dolencias como el reúma o la depresión y que podemos estimular específicamente cantando, haciendo gárgaras, hurgándonos las orejas o la nariz o disfrutando de una comida, de un masaje, de la música o de un baño.

En la actualidad existen nuevos estresores, como el aislamiento social o la soledad propiamente dicha, que incitan comportamientos como la ingesta de comida como consuelo, el consumo excesivo de contenidos de los medios de comunicación, el sedentarismo o las adicciones, que a su vez cronifican los procesos inflamatorios, en lugar de favorecer que el sistema inmunitario los reduzca. Este sistema es capaz de percatarse de que no nos sentimos bien e intenta que mejoremos. Para ello busca un agente al que combatir. Por desgracia, esto suele dar lugar a un círculo vicioso en el que el sistema inmunitario, sobreestimulado, empeora aún más nuestro estado de ánimo, nuestro metabolismo y la calidad de nuestro sueño.

La higiene inteligente

Cuanto más elevados son los estándares de higiene de un país, más alergias y enfermedades inmunes se registran en él. Los niños que se crían en granjas presentan menos dolencias de este tipo que los que residen en limpias viviendas urbanas. Por eso desde los años noventa circula la hipótesis de la higiene, que sostiene que la falta de contacto con microbios y gusanos hace a nuestro sistema inmunitario más propenso a enfermar. En este tiempo la hipótesis se ha actualizado y completado. Sus nuevas conclusiones son las siguientes:

El consumo innecesario de antibióticos aumenta el riesgo de desarrollar ciertas dolencias (como, por ejemplo, colon irritable, sobrepeso, alergias, enfermedades inflamatorias crónicas del intestino…), ¡pero la limpieza de las viviendas urbanas tiene menos importancia de lo que se pensaba!

Por otra parte, padecer resfriados con frecuencia no sirve para «fortalecer» el sistema inmunitario. De hecho, incluso incrementa el riesgo de desarrollar asma.

En este sentido, es más importante que en el primer año

de vida hayamos adquirido ciertas bacterias beneficiosas, bien a través de la naturaleza (especialmente en entornos donde hay vacas), bien a través del contacto con hermanos y hermanas.

La conversación que nuestro sistema inmunitario mantiene acerca de nosotros puede ser despreocupada, prudente y hasta escéptica o incluso furiosa y alarmada. Comprenderla mejor puede ayudar a esas células que quieren realmente protegernos, sanarnos y defendernos. Esas células que se relajan cuando nos sentimos bien, dormimos lo suficiente y nos alimentamos de manera adecuada y que aprenden cosas útiles cuando, en plena naturaleza, nos encontramos con microbios amables. Eso nos proporciona las mejores «fuerzas armadas de defensa» para cuando tengamos que mantener el tipo ante los microbios del metro, de la oficina o de la guardería.

Las vacunas

¿Cómo nos enfrentamos a los peligros *antes* de que surjan? ¿Hasta qué punto es inteligente y previsor prepararse para ellos y a partir de qué momento ese gesto se vuelve innecesario y tal vez incluso peligroso?

Estas preguntas avivan dos hogueras cuyas posiciones se vuelven a veces extremas: para algunas personas, ¡las vacunas son poco más o menos una muerte segura! Para otras, en cambio, abstenerse de vacunarse equivale prácticamente a una condena de muerte. Mientras tanto, las y los científicos llevan años debatiendo cuestiones que rara vez se plantea la opinión pública, como, por ejemplo, *¿cómo* vacunar correctamente? Existen diferentes opiniones al respecto. Pero empecemos por el principio.

En la naturaleza no existe ningún debate *a favor* o *en contra* de las vacunas. Sencillamente, la inmunización es un proceso que sucede de manera continua y, en el fondo, desde siempre: cada vez que nos encontramos astillas y espinas o nos resfriamos, poco después estamos protegidos durante un tiempo frente a un virus peor. En la práctica, los niños entrenan de manera intuitiva su sistema inmunitario al llevarse a la boca los dedos sucios o al chupar todo aquello que se les ponga por delante. Esquivamos algunas enfermedades de forma elegante y sin esfuerzo porque nuestro cuerpo ya conoce los patógenos que las causan.

La mayoría de las infecciones contra las que nos vacunamos, sin embargo, pertenecen a una categoría especial: desde el punto de vista temporal, son más jóvenes y, en la mayoría de los casos, surgieron como consecuencia de las revoluciones agrícola e industrial. Por eso los investigadores que estudian este fenómeno desde un punto de vista histórico las han bautizado como «enfermedades de la civilización». Antes vivíamos en pequeños grupos que, sencillamente, estaban demasiado alejados entre sí como para que patógenos como los virus de la gripe se extendiesen a lo largo de gigantescas cadenas humanas de contagio.

El mundo globalizado ha facilitado muchas cosas. Y, por desgracia, también les ha facilitado el día a día a ciertos virus. Una respuesta frente a esta nueva realidad son las innovaciones médicas, entre ellas las vacunas.

Si viviésemos aislados dentro de una gruta en plena montaña, no necesitaríamos la mayor parte de las vacunas. Solo quien forma parte de la cadena humana globalizada —ya sea por trabajo, por comodidad (supermercados, aeropuertos) o por ocio (cine, teatro, mercadillos)— corre el riesgo de contagiarse. Para esas personas, el peligro de infectarse es significativo. Si en este punto estamos de acuerdo, ya podemos pasar al meollo del debate en torno a las vacunas: el *cómo*.

La vacunación tiene efectos secundarios: es algo de sobra conocido y que no se discute en el plano científico. Una de las más graves es, por ejemplo, la encefalitis autoinmune, es decir, una inflamación del cerebro provocada por una serie de reacciones inmunitarias. Aparece en menos de una de cada diez millones de personas a las que se administra la vacuna contra la hepatitis B. Esto significa que, si en un país como Alemania se vacunasen todos los ciudadanos, menos de ocho de ellos desarrollarían la patología, cuyos síntomas a veces son sutiles: cambios de carácter, sensibilidad a la luz, alteraciones del habla..., signos que precisamente en los niños pequeños pueden ser difíciles de detectar.

Si la enfermedad no se identifica ni se trata a tiempo, aumenta el riesgo de padecer secuelas a largo plazo, como discapacidad intelectual o trastornos parecidos a los del espectro autista. Es algo que puede haberles ocurrido a algunas de las familias que hoy claman contra las vacunas y que nuestra sociedad ignora por considerarlas unas chifladas irracionales. Esas personas tienen un motivo real para defender su postura y, sin embargo, se las rechaza, lo cual no solo es injusto, sino también anticientífico, porque este efecto secundario es algo científicamente reconocido, aunque también sea extremadamente infrecuente.

Frente a todo ello, hay otras cifras: cada año unas veintidós mil personas contraen la hepatitis B en Alemania. Entre el 5 y el 10 por ciento de los contagiados que no se han vacunado previamente desarrollarán graves secuelas que los acompañarán durante toda su vida.

Desde el punto de vista estadístico, eso significa que, de cada ciento sesenta personas infectadas, ocho enfermarán gravemente. Una proporción claramente superior a la de ocho de cada ochenta millones de personas...

En los niños y en los bebés la infección es mucho más infrecuente que entre adultos, pero cuando enferman el riesgo de que sufran secuelas graves es especialmente elevado (hasta un 90 por ciento). ¿Son estas cifras un consuelo para aquellas familias que han sufrido un daño como consecuencia de una vacuna? No. Para ellas las vacunas seguirán siendo algo terrible, pero para millones de otras personas se trata simplemente de una protección frente a enfermedades graves.

Esa es la posición actual de la ciencia. Y fastidia, porque se podría estudiar con mayor detenimiento qué daños provocan las vacunas en qué tipo de personas y por qué. A veces depende de una cuestión genética, otras veces de una carencia de determinadas vitaminas y otras de ciertos factores del entorno. Ha sido recientemente cuando al fin se ha creado un ámbito específico de investigación acerca de este tema: la vacunómica. Si se destinara más financiación a este ámbito, es posible que la seguridad de las vacunas mejorara aún más.

Tampoco se han estudiado todavía a fondo los efectos inespecíficos a largo plazo de las vacunas. Nuestro sistema inmunitario es una red enorme, pero no le es indiferente el orden por el que nos vamos infectando a través de los diversos virus. Para esa red, las vacunaciones constituyen verdaderos acontecimientos, casi como un escándalo mediático de una intensidad entre pequeña y moderada. ¿Qué provocará un escándalo similar en el futuro trabajo del sistema inmunitario?

Desde hace más de treinta años un equipo de científicos liderado por Christine Benn y Peter Aaby, de la Universidad de Copenhague, trabaja para responder a esta pregunta. Una de sus primeras conclusiones es que las vacunas vivas o atenuadas contra el sarampión, la tuberculosis y la polio aumentan ligeramente las posibilidades de supervivencia de los bebés. Los lactantes a los que se administran esas vacunas vivas o atenuadas resisten mejor otras infecciones, como las neumonías o las septicemias, y sobreviven en mayor medida. En cambio, no se ha observado este efecto en el caso de las vacunas muertas o inactivadas, como las que se utilizan contra la difteria o el tétanos.

Tras la publicación de estos datos, en las revistas especializadas en inmunología surgió un debate en torno a la importancia que debía darse a los «efectos inespecíficos» de las vacunaciones. Muchos autores criticaron que se dedicase tanta atención a efectos que, en todo caso, eran mínimos, mientras que otros abogaron por que los programas de vacunación se reestructuraran. En el año 2014 la OMS decidió crear un grupo de trabajo para recopilar la información de la que se disponía entonces sobre el tema.

Su conclusión provisional: los resultados obtenidos hasta ahora no son alarmantes y tal vez ni siquiera sean significativos. Sin embargo, la mayoría de los datos recopilados procedían de África y todos se referían a bebés de sexo femenino, lo que limitaba el valor general de los hallazgos. El grupo de trabajo instó a que se llevasen a cabo estudios más amplios.

¿Es una vacuna viva —elaborada con un patógeno real, aunque debilitado— «mejor» para el sistema inmunitario? ¿O lo que pasa sencillamente es que lo espolea? ¿Administrar demasiadas vacunas vivas volvería a nuestro sistema inmunitario innecesariamente agresivo? ¿Los efectos secundarios se deben a los excipientes que se añaden a las vacunas o tienen que ver más bien con lo novedoso o familiar que resulte un patógeno para el sistema inmunitario (que conoce al virus del sarampión desde hace bastante más tiempo que al de la variante de gripe más reciente)? Hemos de reconocer que sabemos algunas cosas, pero no todo. Y que lo que sabemos basta para proteger a la mayor parte de la sociedad de las enfermedades graves y de sus secuelas, aunque haya margen de mejora para nuestros conocimientos acerca de los detalles más sutiles.

También puede marcar la diferencia la forma en la que administramos las vacunas. El típico pinchazo intramuscular en el brazo, las vacunas orales, las inyecciones en diferentes capas de la piel o los espráis nasales...; según dónde apliquemos la vacuna, aparecerán unos u otros anticuerpos. Las vacunas por vía oral o nasal crean anticuerpos que actúan directamente sobre el terreno, es decir, en la mucosa, y que, por tanto, se parecen más a los anticuerpos generados tras una infección real. En consecuencia, en el caso de las infecciones de las vías respiratorias pueden tener más sentido que una inyección intramuscular. Sin embargo, eso no significa que una vacunación mediante espray nasal sea igual de eficaz ni más segura.

De manera recurrente, los investigadores toman la palabra en los congresos científicos para decir cosas como: «En realidad sería mucho más sensato que...». Pero a menudo sus reflexiones se quedan en el plano de la teoría. Por ejemplo, existen defensores de las vacunas por vía nasal desde, por lo menos, los años noventa, pero lo cierto es que no se ha avanzado mucho en este terreno. Y hasta que no llegó la pandemia de covid-19, quienes abogaban por las vacunas basadas en el ARN mensajero no parecían tener ante sí un futuro muy halagüeño. «Nada cuyo nombre recuerde remotamente a los genes funciona bien en el mercado —me comentó en cierta ocasión una visitadora médica mientras agitaba la cabeza—, aunque esta tecnología nos permitiría prescindir de algunos adyuvantes». En aquel momento asentí amablemente, sin tener mucha idea de a qué se refería.

Porque a las vacunas se les añaden adyuvantes como compuestos de aluminio o magnesio para evitar que las células inmunitarias acudan a toda prisa al lugar en el que se administra el producto y retiren de la zona a los agentes ajenos al organismo sin antes producir anticuerpos, que son los elementos que permiten realmente a esas células pedir ayuda. Una ayuda que consiste en la producción de más anticuerpos: justo la reacción que se desea provocar.

Las vacunas de ARN mensajero no necesitan compuestos de aluminio o magnesio porque en este caso son nuestras propias células las que producen la sustancia que nos inmuniza. De ese modo, proporcionan abundante material inmunizador y, en consecuencia, suficiente agitación. En las vacunas tradicionales, la sustancia inmunizadora prácticamente se cuela entre las células, como si fuese suciedad que entra en una herida. En cambio, las vacunas de ARN mensajero inducen un proceso más parecido al descubrimiento de una infección vírica o una célula cancerosa. En este caso, nuestras células inmunitarias se percatan de que en las células vacunadas está ocurriendo algo extraño, así que las desintegran.

Tras una vacunación con ARN mensajero, durante una temporada se producen más células T, que analizan las células de nuestro cuerpo en busca de posibles fallos. Si justo ahora se está generando una proteína tan rara, ¿será quizá porque hay algún problema? Esta sospecha puede llevarlas a provocar inflamaciones autoinmunes (y, con ellas, efectos secundarios en el miocardio). Las asociaciones de reumatólogos han estudiado en profundidad este riesgo. De hecho, no se atrevieron a pronunciarse sobre la vacunación de los pacientes afectados por reúma con vacunas basadas en el ARN mensajero hasta que no concluyeron sus propias investigaciones. Una vez que las terminaron y confirmaron que los resultados eran positivos, dieron el visto bueno a la recomendación.

Otro posible efecto que hoy en día aún se está analizando podría ser que, después de varias vacunaciones con ARN mensajero, algunas células inmunitarias se vuelvan demasiado permisivas. Pero también existe una tercera posibilidad, que es la más probable: que estas vacunas no tengan efectos secundarios. En cualquier caso, lo que en medio de este acalorado debate pasan por alto muchas personas es que el interior del cuerpo ya tiene un montón de trabajo cada día, cada hora y cada minuto sin necesidad de nuestra intervención: segundo a segundo, descompone células que producen algo extraño, hora a hora combate anticuerpos autoinmunes y retira partículas situadas entre las células. Nuestro sistema inmunitario se enfrenta a tantos retos que grabará en su memoria cualquier incidente aislado, pero rara vez pasará de ahí. Este sistema es demasiado grande, demasiado complejo, demasiado interconectado y, en definitiva, demasiado inteligente.

Cabe suponer que en el futuro las vacunas seguirán estando acompañadas de efectos secundarios, secuelas o problemas completamente nuevos. Es importante que analicemos a fondo estas consecuencias y las limitemos, pero no debemos olvidar algo: contamos con un sistema celular que ha ido madurando a lo largo de millones de años y que eclipsa por sí mismo cualquier inteligencia computacional. Nuestro sistema inmunitario puede recurrir a la experiencia de multitud de generaciones y aprender de ella; puede guiarse por el miedo o por la tolerancia y posee un fino olfato y una enorme sensibilidad hacia las grandes cosas. Puede desorientarse o cometer errores, pero el principio en el que se basa es atemporal: la seguridad nace del contacto con el riesgo. Con lo malo y con lo bueno. Este es el lema bajo el que trabajan nuestras incansables células inmunitarias, cuyo objetivo es conocernos, protegernos, sanarnos y defendernos. Hasta el final de sus días.

3

Relaciones

La piel

La muerte de Hedi

Mi abuela me escribió una carta que jamás llegó a enviarme. Tras su muerte, la encontré en su armario: «Es maravilloso que lo consigas todo, bichito. Pero no pases de largo ni a toda prisa por delante de las fragantes flores de la vida». Esta última frase me permitió comprender por qué nunca me mandó su mensaje. Mi abuela jamás me dio lecciones. No era su estilo. Mantuvo siempre una actitud de tierna curiosidad, incluso hacia sí misma, explicaba los problemas a través de preguntas y hasta daba consejos en forma de interrogantes. A medida que envejecía, las manos se le volvían rugosas y sus venas azules le combaban la fina piel, igual que las raíces de un árbol levantan el terreno por el que discurre un camino. Sin embargo, en su interior conservó en todo momento la frescura.

Para ella, las zanahorias eran «zanahoritas de conejitas», nuestro vecino punki era «Mulle el del osado tupé» y cuando estaba triste pasaba largos ratos tocando el piano o recitando poemas en francés: *«Il pleure dans mon cœur / comme il pleut sur la ville!»* («Llueve en mi corazón / como llueve en la ciudad»). Su rutina «antienvejecimiento» para el alma funcionaba de maravilla. Era algo que saltaba a la vista en cuanto te cruzabas con ella.

Es posible que infundiese esperanza a muchas personas precisamente por su edad: era un ejemplo de que no hay que volverse duro o inflexible antes de lo debido; de que podemos negarnos, con gracia y durante mucho tiempo, a envejecer de una manera innecesaria.

Casi se podría pensar que una mujer como ella nunca moriría. Pero, aunque la vejez llegó tarde, lo cierto es que llegó. Dos semanas antes de su muerte, le susurré al oído que no me apetecía nada comerme el melón —un tanto pasado ya— que su cuidadora nos había servido en dos platitos, pero temía parecer descortés. Lo dije pensando que mi abuela no podía oírme ni entenderme. De hecho, hacía ya tiempo que había perdido el oído y últimamente también había perdido el apetito. Muchas veces no comía nada o se limitaba a tomar un diminuto bocado. Pero en aquel momento movió de repente la mano, agarró con gesto estoico el melón de mi plato y se lo comió en mi lugar. Trocito a trocito. Ninguna de las dos dijo nada. Mis lágrimas, gruesas, mudas, se hundieron en la alfombra.

Su cabello, sus dedos, su rostro... Todo en ella me inspiraba siempre la mayor ternura que jamás había conocido. Y ahora ese cuerpo estaba envuelto en una bolsa negra, sobre una camilla que, lentamente, alguien sacó de la habitación.

En realidad, su muerte debería haberme producido un *shock*, un profundo y sangriento desgarro. Me preparé para sumergirme en un estado de excepción... que al final no llegó. En lugar de ello, sentí una insólita ausencia de emociones.

Lloré un par de veces, pero incluso durante el entierro conseguí contenerme más de lo que pensaba que sería capaz.

La vida siguió adelante y yo continué cumpliendo todas mis obligaciones, levantándome cada mañana, trabajando y acostándome cada noche. En la parada del autobús apareció el anuncio de un nuevo programa de televisión, en el interior del bus un colegial golpeó a otro con su botella de plástico. En la autovía había atascos, en el informativo se anunciaba el enésimo escándalo. Todo parecía seguir funcionando, pero, al mismo tiempo, el ruido del mundo me interesaba menos que nunca.

Jamás había conocido una herida como aquella. En lugar de sentir un punzante dolor, me encontraba extrañamente embotada. ¿De qué servían la vida, las relaciones, el aprendizaje continuo y la mejora si al final todo se acaba? ¿Qué sentido tiene? De repente, muchas cosas me parecían una estupidez. En aquel estado, observaba a la gente a mi alrededor y una y otra vez pensaba en que todos estamos envueltos en un manto de células queratinizadas. Vagamos de un lado a otro dentro de la piel, que oculta lo húmedos, vulnerables y sangrientos que somos en el fondo.

La vida me recompuso —pieza a pieza— y en ese proceso asistí al nacimiento de una cicatriz. Sea como fuere, ahora sé que al principio, en lugar de sangrar, construyo una costra. Y cuando descubro alguna flor al borde del camino me detengo con más frecuencia ante ella. A veces, justo en esos momentos, el sol me ilumina el rostro y me pregunto: «¿Por qué esto me recuerda ahora a ti?».

Las generaciones de la epidermis

La capa más externa de nuestro cuerpo no tiene nada que ver con lo que se encuentra bajo ella. No puede sangrar ni tampoco ser víctima de una infección vírica. Aquí no sentimos ningún dolor. En estos micrómetros superiores, las células no necesitan nervios, venas ni arterias. Y presentan estas insólitas características por un motivo muy concreto: están muertas.

Lo que envuelve la vida son células muertas. ¿Es esto un ejemplo de perfección o de ironía?

Cuando las células de la piel mueren, se endurecen. De ese modo construyen una fina capa córnea alrededor de todo el cuerpo, denominada «epitelio escamoso estratificado queratinizado». La queratina sirve de protección y de herramienta. Es como el cuerno de un rinoceronte, solo que en nuestro caso es pequeño y está por todas partes. Nos aporta estabilidad de cara al exterior y nos permite asirnos con más fuerza al mundo. Para darnos cuenta de lo sensible que sería una piel sin esta queratina, basta con pensar en lo que sentimos cuando metemos bajo un chorro de agua una zona del cuerpo arañada o quemada.

Un manto muerto nos brinda también protección frente a los virus, ya que estos solo pueden multiplicarse dentro de células vivas. Los virus que sí afectan a la piel —como el virus del papiloma— lo consiguen solo cuando abren diminutas lesiones en la capa queratinizada y muerta hasta llegar a las células vivas que se encuentran por debajo. Por eso casi siempre aparecen en zonas de la piel muy expuestas, como las manos y los pies, en las que es más fácil que se produzcan esas «microfisuras». En cambio, si la capa superior se mantiene intacta, permaneceremos protegidos frente a ellos.

El motivo por el que las células muertas de la piel no se desprenden con facilidad es su pasado: las células madre las crean en la capa inferior de la epidermis y desde allí ascienden hasta alcanzar la superficie. En ese camino empiezan a unirse a otras células. De hecho, si observamos la piel con un microscopio, veremos incluso pequeños brazos de conexión entre ellas. Si alguna célula muere, estos bracitos seguirán agarrándola, de manera que quede sujeta, y las que se aferren a ella también estarán sujetas. Solo si se rompe la última unión con una célula viva las células muertas se desprenderán.

El polvo que se acumula en nuestros hogares está compuesto en hasta un 80 por ciento de estas escamas de la piel. Como la arena de un reloj, los seres humanos y nuestras generaciones de células vamos cayendo poco a poco.

Antes se pensaba que, en su ascensión, las células de la piel se mantenían unidas siempre a las mismas células: una marcha acompasada hacia el peligroso mundo exterior. De hecho, la barrera epidérmica se describía como una faja hermética pero nómada. Hoy, en cambio, sabemos que no es así: mediante unas técnicas específicas de coloración se ha conseguido seguir la trayectoria de las células y se ha descubierto que cada una de ellas avanza a su propio ritmo. Algunas alcanzan la superficie al cabo de una semana, mientras que otras necesitan seis. Eso significa que deben crear constantemente nuevos vínculos.

Con sus bracitos, van sujetándose a lo que las rodea. Es posible que durante toda su vida permanezcan unidas a las mismas células, por uno de sus lados o por varios de ellos, pero por otros lados se encontrarán solas una y otra vez y tendrán que estar atentas por si alguien se cruza en su camino y les permite crear nuevas conexiones.

Para las células en proceso de queratinización es importante mantenerse estrechamente unidas, porque los vasos sanguíneos discurren por debajo, en la base de la piel, y desde allí se distribuyen los nutrientes y el oxígeno. Durante un tiempo conseguirán conservar el vínculo, pero al cabo de entre diez y quince generaciones celulares llegará el fin. En ese momento, la distancia con respecto a la difusión de los nutrientes será demasiado grande y las células comprenderán que esa separación ya no les permite seguir con vida.

Si esas células no se nos arrancan como consecuencia de una lesión, su proceso de envejecimiento y su muerte se producirá del siguiente modo: en primer lugar, se «concentrarán» y compactarán su interior. A continuación, se aislarán y se recubrirán de grasa. Finalmente, su núcleo se disolverá. No obstante, seguirán manteniendo la conexión con su entorno, lo que les permitirá crear una faja de contención. Esta estructura formada por una cubierta de grasa permite impermeabilizar la piel.

Cuando oímos la palabra «impermeable» aplicada a nuestra epidermis tendemos a pensar que esa resistencia al agua se da con respecto al exterior, como si de un chubasquero se tratara. En realidad, ¡se da sobre todo con respecto al interior! Sabemos qué pasaría si no dispusiéramos de esta barrera grasa porque hemos analizado las quemaduras extensas: sin esta capa, se cerniría sobre nosotros la amenaza de las infecciones mortales y perderíamos cantidades enormes de agua, incluso hasta veinte litros de líquidos al día, que equivalen al triple o al cuádruple de nuestra sangre. Es prácticamente imposible compensar una pérdida de agua como esta, que podría suponer una sobrecarga para nuestra circulación sanguínea. La sudoración, en cambio, es una pérdida sumamente controlada y supervisada por nervios, hormonas y glándulas sudoríparas, que en un día normal apenas nos hace liberar al aire exterior más de uno o dos vasos de agua.

La humedad es vida. La sequedad, en cambio, es ajena a la vida. Al fin y al cabo, somos seres acuáticos que hemos acabado mudándonos a tierra firme. Cuanto más seco sea nuestro entorno, más capas córneas acumulará la piel para protegernos. Y recurrirá a la misma estrategia cuando en el mundo exterior aparezcan otros elementos brutales y estresores, como la presión o la fricción. De hecho, en las manos y los pies tenemos una capa extra de piel que sirve única y exclusivamente para sujetar las células queratinizadas. En estas zonas la epidermis puede alcanzar un grosor de hasta tres milímetros. En cambio, en los párpados apenas mide un tercio de milímetro.

Cuando estamos habituados a caminar descalzos, a tocar la guitarra o a manejar determinadas herramientas, nuestra piel se vuelve más gruesa. Muchas personas conocen el principio por el que funciona la capa queratinizada. Y lo conocen por analogía con respecto a su vida emocional: en épocas de estrés permanente, sacrificamos los matices sutiles de nuestros sentimientos a cambio de una mayor seguridad.

El endurecimiento de la piel es un proceso lento, que dura en torno a dos semanas. En caso de que suframos un episodio repentino de estrés, como el que supone, por ejemplo, caminar durante todo un día con zapatos nuevos, los efectos dependerán de la intensidad: si la fricción es suave, tan solo aparecerá una marca en la zona que ha sufrido la presión. En cambio, si el calzado nos aprieta bastante, los primeros brazos celulares cederán y se soltarán. En ese momento, el líquido tisular se colará en los huecos que queden libres y aparecerá una ampolla. Este diminuto airbag aguantará durante un tiempo, pero si la presión continúa, pronto se romperán también las uniones en el interior de las capas más superficiales. La ampolla reventará y surgirá entonces una herida supurante. Los nervios de la zona, irritados, nos pedirán mediante el dolor que —¡por caridad!— tengamos más cuidado.

Para que se forme una herida profunda y sangrante se necesita una explosión brusca y potente. Por ejemplo, que nos caigamos y nos golpeemos la rodilla: en ese caso, no habrá tiempo para amortiguar el daño mediante la piel queratinizada o la formación de ampollas. Este tipo de lesiones constituyen un fenómeno específico y reaccionar ante él es una de las especialidades de nuestra piel. A lo largo de miles y miles de años, este órgano ha conseguido algo que a la industria y a la investigación científica les encantaría imitar: crear un pavimento capaz de autorrepararse, una tela vaquera capaz de zurcirse a sí misma. Algo que hoy en día aún no existe, pero que es justo lo que permite que la piel pueda autosanar. Es cierto que al final de ese proceso su aspecto será distinto, pero seguirá viva y de una sola pieza.

Cohesión, protección, unión y sanación: estas son las áreas en las que las generaciones de nuestra piel han desplegado sus genialidades, dando lugar al órgano que media entre nosotros y el mundo. Con todas las heridas, pero también con toda la belleza.

La sanación de las heridas

Cuando acabamos de hacernos una herida, la prioridad es taponarla. Con lo que sea. ¡Y rápido! Hay que evitar que la sangre mane sin control y que se cuelen intrusos. Por eso se forma una postilla. Y si la observamos desde fuera, durante un tiempo tendremos la impresión de que nada cambia. La postilla sigue ahí, dura y seca. Pero, exactamente como cuando caemos en un estado de *shock* después de vivir algún acontecimiento crucial, por debajo de la superficie ocurre algo.

El tejido lesionado convoca a las células inmunitarias. Visto con un microscopio, el proceso parece un verdadero caos. Es como si la herida desarrollase un poder de atracción y todas las fibras, las células y los líquidos confluyeran hacia ella para retirar poco a poco los restos de tejido, desintegrar las células destruidas o limpiar la herida de suciedad y microbios. Al mismo tiempo, una serie de fuerzas especiales de apoyo revolotean por los bordes de la herida: se trata de células madre.

En condiciones normales, estas células jamás abandonarían su puesto, pero en casos de emergencia están dispuestas a hacer una excepción. Como padres que acuden en ayuda de sus hijos ya adultos, se desplazan desde las profundidades del tejido hasta la lesión y prestan socorro. Los factores de crecimiento y las células tisulares combinan lo viejo con lo nuevo y proceden lentamente. Si la herida queda cubierta por una capa completa de células de la piel, todo volverá a la normalidad. El proceso de atracción cesará y podremos restablecer la cotidianeidad.

Nuestro cuerpo es capaz de sanar sin recurrir a cicatrices. Posee los genes necesarios para ello y en los embriones (y también en determinadas circunstancias especiales) las heridas se curan de esta forma. En tal caso, no precisará convocar a células madre para que pululen hacia arriba y rellenen los huecos. En lugar de ello, formará una especie de hilo de tejido con el que coserá el roto de la herida. Para sanar sin cicatrices simplemente hay que observar la escena: ¿qué ha quedado intacto alrededor de la herida? Y a partir de ahí, ¡zas!, se hilvana lo que aún está vivo.

Sin embargo, una vez que nacemos ya no nos resultará tan fácil superar nuestras heridas. Ahora estamos en contacto con el mundo exterior, así que nuestra piel elegirá en la mayoría de los casos un método de cura que implica más medidas de protección. En él participarán las células inmunitarias, que combatirán los molestos microbios o la suciedad mediante ácidas enzimas. Y eso deja huellas: las células tisulares reparadoras ya no podrán trabajar sin que nadie las moleste, como hacían en el vientre materno. Así, nacerá un tejido más recio: las cicatrices.

La mayoría de las cicatrices son finas líneas. En el primer y hasta en el segundo año presentan un tono más rojizo o bien más oscuro y son más sensibles o, por el contrario, están más entumecidas que la piel normal. La coloración rojiza se explica porque en esta zona el riego sanguíneo es más abundante, ya que para transportar hasta la herida nutrientes y células de apoyo se necesitan vasos sanguíneos adicionales. Si la zona que hay que curar se cubre con una porción extra de pigmento protector, adquirirá un tono oscuro y, si los nervios se irritan o se dividen en dos, aparecerá la sensación de mayor sensibilidad o bien de entumecimiento. Cuando nuestra piel se percate de que los dispositivos que ha montado ya no son necesarios, desmantelará los vasos sanguíneos y, por lo general, desaparecerá el tono rojizo de la zona. Los nervios sobreprotectores se calmarán al fin y los nervios rotos podrán volver a crecer. Lo que quedará entonces son las fibras generadas en condiciones de estrés: de hecho, las cicatrices son menos elásticas y resistentes que la piel intacta.

Los seres humanos reaccionamos de diferentes maneras a las heridas. Nuestra piel también. Además de líneas finas, hay cicatrices denominadas «hipertróficas», en las que la herida reacciona «en exceso» y genera más fibras sustitutivas de lo necesario, de tal manera que la zona adquiere una forma abombada. Muchas veces estas cicatrices aparecen como consecuencia de quemaduras o agresiones, pero también surgen cuando una herida no se trata adecuadamente. Una modalidad extrema de este fenómeno son las cicatrices «queloides», que prácticamente arrasan con lo que encuentran a su paso y casi nunca pueden resolverse con los remedios habituales contra las cicatrices hipertróficas (aplicación de un apósito de gel, vendajes compresivos, frío o inyección de calmantes). Para volver al proceso pacífico de sanación, las queloides suelen requerir ayuda médica profesional.

En el fenómeno contrario, el de las cicatrices «atróficas», la superficie de la herida se hunde durante el proceso de sanación como consecuencia de los ataques que se infringe a sí misma. En ese contexto muchas fibras se vuelven a destruir innecesariamente y el tejido cede hasta quedar por debajo del nivel de la piel. Algunas personas las presentan como consecuencia de la varicela, de la vacunación contra esta misma enfermedad o del acné. Una cicatriz atrófica puede corregirse rellenándola con ciertas sustancias. Pero también puede dejarse tal y como está, aceptando que en esa zona falta algo, sencillamente.

La sanación de una herida depende en buena medida de cómo la tratamos. Si una lesión se somete a demasiada tensión —como si se esperase de ella que supere todo lo que se le ponga por delante...—, es posible que el tejido se desgarre una y otra vez y que al final se forme una cicatriz hipertrófica. Las hormonas asociadas al estrés o un nivel excesivo de insulina en sangre también son un obstáculo para la reconstrucción de los tejidos. En cambio, el suministro de una hidratación suficiente y de los nutrientes adecuados a través de la sangre tiene un efecto beneficioso: facilita el trabajo de regeneración y, de ese modo, favorece la sanación adecuada. En este sentido, son especialmente importantes las proteínas, las vitaminas C y A, el ácido fólico y el zinc. Traducido a lo que servimos en nuestros platos: una porción extra de tofu, huevos o carne, un par de hojas de lechuga aderezadas con hierbas aromáticas, algo de zanahoria, manzanas y lentejas.

Además del cuidado de la herida y de una dieta sana, conviene optar por los apósitos oclusivos, que generan un entorno húmedo controlado: las heridas se recuperan mejor cuando se las deja totalmente tranquilas y libres de cualquier fuente de estrés (como la sequedad o los roces). Los profesionales de la salud utilizan para ello apósitos de hidrogel y vendajes gruesos especiales. Pero en casa (y siempre y cuando se trate de heridas pequeñas y realmente limpias) podemos recurrir también a apósitos concebidos para la ducha o elaborados con plástico. Además, humedecer la lesión con un poco de pulpa de aloe vera también ayuda.

Las heridas que se tratan con métodos oclusivos presentan un aspecto diferente: en lugar de cubrirse con una postilla, se acumula en ellas una fibrina blanca, que, a diferencia del pus, permanece en la piel y no se derrama. Por lo general, no hay riesgo de que la herida se infecte si se trata de una lesión pequeña y bien limpia: al fin y al cabo, habrá células inmunitarias en la zona y la mayoría de las bacterias de la piel no saben apañárselas sin oxígeno. Una excepción en este sentido son las bacterias del tétanos que viven en la tierra: a ellas les encanta la falta de aire. Por eso viene bien aplicar una dosis de recuerdo de la vacuna correspondiente, sobre todo en caso de que nos hayamos herido en plena naturaleza.

Cuando la postilla cae, sale a la luz lo que permanecía oculto bajo ella: ha nacido algo nuevo. Ni mejor ni peor: sencillamente, una reacción ante lo ocurrido. Ya tengan forma de superficie abombada, de depresión o de línea fina, lo cierto es que las cicatrices nos recuerdan el esfuerzo que ha hecho la piel para sanar y el motivo de sus fatigas... En definitiva, algo importante que probablemente ya sabían las células que ahora nos faltan: que la vida es muy valiosa. Y que continúa.

Las conexiones de la dermis

Aproximadamente medio milímetro por debajo de la superficie de la epidermis comienza la dermis. Nada aquí recuerda a la serena capa que hay arriba, y eso es precisamente lo que distingue a este nivel de la piel. A diferencia de lo que ocurre en la epidermis, en esta zona bulle una frenética actividad: en una intrincada red de fibras la sangre discurre, palpitante, a través de los vasos; las células inmunitarias revolotean aquí y allá; de las raíces nacen pequeños vellos, y en las glándulas sudoríparas se evaporan los fluidos. Aquí se encuentran las células que sienten. Todo es rojo y húmedo y está lleno de vida.

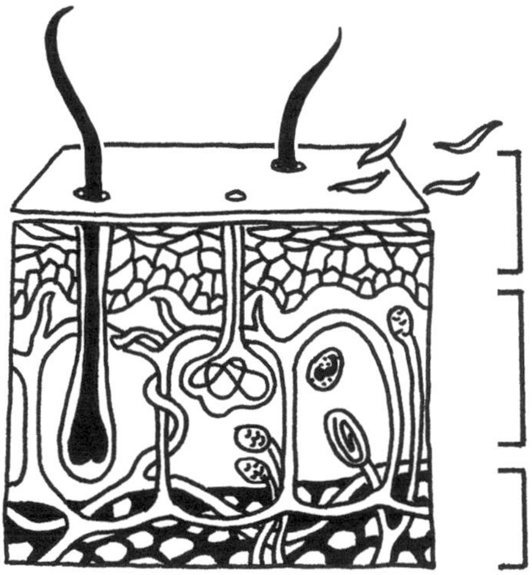

La dermis no establece una frontera entre nosotros y el exterior, como sí lo hacía el epitelio escamoso estratificado queratinizado. En realidad forma parte del tejido conectivo. Mediante sus fibras, *conecta* las células para formar órganos y los órganos para formar seres vivos. Sin esta cohesión, nuestro cuerpo, sencillamente, yacería sobre el suelo, sin forma, desparramado como una especie de sopa. Ningún cerebro puede gobernar, ningún sistema inmunitario puede proteger y ningún nervio puede transmitir información si no están unidos entre sí.

Las fibras del tejido conectivo del cuerpo comparten su destino con las interconexiones humanas. Rara vez hablamos públicamente de lo importante que es nuestra convivencia. Del mismo modo, pasamos por alto el tejido conectivo para centrarnos en los «verdaderos» actores, que son, supuestamente, los órganos. Sin embargo, son los puentes de fibras y las uniones lo que nos convierte realmente en lo que somos. Solo a través de ellos los humanos y sus células pueden desarrollarse y especializarse.

El nacimiento de la ciencia, la cultura y la artesanía fue posible porque se apoyó en una comunidad que funcionaba. Y lo mismo cabe decir del desarrollo de partes del cuerpo diseñadas específicamente para ver, tocar o ponernos en movimiento. Ninguna célula humana ni ningún órgano pueden existir por sí solos. Del mismo modo, toda sociedad necesita cohesión: solo así podrán salir adelante juntos un peluquero canino *y* una neurocirujana..., aunque ninguno de los dos, por ejemplo, sepa cocinar.

Para unir entre sí diferentes células se necesita un mediador, que se denomina sustancia intercelular y que permite amortiguar la tensión, la fricción, la tracción o la presión. En el cuerpo existen diferentes sustancias que cumplen esta función. En algunos rincones tiene sentido que nuestras células permanezcan en contacto entre sí de manera firme y ordenada, mientras que en otros es mejor que se mantengan flexibles y sueltas.

Por ejemplo, si observamos un trozo de hígado con el microscopio, prácticamente solo encontraremos en él relaciones amistosas o familiares. Aquí, una laxa red de fibras elásticas rodea las células. Y eso es todo. Las fibras generan una cierta unión, pero permiten a nuestros órganos bambolearse libremente cuando bailamos el limbo antillano o recibimos un golpe en la barriga: los preparan para las deformaciones constantes a las que estamos expuestos en la vida y se mueven de manera adaptada y flexible.

En cambio, esta ausencia de forma fija sería impensable en el caso de los huesos, que soportan la presión de todo el peso del cuerpo. Por eso la sustancia que se halla entre sus células se calcifica rápidamente en forma de vigas sólidas, mediante un proceso que recuerda más bien a la imposición de leyes estrictas para regular el espacio común. Estas columnas de tejido conectivo, como normas grabadas en piedra, soportan grandes cargas, pero en un momento dado, igual que cualquier contrato, también pueden romperse.

Para los tendones, en cambio, se necesita otra forma de diplomacia: allí donde hay tirones continuos en todas las direcciones aparece en escena el colágeno, que retuerce sus largas fibras y orienta las diferentes fuerzas hacia un objetivo común. El tendón de Aquiles, por ejemplo, nos proporciona la capacidad de arrastrar hasta 800 kilos. A igualdad de grosor, las fibras de colágeno son más fuertes que el acero.

Sin embargo, cuando se trata de enfrentarse a la brutalidad, el cartílago sale ganando: utiliza sustancias hidrófilas de relleno para amortiguar los golpes y las fricciones en el espacio articular, porque el agua es difícil de comprimir. Esta característica resulta fundamental para la vitalidad de las células y también es la que confiere la frescura a determinados alimentos. A la hora de enfrentarnos a la rudeza del día a día, ¡esta cualidad no puede ser más que beneficiosa!

El tejido conectivo de la dermis tiene un poquito de *todo*. Hace de mediador no solo entre el mundo exterior y el interior, sino también entre todas las formas de tracción, presión y carga. Por eso la dermis dispone sus fibras de colágeno a modo de red, de manera que sea posible tirar de ellas en cualquier dirección.

Además, las sustancias de relleno hidrófilas (como el ácido hialurónico) y las fibras elásticas se mezclan de tal forma que brindan el máximo rendimiento en áreas opuestas: la dermis es firme *y* elástica. Mantiene bien unidas la capa superior o epidermis y el tejido de la capa inferior o hipodermis, pero aun así sigue siendo capaz de expandirse con cada una de nuestras respiraciones y de nuestros movimientos. En esta superficie de unión se recurre a todas las capacidades de mediación que existen.

Las particulares características materiales de la dermis le han permitido conquistar a muchos fans. Convertir la piel de animales desprovista de epidermis (o sea, el cuero) en un elemento duradero ha requerido desde siempre realizar enormes esfuerzos. Los seres humanos habrían podido comérsela, pero sus peculiares cualidades la hacían demasiado valiosa como para devorarla sin más.

Como un noble bolso de mano o un calzado elaborados con este material, nuestra piel resiste cada día la presión y la fricción. Está viva, sabe sanarse a sí misma y está preparada para la carga. Sin embargo, presenta un punto débil: su proceso de envejecimiento. Cuando las fibras elásticas y el colágeno disminuyen, nuestra piel se vuelve menos firme, más desigual, e incluso se pliega en alguna que otra arruguita.

Podríamos decir que ese es el curso natural de los acontecimientos. Amoldarse sin demasiado entusiasmo al fondo liso de una frente también tiene algo de despreocupación. Sea como fuere, una piel tirante no es imprescindible para la vida. Pero hay maneras y maneras de envejecer. Buena parte del desgaste es evitable. No hay que subestimar la utilidad, a largo plazo, de un cuidado adecuado de la piel, como bien saben tanto los exquisitos dependientes de las tiendas de lujo como los fieles fans de esta parte del cuerpo.

El antienvejecimiento y el sol

La ciencia divide el envejecimiento de la piel en dos categorías. La primera es la del envejecimiento interno, también conocido como «endógeno», que apenas genera arrugas. Simplemente provoca que la tez se vuelva más irregular y grisácea porque reduce el grosor de la epidermis. Cuando nuestra piel dispone de menos capas protectoras, es más sensible a la sequedad. El envejecimiento endógeno viene determinado principalmente por los genes y apenas podemos hacer nada para evitarlo, más allá de proporcionar a la piel algo de hidratación.

En cambio, sí que podemos actuar en buena medida sobre el envejecimiento exterior o «exógeno», responsable de las características arrugas. En su mayor parte tiene su origen en la dermis y se produce por daños en las fibras del tejido conectivo, la mayoría de ellos debidos a factores externos: la radiación solar, las partículas en suspensión, el tabaco, el alcohol, el estrés o una dieta desequilibrada. Se trata de elementos que podemos limitar.

Los consejos y los remedios para el cuidado de la piel, como «dormir lo suficiente» o usar cremas y demás potingues, pueden tener su utilidad, pero no pueden hacer nada contra una realidad monstruosa: en torno al 80 por ciento del envejecimiento de la piel del rostro se debe al sol. Si no te lo crees, te invito a que, a partir de los cincuenta años, compares la piel de tu muslo con la de tu cara, expuesta constantemente a la luz solar. Los genes, la alimentación o el consumo de alcohol no ven diferencias entre una zona y otra... Si llevas una vida relativamente sana, puedes evitar enredarte en la gran maraña de los productos antienvejecimiento y concentrarte más bien en protegerte del sol. De ese modo resolverás la parte más importante de este asunto.

La radiación solar está formada por partículas detectables (fotones) y alcanza una velocidad de 300.000 kilómetros por segundo. Por eso lo que le aporta a nuestra piel es, principalmente, una cosa: energía del exterior. Una energía que puede ser agradablemente cálida y luminosa... o bien abrasadora y cegadora. Una correcta estrategia «antienvejecimiento» requiere encontrar un fino y hábil ajuste entre ambos extremos. En cualquier caso, somos capaces de determinar cuándo la energía externa nos perjudica más de lo que nos beneficia y también sabemos cómo lidiar con este problema. Es lo que nos permite mantenernos frescos durante largo tiempo.

Por lo demás, en la Tierra ocurre algo parecido a lo que pasa en la piel: nuestro planeta intercepta mediante la atmósfera los rayos de sol que vienen especialmente cargados de energía, como es el caso de los gamma y de los X, y solo deja pasar parte de los UV, igualmente energéticos. En cambio, permite que llegue a la superficie terrestre casi toda la luz visible y colorida (exceptuando alguna que otra parte azul, la más rica en energía, que es la que confiere al cielo su cromatismo).

Si esta selección de rayos alcanza la piel, también tendrá un recorrido desigual: algunas radiaciones irritan a nuestras moléculas más que otras. Igual que cuando humedecemos los bordes de unas copas de cristal y los rozamos cada uno de ellos genera un tono musical diferente, cada molécula posee su propia frecuencia cuando vibra por efecto de la radiación. En cualquier caso, ya sea una oportuna bendición o un hecho desfavorable, lo cierto es que nuestro ADN vibra de manera especialmente armoniosa con el «espectro UVB» del sol. De entrada, esto podría parecernos bastante positivo: el ADN se mece y danza con la luz del día... Sin embargo, cuando recibe una cantidad excesiva, puede recalentarse y romperse en determinados puntos, lo que provoca daños demasiado graves como para repararse y obliga a desintegrar las células afectadas. En eso consisten precisamente las quemaduras solares. Si los daños se van acumulando sin que nuestro cuerpo los detecte a tiempo, la consecuencia, en el peor de los casos, es el cáncer de piel.

El espectro UVA, que posee algo menos de energía, actúa de forma diferente: sus rayos penetran con más profundidad en la piel y de esa manera logran alcanzar las fibras del tejido conectivo. Los daños que se producen en este caso se traducen en arrugas permanentes. Además, tanto las radiaciones UVB como las UVA generan radicales libres, que desencadenan reacciones químicas completamente imprevisibles en la piel. En última instancia, también esto conduce a daños del ADN y envejecimiento prematuro.

Si esto fuera todo, la fórmula para protegernos de las radiaciones sería de lo más simple: lo mejor es no tomar nada de sol. Punto pelota. Para los grupos de mayor riesgo, como las personas con la piel extremadamente clara y pelirrojas, inmunodeprimidas o con lunares sospechosos, este es más o menos el consejo que deberían seguir. Sin embargo, no ocurre lo mismo con las demás. En su caso, diferentes estudios de amplio alcance, realizados a lo largo de muchos años y con los estándares más rigurosos, han demostrado una y otra vez que evitar la luz solar se asocia a una vida más corta: quienes se exponen al sol con regularidad viven más tiempo.

Incluso dentro de una misma población se ha detectado que ciertas dolencias, como el infarto de miocardio, son más frecuentes en los meses de mayor oscuridad. Y si echamos un vistazo a lo que pasa en todo el planeta, observaremos que existe una clara división entre el norte y el sur en lo que se refiere a las enfermedades autoinmunes (como la esclerosis múltiple), ciertos tipos de cáncer (como el de colon o el de mama) y las enfermedades cardiovasculares (como la hipertensión). Los intentos de encontrar explicaciones alternativas para este desnivel, como el papel de determinados genes, la alimentación o la práctica de deporte al aire libre, se revelan infructuosos cuando se examinan en detalle, lo cual lleva a pensar que es muy probable que el sol nos proteja de determinadas patologías.

La energía del sol también tiene una parte bastante positiva: a nuestro cuerpo le encanta utilizar las radiaciones UVB para fundir una determinada molécula de grasa. Sencillamente, la almacena en la piel, espera a que el sol la deforme mediante sus chisporroteantes fotones y, a continuación, la transporta hacia aquellos órganos que necesitan recibirla en esta versión. Estamos hablando de la vitamina D (aunque, estrictamente, no se trata de una vitamina, sino de una hormona).

Los beneficiosos efectos de la «vitamina» D ya eran conocidos antes incluso de que se la conociera a ella. En 1903 se concedió un Premio Nobel a Niels R. Finsen por haber descubierto que la luz solar cura las afecciones que provoca en la piel la tuberculosis, aunque no sabía cómo exactamente. La «vitamina» D estimula la producción de una sustancia con un potente efecto antimicrobiano: la catelicidina. Además, regula, de manera directa o indirecta, unos dos mil genes. Sin embargo, a pesar de este impresionante balance, debemos tener en cuenta que no es ella la responsable (o, al menos, no es la única responsable) de esos efectos del sol que se traducen en una mayor longevidad. Muchos estudios han tratado de demostrarlo, pero sus resultados han sido, una y otra vez, entre pobres y contradictorios. Por cierto, los preparados de vitamina D no pueden sustituir por completo la acción de la luz solar.

Los rayos UV no solo aportan «vitamina» D: además, favorecen la secreción de sustancias vasodilatadoras que reducen la tensión arterial actuando sobre los conocidos como genes «reloj» —que regulan el crecimiento *controlado* de las células— y alivian la psoriasis, modulando las células inmunitarias de la piel.

Desde hace unos años, además, también se están estudiando los efectos de otras radiaciones solares. Así, por ejemplo, se ha comprobado que los infrarrojos poseen menos energía que los UV, pero penetran mucho más en el cuerpo. Cuando nos tumbamos para tomar el sol, nuestros órganos internos se bañan en luz roja. Debido a sus largas ondas, los infrarrojos pueden atravesar los huesos del cráneo y llegar incluso hasta el cerebro. Por eso se está analizando si sería posible utilizarlos como tratamiento complementario en el caso de enfermedades neurodegenerativas como la demencia o el párkinson.

Lo fastidioso de la energía exterior es que no es simplemente buena o mala: hasta los efectos positivos del sol tienen su reverso. Por ejemplo, los rayos infrarrojos ayudan en la reparación de las neuronas, pero pueden dañar los ojos. Y la luz UV no aporta alivio en todas las enfermedades autoinmunes; de hecho, agrava algunas de ellas.

En la energía que viene de fuera siempre encontraremos esta ambivalencia: lo que nos sienta bien puede herirnos; lo que nos perjudica puede sernos de utilidad. Un gran amor puede acabar arrastrándonos a la desesperación cuando se termine y el abismo más profundo permite a veces cambiar el rumbo de nuestra vida a mejor.

A partir de esta base, las células que posee nuestro cuerpo para protegerse del sol, conocidas como «melanocitos», han construido en los últimos cientos de miles de años un sofisticado sistema: producen un pigmento protector (la melanina) y se lo suministran a las células adyacentes de la piel, que a su vez lo distribuyen a través de sus núcleos para fabricar una pantalla solar. La melanina también vibra en la horquilla de frecuencia de la radiación UV, lo que le permite interceptar su energía y proteger así el genoma. Todas las personas tenemos la misma cantidad de células productoras de este pigmento. Lo único que nos diferencia es el espesor de la pantalla protectora, que dependerá de la tonalidad de la piel.

A medida que los humanos primitivos fueron asentándose en las frías regiones del norte, utilizando habitualmente ropa cálida e instalándose en viviendas más oscuras, su piel se volvió más y más clara, de manera que entre diez y veinte minutos diarios de exposición solar en el rostro y en las manos les bastaban para captar la luz que necesitaba el organismo. En cambio, la piel de todas las personas que, desde los caminos situados más al sur, migraron en dirección al este adquirió la capacidad de acelerar su producción de pigmento en caso de que recibiera una mayor radiación solar. Por eso la piel calificada de «asiática» puede tener una tonalidad amarillenta, pero se pone morena más rápido en caso de necesidad. Por su parte, los pueblos que se quedaron cerca del ecuador mantuvieron un tono lo más oscuro posible para garantizarse la mejor protección frente a la mayor radiación solar. De ese modo se encontró una combinación óptima para sacar el máximo partido de las ventajas y, al mismo tiempo, evitar los inconvenientes. Sin embargo, nuestro estilo de vida actual plantea nuevos retos a este sistema tan sutilmente equilibrado.

Hace ya mucho tiempo que el color de la piel no guarda relación alguna con el lugar en el que vivimos. Por una parte, ha habido mucho movimiento en nuestro planeta. Por otra, en nuestra vida cotidiana la exposición solar cada vez tiene menos que ver con la latitud en la que nos encontremos. Vivimos más, lo que determina que acumulemos más daños en la piel. Además, a menudo adoptamos hábitos sumamente irritantes para nuestras prudentes células protectoras: en apenas unas horas de vuelo podemos llegar a una playa tropical; de lunes a viernes pasamos la mayor parte del tiempo en interiores, pero, de repente, en ciertos días de la semana, permanecemos varias horas a pleno sol durante nuestras actividades de ocio. Todo ello implica una alternancia de escasez y exceso de pigmento de protección, pero las células que se encargan de producirlo necesitan cierto tiempo y un ritmo regular para determinar cuánto pigmento necesitamos realmente.

Cada vez está más claro que una exposición muy irregular al sol —o sea, no tomarlo nada durante una larga temporada, pero, de repente, sufrir una quemadura— constituye uno de los principales factores de riesgo del cáncer de piel más frecuente (el basalioma) y también del más peligroso (el melanoma), tal y como se recoge en las Directrices para la Prevención de los Cánceres de Piel que ha publicado la Sociedad Alemana de Dermatología.

Hoy en día sabemos también algo que las generaciones que nos precedieron ignoraban: nuestras ventanas son un arma de doble filo. Los rayos UVB no las atraviesan, pero los rayos UVA sí. Y la producción del pigmento protector solo se activa a través de los UVB. Así pues, si trabajas en una oficina que recibe el sol de mediodía, ni te pondrás moreno ni producirás «vitamina» D, pero sí que estarás en una posición ideal para desarrollar arrugas y radicales libres... Por tanto, es buena idea proteger del sol cada día aquellas zonas de la piel que se encuentran constantemente expuestas, como el rostro. Aunque, al mismo tiempo, recibir algo de sol auténtico puede *servir de protección*.

Con el sol ocurre algo parecido a lo que pasa con nuestras relaciones a lo largo de la vida: a veces nos hieren, a veces nos queman, pero también es cierto que su energía nos aporta vida y vigor. Por eso una estrategia antienvejecimiento no puede pasar por evitar por completo el sol, sino por cubrir nuestro núcleo más íntimo, de manera que el «exterior» no altere demasiado su propia vibración. De ese modo, lo ayudaremos a mantenerse flexible.

La protección solar para aquellas zonas de la piel que no puedan protegerse de otra manera

Las sustancias fotoprotectoras en forma de cremas son una buena manera de evitar que la energía exterior nos dañe. Los protectores con ingredientes minerales (por ejemplo, el óxido de zinc) reflejan los rayos de sol como si de pequeños espejos se tratara. De hecho, se reconocen porque dejan en la piel un brillo blanquecino. Los protectores orgánicos (como el bemotrizinol) imitan el pigmento protector que produce la piel e intercepta las radiaciones vibrando con ellas. La tercera medida que se recomienda en las Directrices para la Prevención de los Cánceres de Piel de la Sociedad Alemana de Dermatología es la protección solar —por detrás de la sombra y del uso de textiles protectores—, aunque esta recomendación va acompañada de estas cautelosas palabras: «Para aquellas zonas de la piel que no puedan protegerse de otra manera». ¿A qué viene este tono tan temeroso? En realidad, a menudo utilizamos las cremas solares equivocadamente, porque hay casos en los que sería más saludable no emplearlas. A continuación te doy tres motivos:

Las cremas de los años ochenta y noventa del siglo pasado solían incluir sustancias que protegían de los rayos UVB, pero prácticamente no contenían nada para hacer frente a los UVA, que, por tanto, podían penetrar sin problemas en la piel y desencadenar la producción de radicales libres, aprovechando, además, que no se estimulaba la formación de pigmento protector, ya que para ello es necesario el contacto con la radiación UVB. De ese modo, aumentaba el riesgo de desarrollar melanoma. Esto es lo que en su momento se bautizó en los círculos científicos como la «paradoja del protector solar» (aunque hoy en día esta expresión también se utiliza para aludir al fenómeno por el que las personas creen, de forma poco realista, que están seguras por el mero hecho de aplicarse cremas solares, lo que las lleva a exponerse demasiado tiempo al sol). Desde que se han añadido de forma generalizada sustancias de protección frente a los rayos UVA, este efecto ha desaparecido de las estadísticas. Para saber si un protector ofrece una buena pantalla frente a las radiaciones UVA hay que fijarse en el envase: en él debe aparecer un logotipo con el texto «UVA» o «PA», acompañado de la mayor cantidad posible de estrellas o símbolos «+».

El factor de protección solar (representado con la sigla «SPF») indica lo siguiente: si la crema solar intercepta una parte de la radiación, la propia protección de la piel será suficiente para garantizar nuestra seguridad *durante más tiempo.* En las pruebas de laboratorio, un SPF 15 multiplica de media por quince el tiempo durante el que la piel se encuentra protegida por sus propios medios. Así pues, si una persona suele quemarse al cabo de diez minutos de exposición solar, con la crema tardaría ciento cincuenta minutos.

Sin embargo, es bueno repetir la aplicación al cabo de un tiempo para evitar que la crema desaparezca por el roce o el sudor y asegurarse así de que quedan realmente ciento cincuenta minutos de protección (aunque esa segunda aplicación no permite aumentar el tiempo de exposición total). Ponerse una fina capa de crema (que es justo lo que la mayoría de nosotros hacemos) también reduce de manera considerable el efecto (¡hasta dejarlo prácticamente en un 10 por ciento!). Así pues, a partir del minuto diez, en lugar de quedarnos ciento cincuenta minutos, nos restarían apenas unos veinte. Por eso a las personas de piel especialmente clara les viene mucho mejor un SPF más alto y una aplicación lo más generosa posible (la cantidad recomendada es de 2 miligramos de crema por centímetro cuadrado de piel, lo que equivale a una cucharilla de café para el rostro, aproximadamente).

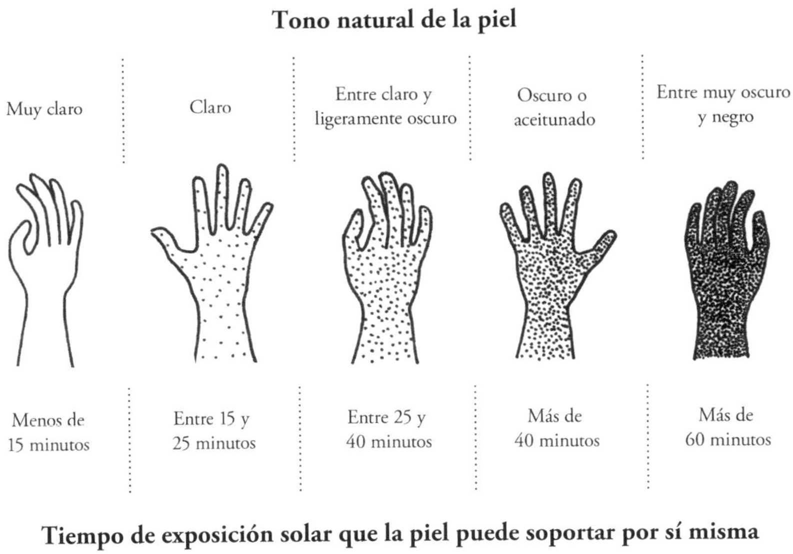

Figura elaborada a partir de los datos de la Oficina Federal Alemana de Protección Solar (2020)

Algunos ingredientes orgánicos más antiguos que protegen del sol, como la oxibenzona, el octocrileno, el ácido paraaminobenzoico (PABA) o el octinoxato, se están revisando en la actualidad porque, de acuerdo con los hallazgos más recientes, podrían pasar a la sangre y provocar ciertos efectos similares a los de las hormonas (además, se cree que provocan daños en los corales): de ahí que a las embarazadas y a los bebés de hasta seis meses se les recomiende utilizar protectores minerales.

Sin embargo, ni las cremas más modélicas evitan por completo que algunos rayos solares lleguen a nuestras células. La energía procedente del exterior siempre deja algún pequeño rasguño. Por este motivo, cada vez son más los estudios que sostienen que una buena estrategia de envejecimiento no solo requiere protegernos frente a la radiación solar, sino también mejorar la reparación de los daños, lo que está llevando a investigar más a fondo la vitamina A (retinol y derivados) y la vitamina C. Estas sustancias no solo atrapan a los radicales libres, sino que favorecen la producción de colágeno por parte de la propia piel, un efecto que, de entrada, consiguen fomentar sobre todo *desde el interior*. En teoría, bastaría con tomarnos de un trago un vaso de zumo de zanahoria y dar unos saltitos para mejorar el riego del rostro... Pero si en lugar de recurrir a esos trucos prefieres optar por las cremas, lo ideal es que te las apliques por la noche y que durante el día utilices un buen protector, porque, en caso de exposición al sol, la vitamina A favorece la aparición de radicales libres y la vitamina C se descompone. Para evitar que la vitamina C desaparezca se puede combinar con la vitamina E. Por eso esta última se utiliza tanto en los productos cosméticos. Hay muchas otras sustancias naturales que deberían analizarse mejor mediante estudios más amplios antes de recomendarlas con tanto entusiasmo por sus efectos desde el punto de vista médico, como tan a menudo se hace en la publicidad (o en los vídeos publicados en internet).

Las conclusiones de todos estos esfuerzos en el campo de la estética no solo son interesantes para nuestro aspecto, sino que también podrían enriquecer una reflexión acerca de otros ámbitos de la vida: si deseas protegerte frente a los influjos del exterior, puedes aplicarte una pantalla protectora, realizar un filtrado consciente o retirarte a un lugar situado en la sombra, igual que hace nuestra piel. En las relaciones interpersonales a veces son útiles ciertas estrategias psicológicas muy similares a estas, como la del espejo reflector o la de la cercanía bien dosificada. Aunque, como ocurre también en el caso de la piel, esos métodos no nos evitarán todos los daños. A menudo, lo que mantiene nuestra belleza no es tanto disponer de una protección sin fisuras, sino ser capaces de repararnos de manera sana.

El tacto

Nuestra piel deja de ser tan solo una «barrera» en el momento en que toca algo. Aquello que precisamente nos protege del mundo se convierte entonces en lo que lo palpa. Sentimos la fría humedad del agua que fluye y la calidez y la ternura de un beso. El sentido del tacto es extremadamente directo. La vista, el oído y el olfato siempre tienen lugar a cierta distancia con respecto al mundo. Nos permiten mantenernos apartados de él. Divisamos las partículas de luz que emite un coche a lo lejos, oímos la música que nos llega desde la habitación de al lado u olemos a través de las ventanas abiertas la tierra empapada por la lluvia. Sin embargo, el tacto es diferente. Al igual que el gusto, solo funciona desde la proximidad. Cualquier maestro de yoga o de meditación debería entusiasmarse ante estos dos sentidos: nos traen al aquí y al ahora del cuerpo y nos ayudan a que dejemos de olfatear u observar nerviosamente lo que podría pasar de manera inminente o lo que ya ha pasado. ¿Tal vez por eso ocupan el primer puesto en la escala del placer? De hecho, comer y mantener un agradable contacto corporal aparecen en la parte más alta de esta lista...

Salado, dulce, amargo, ácido... se traducen, en el caso de la piel, en presión, velocidad, extensión y vibración. Si alguien nos acaricia el brazo, ese tacto será procesado por diferentes células. Las que se encargan de detectar la presión se encuentran entre la epidermis y la dermis, es decir, arriba del todo. Si se las aprieta, aunque solo sea levemente, salpican con sus neurotransmisores a las fibras nerviosas. Tan pronto como la piel se abolla aunque sea una centésima de milímetro, lanzan el correspondiente aviso.

La velocidad del tacto, en cambio, se detecta mediante unas células con forma de espiral, que rodean la raíz de los vellos y miden la velocidad a la que estos se mueven. En el caso de las zonas de la piel que no tienen vello (es decir, las palmas de las manos y la planta de los pies), se ubican bajo las crestas papilares, o sea, las líneas prominentes que se marcan en las huellas dactilares o en las pisadas.

La extensión, por su parte, se detecta en ciertas formaciones que se encuentran entrelazadas horizontalmente en las fibras del tejido conectivo. Si esas fibras tiran de ellas desde la derecha o la izquierda, descargarán su contenido como una piñata de cumpleaños (aunque, a diferencia de esta, no llegan a romperse).

En el nivel más profundo se encuentran los perceptores de las vibraciones. Prácticamente no hay sensación táctil que no incluya una oscilación vibratoria. La producen hasta las hendiduras más finas de las crestas papilares tan pronto como recorren una superficie rugosa. Estos captadores de vibraciones alcanzan las profundidades del tejido adiposo y tienen forma de cebolla. Si colocamos la mano sobre un altavoz, vibrarán hasta sus capas más íntimas. En cambio, cuando la vibración es leve, la cebolla en cuestión se mueve recatadamente.

Lo que al final percibimos como *una* sensación táctil es, en realidad, un coro formado por millones de estructuras presionadas, vibrantes o retorcidas que se distribuyen por toda nuestra piel. Por eso no es sencillo distinguir unas sensaciones de otras. Por ejemplo, si nos preguntan qué es lo que hace que una caricia resulte tan agradable, muchos responderemos: «La suavidad» (en el sentido de una presión débil). Sin embargo, que una sensación táctil sea bienvenida en nuestro cuerpo depende principalmente de otro factor: la velocidad. O, dicho de un modo más exacto: una velocidad de tres centímetros por segundo.

En la horquilla de entre uno y diez centímetros por segundo, el tacto nos resulta —por utilizar términos más propios del sentido del gusto— «rico». Pero si la mano que nos acaricia mantiene una media de tres centímetros por segundo, la sensación nos parecerá «exquisita» o «deliciosa». A pesar de que no solemos ser conscientes de ello, desde el punto de vista corporal parece que lo tenemos muy asumido: las madres acarician a sus hijos exactamente a ese ritmo y cuando, sentados en el sofá viendo la tele, le pasamos la mano por el pelo a un ser querido, también lo hacemos a esa velocidad. Y cuando, sin darnos cuenta, nos toqueteamos la cara, nos acercamos bastante a... los tres centímetros por segundo.

En cualquier caso, sentir y tocar son dos capacidades diferentes. No solo desencadenan cosas distintas en nosotros: es que incluso funcionan de forma dispar.

El tacto es para nosotros más bien como una herramienta. Así, cuando se trata de palpar un rollo de cinta adhesiva para buscar el principio del celofán, permanecemos concentrados y no experimentamos grandes emociones. La información del tacto se transmite a través de nervios rápidos (las denominadas «fibras A») hacia áreas cerebrales más neutrales (el telencéfalo). Allí se reúnen los datos sin valorarlos desde el punto de vista emocional. La verdad es que todo esto suena muy moderno: conexiones rápidas, nada de sentimentalismos... Y, de hecho, es así. Desde el punto de vista de la evolución, tanto los nervios como el área cerebral relacionados con la capacidad de «tocar» son «más jóvenes». Son, por decirlo de algún modo, un hábil desarrollo de los seres vivos para poder percibir los datos no solo como «sensaciones» o «sentimientos», sino también como materiales neutros para la construcción del conocimiento. Estos materiales permiten continuar la sucesión de pensamientos, por ejemplo en forma de lógica: «Si no está aquí el principio del rollo de la cinta adhesiva, entonces es que está en otra parte».

Si, en lugar de tocar, nuestra piel *siente*, eso significa que estamos utilizando un sistema más antiguo, compuesto por las fibras C, unas fibras nerviosas que son entre diez y cien veces más lentas que las de tipo A. A pesar de que su velocidad de transmisión es de aproximadamente un metro por segundo, llegan siempre a su meta (al fin y al cabo, ¡solo medimos en torno a dos metros!). Pero, a diferencia de las fibras A, no están ahí para hacer que retiremos el brazo a la velocidad del rayo para apartarlo de la placa de cocina caliente, sino para informar de que se está cociendo lentamente un dolor que nos avisa de algo y que poco después hará que nos broten lágrimas de enfado y temor. Esa información llegará a un área cerebral que se encuentra conectada con las emociones: el sistema límbico. De ese modo, una placa de cocina o una viga del techo contra la que nos golpeamos pueden ser en nuestra mente, por un breve instante, elementos «malvados».

Por supuesto, podríamos explicarle a la sensación emocional de la piel —con un tono paternal y una encantadora sonrisa— que una placa de cocina o una viga no persiguen ninguna intención en concreto. Sin embargo, aunque lo razonable sea no devolverle el golpe a la viga, eso no significa, ni mucho menos, que tocar sea una acción superior a sentir. De hecho, en las últimas décadas los investigadores han descubierto más y más efectos que un contacto agradable y emocional genera en el cuerpo y que influyen en él de una forma realmente impresionante.

Los bebés prematuros que practican regularmente el piel con piel con sus padres siguen mostrando diferencias a los diez años de edad con respecto a aquellos otros niños que permanecieron en la incubadora después de nacer. Los primeros duermen mejor, presentan una mayor resistencia al estrés y logran mejores resultados en los test cognitivos. Pero también se ha comprobado objetivamente que los bebés que nacen «a su hora» reaccionan al contacto directo: respiran más profundamente, poseen un metabolismo más estable y, cuando se someten a una prueba de resistencia al estrés al cumplir un año de edad, alcanzan mejores resultados que los grupos de control, que no disfrutaron del piel con piel tras su nacimiento. Si esto mismo se hubiese conseguido con un medicamento, se consideraría un éxito asombroso.

Los estudios realizados con adultos también han llegado a conclusiones inequívocas. Las unidades de cuidados intensivos, por ejemplo, son un escenario muy adecuado para reunir abundantes datos al respecto, ya que lo que ocurre en ellas se vigila permanentemente. Y justo esa vigilancia las hace muy estresantes: en todo momento hay algún elemento que parpadea o pita, y constantemente se llevan a cabo análisis, incluso de noche. En medio de una agitación recurrente como esta, el cuerpo olvida cómo relajarse, su sueño se vuelve cada vez más ligero y sus miedos internos se acrecientan. Sin embargo, si a los pacientes que se encuentran en estas unidades se los toca de una manera agradable y periódica (por ejemplo, con masajes), se observa que, objetivamente hablando, duermen de una manera más profunda, su tensión arterial se reduce, su frecuencia respiratoria se calma y, de media, incluso sus dolores se mitigan.

En los efectos del contacto se evidencia algo que en un primer momento a nuestra razón le cuesta comprender: en realidad, sería *lógico* pensar que, para reducir el estrés, basta con limitar los pitidos o el número de análisis practicados. Y, de entrada, no tendría *ningún sentido* que, si se adoptan esas medidas, no se obtengan resultados con la misma rapidez con la que se consiguen cuando se practica el contacto con los pacientes. E igual de *ilógico* parece que el «contacto agradable» les siente bien incluso a aquellas personas que en principio no son muy fans de esta vía. Sin embargo, los pacientes con TDAH o trastornos del espectro autista, a los que el piel con piel les resulta desagradable o abrumador, presentan menos hormonas asociadas al estrés en la sangre y duermen mejor cuando sus allegados los acarician de vez en cuando. Incluso a las mujeres que padecen de depresión posparto y se sienten emocionalmente alejadas de sus hijos les beneficia tomarlos en sus brazos. Las ayuda a construir antes un vínculo con ellos y acorta su tiempo de recuperación.

Tal vez el contacto con la piel no sea un caso de lógica

recta..., sino más bien una red parecida a la del tejido conectivo. Cuando dos personas se tocan, generan un vínculo entre ellas. En principio, esto puede parecer simplemente una frase bonita, pero en realidad es un fenómeno cuantificable y bien descrito: se trata de la sincronización interpersonal. En un experimento al respecto se pidió a una persona que se tumbara en una especie de tubo. A su lado se sentó su compañero o compañera. Los dos voluntarios no podían verse entre sí. Pues bien, cuando ambos se cogían de la mano, sus cuerpos empezaban a sincronizarse con el del otro: la frecuencia respiratoria, el ritmo cardíaco y hasta la conductividad eléctrica de la piel se iban acoplando. No sabemos por qué sucede. Pero sucede.

Los científicos han tratado de explicar este fenómeno esgrimiendo argumentos que van desde la producción de hormonas con efecto relajante hasta la «expansión del cuerpo» (es decir, la capacidad de incluir a otra persona en el concepto de «yo» que manejamos en nuestra mente). Esto mismo, aunque a escala pequeña, es lo que hacemos cuando sentimos que una raqueta de tenis es como una prolongación del brazo, y a escala mayor cuando nos enamoramos y tenemos la impresión de fundirnos con el otro.

Pero no solo podemos sincronizarnos con respecto a los demás: también podemos hacerlo con respecto a nosotros mismos. Cuando estamos absortos en nuestros pensamientos, cuando nos estresamos o cuando nos ponemos nerviosos tendemos a toquetearnos mucho más la cara. Se trata de movimientos no intencionados. Suceden de tal manera que solo somos medio conscientes de ello, como si esa mano que pellizca quisiera hacer que la cabeza prestara atención al resto del organismo. Pues bien, de acuerdo con los resultados de las investigaciones que se han llevado a cabo hasta ahora, mediante estos movimientos se favorece la producción de hormonas relajantes o se activan circuitos en el cerebro que representan el propio cuerpo. Así pues, no es descabellado pensar que este tipo de gestos permiten al cerebro reconectarse con el resto del cuerpo. Con el aquí y el ahora, por decirlo así.

El conocimiento acerca del contacto con la piel y su papel en las relaciones humanas nos conduce casi inevitablemente a la siguiente pregunta: ¿qué es la soledad? ¿Se trata de lo opuesto al contacto? En realidad, la soledad no es solo el resultado de una carencia de relaciones con los demás, sino también de una carencia de relaciones con nosotros mismos; de una cabeza solitaria, perdida en sus propios pensamientos y que no está lo suficientemente conectada con sus emociones y con el resto del cuerpo.

Es algo especialmente habitual en nuestros días: en el patio del instituto, los teléfonos móviles o los ordenadores se conectan con el cerebro pensante como si fueran los miembros de la pandilla *cool*, mientras que dejan al resto del cuerpo aparte, rebuscando en solitario el bocadillo de queso medio deshecho en la fiambrera. Leemos noticias y correos electrónicos, vemos vídeos y fotografías... mientras el resto de las partes del cuerpo, salvo la cabeza, permanecen inmóviles y sin experimentar nada. ¿A partir de qué momento esta actitud genera una especie de «autosoledad»?

La forma más conocida de la soledad, a saber, la soledad social, está ya bien estudiada desde el punto de vista de la psicología social. Provoca cinco alteraciones características:

Primera: nos volvemos más temerosos y desconfiados.

Tendemos a interpretar más rápidamente una mirada o un silencio del interlocutor, o una determinada selección de palabras como un gesto de rechazo, cuando no incluso de hostilidad.

Segunda: el nivel de estrés aumenta, con valores fisiológicos cuantificables, y aumentan también las reacciones inflamatorias.

Tercera: empeora la calidad del sueño; nos despertamos con más frecuencia en plena madrugada.

Cuarta: caemos antes en patrones impulsivos de comportamiento, como comer compulsivamente, tener ataques de ira casi incontrolables o mostrar una timidez que se puede interpretar como frialdad.

Quinta: aumentan las tendencias depresivas. Algunos de los indicios más inofensivos de estas tendencias son las quejas y las protestas, que, de acuerdo con la etiología, indican que existe un deseo de pertenencia y atención.

Se piensa que, desde el punto de vista evolutivo, estos cambios nos han permitido protegernos: antaño, si algún ser humano se quedaba en plena naturaleza sin la compañía de los suyos, haría bien en evitar dormir profundamente. En lugar de ello, le convendría ser capaz de despertarse con facilidad para evitar que algo o alguien lo atacara. Reconocer en los demás a enemigos potenciales sería también útil. Desde luego, ninguna guía de supervivencia en entornos salvajes contiene capítulos sobre la «ingenuidad amable» o la necesidad de «no prestar demasiada atención a los detalles». Sin embargo, en nuestra época muchos de estos comportamientos son bastante inadecuados. Si vamos por ahí con una actitud desconfiada, somnolientos y saltando airadamente a la menor ocasión, los demás se alejarán cada vez más de nosotros, lo cual no hará sino agravar nuestra soledad.

También en nuestra relación con nosotros mismos adoptamos a veces actitudes que nos alejan de lo que somos o que hacen que nos centremos demasiado en lo nuestro. Algunas personas se critican tanto que merman su confianza en sí mismas. Otras se avergüenzan de una forma intensa y frecuente por cosas que no son tan graves, lo que limita enormemente su vida. Otras incluso se refugian en sus teléfonos móviles para ahogar sus emociones desagradables. Si tratáramos a los demás como nos tratamos a nosotros mismos en este tipo de situaciones, se nos consideraría descorteses. En cambio, cuando nos damos este autotrato rara vez nos percatamos de lo que estamos haciendo. La psicología actual lo sabe de sobra: la autoaceptación, la confianza en nosotros mismos y la autocompasión pueden ayudarnos a prestar una atención benevolente a nuestra vida interior. ¡Pero el contacto con la piel también nos ayuda en este sentido!

Cada vez son más los experimentos que evidencian que un contacto físico agradable tiene un efecto similar al de unas palabras amables. Un estudio del año 2017 demostró que las personas que se critican a sí mismas con frecuencia y acritud reducen este comportamiento de una manera notable tras recibir un masaje de siete minutos en las manos. De hecho, se sienten más seguras y relajadas. Si antes del masaje se mostraban escépticas ante otros tipos de terapia, después de él están más dispuestas a aceptarlas, lo cual hace que tengan más efecto.

Incluso en los trastornos de despersonalización —en los que los afectados tienen la sensación de que lo que están viviendo no es del todo real, o bien creen observarse desde fuera, o hasta perciben lo que los rodea como si estuviese envuelto en algodones, igual que en un sueño— palpar el propio cuerpo de manera consciente y periódica ayuda a mejorar el estado. También cuando, como consecuencia de un ictus, se sufre una parálisis en la mitad del cuerpo, es importante seguir tocando esa zona insensible para percibirla como parte del propio organismo.

Una caricia amorosa no solo nos indica que hay otra persona en este lugar: nos confirma, además, que también nosotros estamos aquí. Por ejemplo, hoy en día la ciencia sabe ya que los gatos lamen a sus crías no solo para limpiarlas o crear un vínculo con ellas, sino también para que su cerebro esté más atento a las diferentes partes del cuerpo. De ese modo, los gatitos lamidos se desarrollan antes, se mueven con mayor seguridad en sí mismos y tienen más oportunidades de sobrevivir. Esta constatación nos recuerda a las dificultades que experimentan los bebés prematuros y a las estadísticas que indican que la soledad está asociada a una menor esperanza de vida.

Las cosas que nos «tocan el corazón» a lo largo de nuestra existencia desencadenan reacciones físicas: una pieza musical nos pone la carne de gallina, la visión del rostro de un ser querido hace que modifiquemos nuestra postura corporal... Pero, del mismo modo en que todo ello puede tener un efecto sanador y vigorizante, en otros momentos puede generarnos una carencia. Cuando nos sentimos solos, a menudo tenemos también la sensación de que somos seres extraños y de que estamos en el lugar incorrecto. Sin embargo, la soledad no es un fenómeno especial y exclusivo que afecte únicamente a ciertas personas. Todos nosotros nos quedamos de vez en cuando solos, como esas células de la epidermis que, en sus desplazamientos, extienden los bracitos para agarrarse, o esa mano que toquetea la cara en busca de conexión mientras reflexionamos. Nada de esto es nuevo para nuestro cuerpo. Y, de hecho, la piel ya ha desarrollado numerosas estructuras para que el vínculo funcione.

El tacto es la primera sensación que nos enseña que los efectos del mundo exterior calan en lo más hondo de nosotros y que necesitamos a otros seres humanos. Desde los pequeños brazos de las células de la piel hasta los dedos que recorren la propia cara inconscientemente: todo nos muestra que extendernos una y otra vez en busca de conexión forma parte de la vida. Precisamente cuando sufrimos por alguna pérdida o nos sentimos solos o heridos, la piel nos recuerda dos cosas: nuestra propia importancia y la importancia de los demás. La protección y el contacto.

4

Fuerza y acción

Los músculos

Los brazos de Anette

En una fase de nuestra vida en la que éramos especialmente descaradas, mi hermana y yo llamábamos a nuestra madre «la preparadora de alimentos» porque pasaba mucho tiempo en la cocina. Por las mañanas nos hacía tostadas de pan integral, a mediodía y por la noche no era raro que cocinase dos menús diferentes (sin ajo para Jill, sin pimentón para Giulia), y los fines de semana horneaba pasteles. Su apodo reflejaba algo que sentíamos perfectamente, pero que solo sabíamos expresar con un chiste: en un mundo plagado de palabras, mi madre representaba la acción.

Nos leía cuentos cada noche, nos recogía de cada una de nuestras actividades deportivas o de nuestras fiestas y, al llegar nuestro cumpleaños, decoraba la mesa con velas, flores y tarjetas que ella misma pintaba. Nos daba consejos, nos planteaba preguntas, nos escuchaba. Cuando teníamos fiebre, rallaba manzanas con las que nos preparaba purés y nos aplicaba en las pantorrillas paños con un intenso olor a vinagre. Su fuerza parecía inagotable: era una corredora del maratón de la maternidad.

En realidad, deberíamos habernos preguntado con asombro de dónde sacaba nuestra madre toda aquella energía. Desde luego, no de la admiración ajena... Por otra parte, no tenía el más mínimo interés por poseer objetos caros ni por alcanzar un determinado estatus. Lo importante para ella era que sus actos tuvieran sentido. Si lo conseguía, se sentía bien. Me gustaba observarla cuando, después de una jornada frenética, se quedaba dormida temprano en el sofá. En ese momento, todo en ella rezumaba paz. Ya no tenía que hacer nada, ya no tenía que luchar contra nada.

No sé si mi madre luchaba innecesariamente. En cualquier caso, su vida no siempre se desarrolló en una «pacífica armonía». En torno al Mayo del 68 escribió un artículo en el que sostenía que las mujeres no podrían emanciparse si se limitaban a imitar a los hombres. Las que se cortaban el pelo, vestían con traje de chaqueta y pantalón o empleaban fórmulas agresivas simplemente para que las tomaran en serio como mujeres estaban cometiendo, a su juicio, un error en sus planteamientos. Para ella, la igualdad de derechos también se debía aplicar a quienes usaran vestidos... Su visión crítica del capitalismo la llevó a incorporarse al Partido Comunista, pero, después de conocer de primera mano los fallos del sistema en sus viajes a la República Democrática Alemana y a Cuba, decidió abandonarlo. Y también decidió armar un revuelo y dimitir de un puesto que parecía hecho para ella cuando sospechó que se basaba en unas estructuras corruptas. Cada cierto tiempo el precio que tenía que pagar por estos actos era el enfado de otras personas y la pérdida de su afecto, de su amistad o de oportunidades laborales. Aquello le deparaba noches enteras de arrepentimiento, pero lo tenía asumido. «Se puede seguir caminando con dolor en los pies, pero no con la moral quebrada».

A veces me habría gustado que no fuera tan vehemente. En cierta ocasión una maestra me cogió de la muñeca y me arrastró por el pasillo del colegio porque yo había hecho demasiadas tonterías. Entonces mi madre le echó tal bronca que acabé preocupándome más por la profesora que por mí misma. Puso fin a la única relación sentimental que mantuvo después de mi padre pronunciando las siguientes palabras: «No os voy a imponer a un padrastro». Y eso que él parecía de lo más amable. Sin embargo, tal vez fuera precisamente esta vehemencia lo que nos brindó a mi hermana y a mí un sostén interno de cemento armado. Cuando soltaba alguna frase del tipo «Si no quieres ir al colegio, no pasa nada, yo misma te daré cada día un buen motivo para que no vayas», no había ni la más mínima duda de que lo haría..., así que a la mañana siguiente yo prefería ir a la escuela o enfrentarme al reto que fuese necesario. Con una madre como aquella, me podían arrastrar miles de veces por un pasillo sin que eso me supusiera el más mínimo daño.

Llegó el día en que mi hermana y yo nos marchamos de casa. Mi madre se quedó cuidando de mi abuela. Y cuando mi abuela murió, mi madre, al fin, se dejó caer.

Aún no sé cómo durante una pelea en aquella época me atreví a espetarle: «¿Por qué puedes ocuparte de todos excepto de ti misma?». Pero aquella pregunta no fue una insolencia. Tenía demasiada parte de verdad. La mera idea de que su vida pudiese volver a girar en torno a sí misma le parecía terriblemente desconcertante. Si le preguntábamos cuáles eran sus deseos, daba la impresión de que jamás hubiese tenido ninguno. La cruda realidad es que por dedicarse incondicionalmente a los demás mi madre tuvo que pagar un alto precio: le quedó una pensión miserable, perdió amistades y renunció a lo que deseaba. Verla de repente así de desamparada supuso una conmoción para mi hermana y para mí. En aquella época no se nos pasó por la cabeza inventarnos ni un solo apodo chistoso.

¿Qué es la energía? ¿Y qué es la fuerza? ¿Es cierto que a los varones se los suele considerar fuertes cuando mueven objetos de un lado a otro y a las mujeres cuando resisten? El calificativo de «fuerte» se suele aplicar a aquellas mujeres que cuidan durante años de sus maridos o que soportan algún otro tipo sufrimiento en su vida. En cambio, de un hombre que estuviese en esa misma situación se diría más bien que es un «pobre tipo», lo cual posiblemente también es injusto para con aquellos varones que aguantan el dolor. Y para todos los seres humanos que mueven cosas que no son tan visibles como un cargo escrito en una tarjeta profesional de visita.

Mi madre tardó un par de años en transitar hacia una nueva etapa vital. Ese fue el tiempo que necesitó para aceptar ayuda y redescubrir sus propios deseos y necesidades. Nos alivió que lo consiguiera. Pero ¿por qué no iba a conseguirlo? Total, mi madre es una corredora de maratón...

Tres formas de correr

¿Tal vez sentía frío? ¿Quizá necesitaba alimento? ¿O se precipitó por una pendiente? Sus antepasadas lo habrían dejado estar, pero ella era distinta. Y, de repente, hizo algo que nunca nadie había hecho antes que ella: se contrajo ligeramente y, a continuación, se volvió a relajar. Un gesto imposible de captar a simple vista, pero que cambió el mundo vivo: por primera vez, una célula se había movido.

Debemos nuestra capacidad de movimiento a una especie de errata. Si una célula copia el genoma de sus antepasadas, es posible que se equivoque y anote dos veces una misma palabra. Y si en lugar de «yo» leemos «yoyó», surgirá algo distinto. ¡Pues justo eso es lo que pasó en un momento genial! Allí donde una primera célula móvil duplicó por error uno de sus genes, nació el plano de construcción de una nueva proteína: una proteína que convertía la energía en movimiento.

Hoy en día, nosotros, los seres humanos, poseemos miles de millones de estas proteínas en los músculos. Vistas al microscopio, parecen patas provistas de piececitos. Cuando una señal nerviosa llega a ellas, se levantan y empiezan a correr. Es lo que ocurre en el interior de un bíceps cuando se acorta debido a la tensión. Un paso de esos pequeños pies de proteína mide aproximadamente diez nanómetros. Un millón de pasos ocupan un centímetro. Mientras se siga recibiendo la señal del movimiento, el proceso continuará.

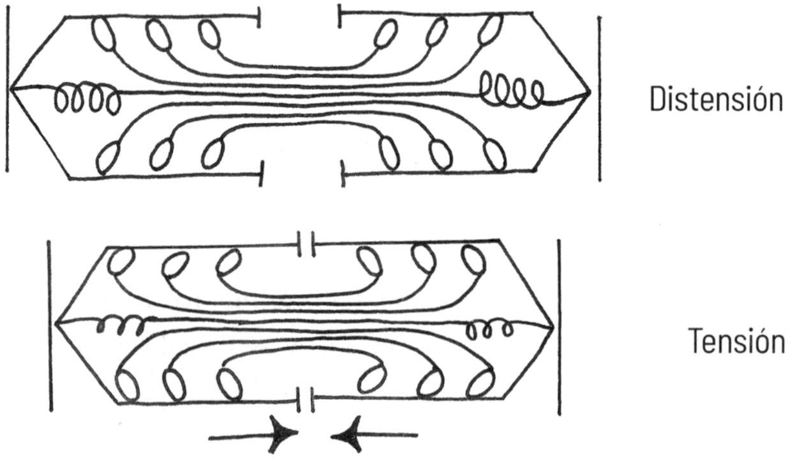

Los piececitos de las proteínas pueden correr de tres formas diferentes.

Primera posibilidad: se dirigen al objetivo. Una vez que llegan a él, se relajan. Este tipo de movimiento (expresado en términos científicos, «fuerza concéntrica») se corresponde con el concepto «típico» de fuerza que tienen la mayoría de las personas: gracias a ella, podemos tensar el brazo exactamente como queramos y también girar los ojos hacia los lados hasta que se dirijan al punto que deseemos. Esta fuerza es igualmente la que se activa cuando levantamos un objeto pesado del suelo, aunque para los pequeños pies de las proteínas este ejercicio es como si de repente llevaran puestos unos chalecos de plomo...

Segunda posibilidad: los piececitos permanecen donde están. En este caso, correrán, pero sin moverse del sitio. Es lo que ocurre en los brazos cuando, por ejemplo, sostenemos en ellos a un bebé o una caja de cartón. Nuestra «posición» corporal vertical funciona gracias a este principio: las piernecitas de los músculos de las zonas dorsal, lumbar y abdominal se columpian constantemente *in situ*. El término con el que se conoce científicamente a esta energía («fuerza estática») no es del todo apropiado: visto desde fuera, podríamos tener la impresión de que aquí no se mueve nada, pero eso supone ignorar en cierto modo que, en realidad, los piececitos se están deslomando...

Tercera posibilidad: ¡resistencia! Cuando atrapamos una pelota, los piececitos de los músculos sufren una colisión. En función de la fuerza del choque, es posible que en un primer momento incluso salgan despedidos hacia atrás. Pero sus esfuerzos no habrán sido en vano: el brazo no rotará todo lo que habría rotado de no haber sido por ellos. Hemos opuesto resistencia.

En el momento de la resistencia aplicamos nuestra fuerza frente a otras fuerzas contrarias, las amortiguamos y, en ocasiones, incluso las hacemos retroceder (es lo que ocurre cuando devolvemos la pelota al campo contrario). La «fuerza excéntrica» que se utiliza en estos casos es eficaz, pero también incómoda. Genera, en mayor medida que otras formas de movimiento, pequeñas lesiones en las proteínas musculares y en su entorno y, con ellas, agujetas.

Existen también otras versiones más suaves de la resistencia: cuando depositamos lentamente un objeto pesado en el suelo, los piececitos de los músculos corren estoicamente contra la fuerza de la gravedad, ¡aunque solo un poco! El músculo se alarga hacia el suelo (en el sentido contrario al de los pies en su carrera), pero gracias al movimiento de estos pequeños elementos consigue un desplazamiento lento y controlado.

Estas tres formas de fuerza se combinan constantemente en nuestra vida cotidiana. Cuando damos un paso, nuestros músculos se encargan en primer lugar de amortiguar, a continuación se mantienen un breve instante en el sitio y después se desplazan hacia delante. Resistimos, nos mantenemos y avanzamos. Desde el punto de vista fisiológico, la relación entre estas tres fases es de 40-20-40. En esto consiste el movimiento. Y todo esto es fuerza. A menudo, nuestros conceptos de fuerza y acción son limitados. Cuando oímos estas palabras, solemos pensar en actividades o proyectos que persiguen un objetivo claro. En definitiva, que son «concéntricos». Pero si hasta un simple paso requiere superar adversidades y sostener pesos, ¿cómo es posible que pasemos por alto tan a menudo estos logros en nuestro día a día?

Si preguntamos qué partes del cuerpo son fuertes, muy

pocas personas pensarán en las paredes musculares de la vejiga o alabarán los músculos de los ojos. Tampoco se nos vendrá a la cabeza el trabajo de «crecimiento interior» o de «adaptación a lo nuevo». Como individuos, sobreponernos a una fase complicada puede parecernos más una amarga obligación que un acto poderoso, y como sociedad da la impresión de que la superación de una crisis o los periodos de estabilización, adaptación o ajuste no cuentan si al mismo tiempo la economía deja de crecer. ¿Por qué? Lo cierto es que, por lo general, necesitamos todos esos procesos para avanzar. A veces antes, a veces después, a veces al mismo tiempo. Aquellos pasos de los que, a toro pasado, nos sentimos orgullosos habrían sido prácticamente imposibles si entre ellos no se hubiesen intercalado etapas menos espectaculares.

La fuerza, como se evidencia claramente en el interior del cuerpo, existe en diferentes variantes. Cuando todas ellas se combinan, podemos vivir, actuar, caminar erguidos y dar forma a los objetos.

La carrera de la Vida

Los músculos aplican su fuerza de maneras distintas, dependiendo de para qué los necesitemos. Desde el punto de vista evolutivo, son como caballos que hubiesen experimentado un desarrollo diferente en función de para qué se los haya criado. Seguramente sería bastante divertido verlos compitiendo entre sí en una carrera. ¿Te apetece echar un vistazo con los prismáticos a lo que sucede en este hipódromo?

En el primer box, el músculo masetero espera a que se dé el pistoletazo de salida. Es uno de los más pequeños del cuerpo, pero puede producir *fuerzas extremas*. Jamás olvidaré la primera vez que oí hablar de él: yo estaba en la biblioteca y un grupo de estudiantes se encontraban sentados en la mesa de al lado. Intentaban averiguar cuál era el músculo más potente de todos. ¿Para qué? Para entrenarlo específicamente con el objetivo de quemar grandes cantidades de energía. «¡El masetero!», exclamó uno de ellos cuando encontró la respuesta en el libro de texto... y después bajó la voz, decepcionado, y completó la frase leyendo lo que aparecía a continuación entre paréntesis: es un músculo empleado para masticar.

Y este músculo, *musculus masseter*, produce una fuerza especialmente elevada por cada gramo de masa muscular. Si nuestro bíceps fuese igual de fuerte que él, podríamos levantar fácilmente 200 kilos sin necesidad de entrenarnos. Por eso el masetero se ubica en la mandíbula, dispuesto de tal forma que sea capaz de generar una fuerza de palanca máxima. Porque quien se encuentra en el momento justo y en el lugar adecuado puede aprovechar uno de los refuerzos más eficaces que existen: la oportunidad. Tras los molares, este músculo alcanza una fuerza de hasta 80 kilogramos, mientras que por delante, en los incisivos, consigue en torno a 25. En las piernas el músculo más parecido a él es su compañero *musculus soleus* o músculo sóleo, situado en la zona de la pantorrilla, que permite hacer un efecto palanca sobre el talón.

En el box 2 hay alguien que, preso de la agitación, resopla y corretea. Tras la ventanilla de la puerta se adivinan sus largas pestañas en movimiento. Los *musculi oculi externi* o músculos extrínsecos del globo ocular convierten su fuerza en los movimientos *más veloces* de todo el cuerpo. Los cambios de dirección son su gran especialidad. Un jugador de baloncesto profesional es capaz de modificar su dirección unas tres mil veces por partido..., pero estos músculos no tienen problema en hacerlo hasta diez mil veces durante una hora de lectura. Para frenar lo antes posible y volver a acelerar a fondo en el sentido contrario se requiere mucha fuerza. Por eso los *musculi oculi externi* son cien veces más potentes de lo que se necesitaría para que los ojos realizasen movimientos sencillos (es decir, sin modificar la dirección).

Hay un par de espectadores que han apostado todo su dinero por el box 3. En cuanto se abra la puerta, se les cortará la respiración. El miocardio no se deja ver tan fácilmente... La musculatura del corazón ni siquiera oye el pistoletazo de salida. Tiene su propio metrónomo: ¡las conocidas como «células marcapasos»! El miocardio capta la animada atmósfera competitiva a través de su conexión con el cerebro, pero apenas se deja impresionar por ella. Sencillamente, sigue latiendo a su propio ritmo. Gracias a esta conciencia de sí mismo, no corre especialmente rápido, pero sí durante toda la vida. Ya en el primer minuto, con sus alrededor de cien brincos similares, el miocardio se queda tan atrás en la pista del hipódromo que la victoria parece inalcanzable para él.

Desde un par de rincones se oyen entusiastas «¡Sí! ¡Sí! ¡Sí!». Los estudiantes de la biblioteca observan con envidia a estos espectadores jubilosos. Se arrepienten de su apuesta. Si lo que querían era quemar calorías, habrían tenido que elegir al participante del box 4. Con un par de pasos, el *gluteus maximus* o glúteo mayor, el músculo de la nalga, se pone claramente a la cabeza. La razón es muy sencilla: es grande y consume mucha energía. En una carrera en la que cuentan los metros, administra bien sus fuerzas. Un tronco humano puede permanecer durante horas en posición vertical y, cuando se trata de correr rápidamente al tiempo que se dan patadas, el glúteo mayor también es eficaz.

En muy poco tiempo, la carrera parece ya muy desigual. El útero, en el box 5, lleva tres minutos quieto, pero ahora se contrae. El músculo del intestino, en el box 6, no parece tomarse en serio nada de lo que ocurre en este lugar. Está ejecutando una danza expresionista. Pero ¿acaso se da cuenta de qué es lo que hemos venido a hacer aquí?

A pesar de todo, los espectadores permanecen sentados, mantienen desenfundados sus prismáticos y, cuando se produce algún movimiento digestivo especialmente astuto o cuando el corazón ralentiza su ritmo, gritan admirados: «¡Aaaah! ¡Ooooh!». ¿Cómo es posible? ¿Se trata de un público extraño? ¡En absoluto! Sabe perfectamente lo que pasa: la carrera de la vida funciona de acuerdo con otras reglas. Aquí no gana el primero que llega. La verdadera fuerza no se mide en kilogramos ni en metros, sino en eficacia. Gana quien aplique su fuerza de la manera más sensata. Porque para la carrera de la vida se necesitan todos los tipos de fuerza.

La clasificación de los músculos

Hasta hoy no existe ningún sistema universalmente consensuado para clasificar los músculos del cuerpo. Los científicos lo han intentado de las formas más variopintas, pero ningún enfoque cubre todas las características. No obstante, un sistema largamente probado y, por tanto, aplicado a menudo es la clasificación en función de quién da la orden, es decir, de qué área del cerebro se encarga de dirigir el movimiento.

Algunos movimientos se ejecutan exclusivamente a través de áreas cerebrales inconscientes. Apenas admiten mejoras y en la mayoría de los casos se perfeccionaron hace ya millones de años. Se trata de movimientos parecidos a los que realizan los animales en el agua: el intestino se retuerce como una anguila alrededor de cada bocado de comida; la vejiga se expande, a la manera de una medusa, para volver a contraerse después, abruptamente, cuando se vacía; nuestros vasos sanguíneos se ensanchan y se estrechan como los orificios de las esponjas de mar, que regulan así sus flujos; en el intestino delgado, en los conductos deferentes y en las trompas de Falopio (así como en las zonas húmedas de las vías respiratorias) centellean vellosidades y filamentos minúsculos y musculosos que recuerdan a anémonas marinas que pululan en su avance. Y hay pocos lugares del cuerpo en los que sea posible contemplar un movimiento como este: nuestras pupilas se escabullen con la gracia de un banco de peces guppy cuando el globo ocular, que está relleno de un medio acuoso, precisamente, se asusta de la claridad.

El cuerpo siempre recurre a músculos inconscientes cuando necesita total fiabilidad y eficiencia energética, porque la conciencia será inteligente y rápida, pero durante ocho horas al día se tumba y, sencillamente, ¡duerme! Algo así sería impensable en el caso de los pulmones o de un estómago que acaba de llenarse: deben seguir funcionando cuando todos los demás descansan. Por si fuera poco, la conciencia puede ser distraída y olvidadiza. ¿Qué diría un útero si el área cerebral que se encarga de dirigirlo sufre un apagón total como consecuencia del estrés y no recuerda los pasos de su coreografía?

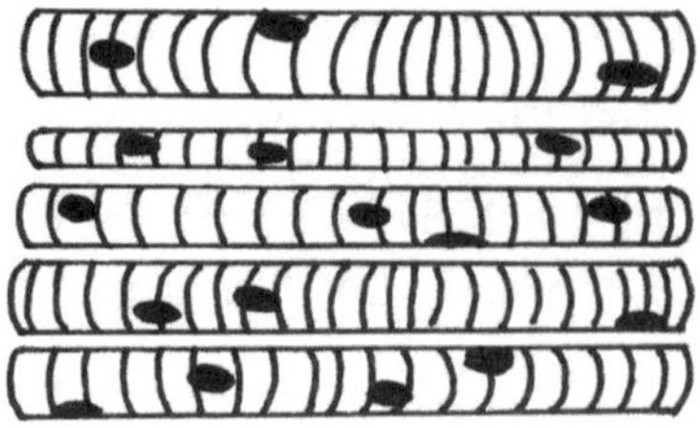

Musculatura estriada

Musculatura lisa

Los movimientos inconscientes han perfeccionado algo que en el mercado laboral actual suele parecer más bien sospechoso: poseen una lentitud inteligente. Si se comparan con la musculatura consciente, los músculos inconscientes, denominados «músculos lisos», requieren hasta un 99 por ciento menos de energía. Utilizan su suministro energético —esto es, el oxígeno— en cantidades que podemos obtener fácilmente a través de nuestra respiración. Nunca más que eso. Para ello, sus células están dispuestas como kayaks sobre un río de aguas bravas: orgánicamente entrelazadas aunque, a primera vista, parezcan estar desordenadas. En movimiento, se contraen en todas las direcciones. De ese modo, una célula activada desarrolla todo su potencial, aunque se mueva de una forma más lenta que si se desplazara hacia una dirección concreta.

En cambio, las células de los músculos que se dirigen de manera voluntaria se encuentran dispuestas de una forma casi antinatural, ¡como si alguien las hubiese dibujado apoyándose en una regla! (De hecho, eso les ha valido el nombre de «músculos estriados»). Sus fibras musculares se mueven de manera rectilínea, lo que los hace mucho más veloces y permite a las áreas conscientes del cerebro dirigirlos. ¡Cualquier otro diseño sería demasiado complicado!

Así pues, los músculos que se mueven de manera consciente no son tan eficientes como aquellos que realizan movimientos involuntarios, pero, eso sí, son más eficaces. Aquí debemos hacer una distinción: en este contexto, cuando hablemos de «eficiencia» nos referiremos a la gestión de los recursos. La «eficacia», en cambio, alude a la consecución de un objetivo, independientemente de lo que haya sido necesario emplear para alcanzarlo.

La meta de la «eficacia» plantea constantemente nuevos retos a la musculatura consciente, porque ¿quién decide si un efecto es lo suficientemente bueno? ¡El mundo exterior! A plena luz del día, una cerilla no nos parecerá nada del otro mundo, pero en una cueva oscura marca una notable diferencia. Lo mismo ocurre con estos músculos, constantemente comparados con las fuerzas que surgen a su alrededor. La mera fuerza de la gravedad en nuestro planeta desencadena su mecanismo: si nos tropezamos, los brazos y las manos deberán detener el movimiento *lo suficientemente rápido* como para contrarrestar la atracción que ejerce la Tierra. En un momento así, la gestión previsora de los recursos pasa a un segundo plano. El resultado es lo que cuenta.

Los músculos que se mueven de manera voluntaria consumen todo el oxígeno que necesitan para lograr su efecto. Que inspiremos más o menos es algo que, hasta cierto punto, les da igual. ¡Por lo general viven al día! Por eso en estos movimientos nos quedamos «sin aliento» y tiramos de reservas para seguir adelante. *Después* de subir unas escaleras jadeamos durante un buen rato, porque nuestros almacenes se han vaciado ¡y ahora hay que reponerlos! Eso requiere una porción *extra* de energía, sí. Pero habremos logrado subir las escaleras.

La conciencia controla estos músculos tan costosos porque conoce bien el mundo exterior. De hecho, conocerlo es una de sus principales tareas y para ello puede recurrir al miedo, a la lógica, a la capacidad de aprendizaje y a las conexiones necesarias con los ojos, los oídos y demás. Incluso dormir tiene en este caso sus ventajas: durante el sueño, los movimientos estresantes se reducen considerablemente.

Cuando estamos despiertos, los músculos escuchan nuestros pensamientos. Ejecutan diligentemente los movimientos que se les solicitan, ya sea introducir un dedo en la nariz o jugar al billar. Sin embargo, este estilo de liderazgo tiene sus límites.

Los músculos conscientes no son súbditos sin opinión formada que no hacen más que cumplir órdenes estúpidas: también cooperan con el cerebro, le aportan información sobre las reacciones y establecen fronteras. Por ejemplo, si corremos para coger el autobús y en los últimos metros nos fallan las piernas, eso no se debe a que los músculos se hayan agotado, sino a que nos han parado activamente. Cuando durante la carrera se acercan de forma peligrosa a sus límites, informan al cerebro de este riesgo a través de los nervios. Si no existe un contraargumento de peso, no es posible desautorizarlos, así que, por mucho que la conciencia quiera seguir corriendo, bajará el tono de la orden. En cambio, si se «silencia» la respuesta de la musculatura (y es algo que los científicos ya han demostrado), recobramos de repente nuestras fuerzas.

Los músculos también escuchan cuando se les habla. Si nuestro cerebro posee motivos sólidos para el movimiento (por ejemplo, en caso de peligro o de un deseo particularmente intenso), es posible recuperar el vigor de los músculos aun cuando se sientan cansados. No en vano las personas que corren maratones se refieren a su voluntad de «correr a pesar del dolor» o describen la carrera como una experiencia que les ha permitido comprender que «podemos alcanzar cualquier cosa que nos propongamos». Eso sí, si al día siguiente tuvieran que recorrer el mismo trayecto, no les quedaría más remedio que confesarse algo a sí mismas: una vez, vale; dos, en cambio, son demasiadas. Y eso sería un peligro mortal si justo en ese momento apareciera por la esquina un tigre hambriento... Esta es la esencia de los músculos: su supuesto «momento de flaqueza» contribuye de manera importante a nuestra protección. La queja inteligente constituye un sistema de alerta temprana, una huelga razonable del sindicato, y nos permite ahorrar fuerzas para el próximo día.

Lo que dificulta tanto la tarea de clasificar de una manera definitiva los músculos son sus excepciones: algunos de ellos pueden dirigirse desde áreas cerebrales conscientes *y* desde áreas cerebrales inconscientes. Existen músculos *conscientes* que, si se entrenan bien, aprenden a gestionar de una forma mucho más eficiente el oxígeno, y también hay una especie de «músculos mixtos» que combinan lo mejor de las diferentes capacidades. El corazón es uno de esos candidatos. Late de manera eficiente *y* eficaz. Si intentamos clasificar toda la musculatura en «estriada» o «lisa», se nos quedaría fuera de ambas categorías.

El corazón es tan ahorrador en términos energéticos como los órganos internos, pero de vez en cuando tiene que seguir el ritmo de las piernas en la carrera. El rendimiento que alcanza en esos casos es impresionante: a diferencia de la musculatura respiratoria, que aspira un par de gramos de aire por minuto, el miocardio bombea en ese mismo tiempo 5 kilos de líquidos. ¡Eso significa que en un solo día levanta unas 7 toneladas!

Para llevar a cabo este extraordinario trabajo, toma prestado el concepto de las fibras ordenadas, propio de los músculos voluntarios (para lograr el máximo efecto), y las combina en una estructura orgánica con una gestión muy competente del oxígeno (similar a la de los músculos lisos). Esta arquitectura pone de manifiesto todo lo que podemos alcanzar cuando combinamos potencia y sostenibilidad.

Es al mismo tiempo como una buena jefa con la que nos encanta colaborar, como un ambicioso al que en el fondo todos aman porque logra lo que se proponga y como una empresa realmente sostenible: el corazón consigue reconciliar elementos aparentemente irreconciliables. Genera así una fuerza vital que late durante décadas. Por eso se considera, con razón, la combinación de lo mejor de dos mundos.

Sin embargo, antes de que nuestra admiración se desborde, debemos decir algo más: esta virtud estaría totalmente fuera de lugar en cualquier otro rincón del cuerpo. Necesitamos las despilfarradoras y rápidas piernas y los serenos y sostenibles músculos del aparato digestivo exactamente donde están.

Si los músculos hacen lo que mejor saben hacer, se mantendrán en plena forma dentro de su correspondiente área y ninguno de ellos cometerá excesos. Por fortuna, en los actuales estudios sobre el mercado laboral se está intentando aplicar este mismo planteamiento, por ejemplo a través del modelo de demandas y recursos laborales, que aboga por adaptar las funciones y las jornadas de trabajo a las capacidades y características de los empleados. Así pues, quien no se adapte a la rutina típica del trabajo en la oficina puede dejar vagar tranquilamente los ojos por el horizonte y comprobar que en esta vida hay sitio para todo.

Aun cuando esto de no poder catalogarlo todo de manera siempre perfecta sea una fuente de insatisfacción para la ciencia, hay que reconocer que es una suerte que nuestros músculos se hayan desarrollado de manera diferente entre sí. Es una suerte que no acepten todo lo que el cerebro les exige y es una suerte que puedan cambiar constantemente para volverse más eficaces o más duraderos. Ejercer la fuerza significa reconocer qué forma tiene sentido *en qué lugar*. Y, a través de los músculos, nuestro cuerpo nos enseña *cómo conseguirlo*.

¿De dónde viene la fuerza?

A primera vista, no hay muchas cosas en este mundo que posean fuerza *por sí mismas*. Un grano de arena, por ejemplo, sencillamente permanece en el desierto o en la playa. Tal vez de cuando en cuando el viento lo arrastre en un remolino o el agua del mar lo moje…, pero eso será todo. Y, estrictamente hablando, tampoco el agua del mar tiene fuerza por sí sola. En realidad, su movimiento es consecuencia de la fuerza de la gravedad, de los rayos del Sol que la calientan y de la Luna. Y, aunque durante una tormenta el viento pueda arrancar tejados enteros, lo cierto es que no deja de ser aire movido por fuerzas ajenas a él.

Buena parte de los *coaches* de motivación y de los escritores de libros de autoayuda deberían sentirse sumamente decepcionados con este planeta, ya que, al fin y al cabo, ellos sostienen que tenemos que conseguirlo todo por nuestros propios medios: hay que pasar de fregar platos a disfrutar de una vida de millonarios. ¡Nada de ser un pequeño grano de arena!

Si no tomas las riendas de tu vida, ¿quién lo hará por ti? Si no te diriges tú mismo, ¡entonces te dirigirán los demás...! Pero la realidad no puede ser tan drástica. No en vano en la Tierra han nacido de manera espontánea toda una serie de impresionantes estructuras: plantas, dinosaurios, selvas vírgenes, pequeños insectos, gigantescas ballenas, las formaciones rocosas más coloridas y los hongos más divertidos. ¿Y todo eso a base de pasividad y deriva? ¿Todo eso sin *fuerza propia*?

Nada en este universo tiene fuerza *por sí mismo*. Poseer fuerza *propia* significaría que la energía de esa fuerza procedería de uno mismo o se conseguiría de alguna manera. Lo que ocurre es que todos —incluidos el Sol, la Tierra y la Luna— seguimos extrayendo nuestra energía del Big Bang. Igual que unos amorosos padres —aunque aquí habría que hablar más bien de unos remotos antepasados—, esta explosión inicial nos proporcionó en su momento las herramientas básicas para todo lo que ha llegado después. Desde el punto de vista de la física, la fuerza que hay en nosotros y en nuestro entorno nace, sencillamente, de la *transformación* de la energía del Big Bang en otra cosa.

El Sol extrae de ella sus rayos y la Tierra, sus elementos. Y ambos convierten a las plantas en seres vivos. Sacar de ellas su energía es lo que, a su vez, permite vivir a los animales. Tal vez incluso cabría decir que los grandes pasos de la evolución de nuestro planeta y del universo entero se han producido cuando se han hallado nuevas vías para la fuerza. Construir células musculares no fue, en este sentido, más que otra osada novedad.

También en nuestra vida encontramos constantemente nuevos caminos para la fuerza. De bebés aprendemos a sentarnos sin caernos. A este gesto pronto le seguirán los primeros pasos. Día a día, nuestros músculos (aún no entrenados) recibirán impulsos del cerebro. Primero surgirá en ellos la caótica excitación de los aprendices desbordados: «¡Mueve el brazo hacia delante para protegerte!», «¡No, no! ¡Mejor endereza la espalda!», «A lo mejor nos vendría bien mirar con mucha concentración», «Adelanta la cabeza con un impulso», «¡Pom!»... y vuelta a empezar. Sin embargo, en algún momento la musculatura comprenderá (seguramente después de un par de descubrimientos fortuitos) cómo funciona este mecanismo y podrá convertir la energía del Big Bang en una molona manera de caminar. Cuando llegue el siguiente deseo del cerebro —por ejemplo, brincar—, el juego comenzará de nuevo.

La fuerza no se basa tan solo en una musculatura imponente: también necesita los nervios, sus impulsos y una buena colaboración. Por ejemplo, las personas pueden desarrollar *más fuerza* solo con utilizar con más frecuencia el área del cerebro que controla el movimiento en cuestión. Es algo que se ha conseguido demostrar científicamente a través del entrenamiento mental o imaginario, un concepto que procede del mundo del deporte profesional. Para estudiarlo, se dividió en dos a un equipo: la mitad se entrenó a diario en el gimnasio, mientras que la otra mitad simplemente imaginó entrenarse y se visualizó mentalmente alcanzando los máximos resultados. Pues bien, al final de la semana el equipo que había practicado deporte en sus pensamientos presentaba niveles cuantificablemente mejores en parámetros físicos objetivos. En cambio, en el grupo que se ejercitó en el gimnasio el efecto observado fue mucho menor.

En el «entrenamiento mental o imaginario», los que ganan masa no son los músculos (aunque estos se entrenan de manera óptima cada cierto tiempo), sino las células del cerebro que se encargan de dirigir el movimiento en cuestión. En el escáner cerebral se puede apreciar cómo aumenta el riego sanguíneo de las regiones correspondientes del cerebro, lo que les permite obtener más nutrientes y permitirse ciertas remodelaciones, como, por ejemplo, la creación de nuevos nervios y la implantación de conexiones más estables. Un entramado de nervios renovado genera impulsos más intensos y eso es algo que notan los músculos, que, si sienten una entusiasta orden de movimiento, se esforzarán en mayor medida. Se trata de un efecto que todos nosotros conocemos: basta con que alguien nos mire con gran expectación para que seamos capaces de abrir un tarro de pepinillos con tanta fuerza que su contenido rebose. Un intenso deseo puede ayudarnos a sacar de nosotros una dosis extra de fuerza.

Para calcular cuánto puede pesar el cerebro en nuestra energía, la ciencia ha recurrido a situaciones extremas: existen abundantes informes de casos en los que determinadas personas —especialmente mujeres de complexión delicada— son capaces de levantar de repente un coche para evitar que aplaste a sus hijos. En esos momentos, el cerebro —esta es la explicación que se da— dispara unas señales tan intensas que ocurre algo sumamente inusual: *todas* las fibras musculares colaboran. ¡Al mismo tiempo! En condiciones normales, los músculos evitan ponerlo todo a disposición de una única orden del cerebro, por mucho que nos apetezca impresionar a alguien abriendo poderosamente un tarro de pepinillos.

La descripción de la fuerza máxima permite expresar una idea poética con fríos números: en el fondo, toda persona posee más fuerza de lo que parece tener en su vida cotidiana. Para estudiar este fenómeno los científicos recurren, por ejemplo, a sirenas. Con ellas asustan a los voluntarios de los ensayos mientras están midiendo su fuerza, que aumenta inmediatamente después del momento de pánico.

Estos experimentos presentan un aspecto interesante: ¡las personas musculosas no necesariamente obtienen en ellos mejores resultados! Sus músculos mantienen una estrecha relación con el cerebro, de modo que ya alcanzan en condiciones normales niveles superiores a los del resto, así que, como es lógico, no tienen margen para incrementar mucho más su fuerza.

La fuerza también puede aumentar si cuidamos nuestro interior y lo protegemos de influencias externas. Quienes acostumbran a moverse mucho generan una gruesa envoltura (la mielina) alrededor de sus fibras nerviosas. Al igual que el recubrimiento plástico de un cable eléctrico, esta capa protege los nervios para evitar que dispersen demasiada energía en su entorno y, de esa manera, la pierdan. Así, las señales del cerebro llegan con más claridad a su destinatario (es decir, en lugar de decir «Por favor, ¿podrías levantar ligeramente los brazos?», indican directamente «¡BRAZOS ARRIBA!»). Aunque la mayoría de las fibras musculares reaccionan también ante las señales más débiles, precisamente las de mayor tamaño son más remolonas a la hora de hacerlo. Solo estarán dispuestas a participar si tienen la impresión de que de verdad se las necesita. Así que, si queremos activar *toda* nuestra fuerza, tendremos que ganárnoslas.

Entrenar el cerebro y los nervios no solo incrementa «la fuerza», sino también la *capacidad de disponer de la fuerza*: nuestra fortaleza. Esta constatación nos lleva a la conclusión inversa: pensar que somos débiles simplemente porque no conseguimos algo (por ejemplo, el objetivo de correr tres veces por semana) de manera inmediata es injusto. ¡Al fin y al cabo, tampoco nos desesperamos si no conseguimos levantar una pesa de 200 kilos el primer día! Desarrollar la fuerza significa, tanto en el deporte como en la vida, «*practicar* lo que queremos hacer realidad».

Independientemente de que el paso inicial que debamos dar para esa práctica sea acudir a una primera clase de guitarra, comenzar un nuevo estilo de baile o lanzar la pelota de una manera distinta, al principio contraeremos las zonas del cuerpo incorrectas, emplearemos demasiados músculos, recurriremos a músculos que no son necesarios o nos moveremos torpemente. Sin embargo, si persistimos, nuestro cuerpo se irá modelando de acuerdo con el futuro al que aspiramos. Los músculos cambian y el cerebro y los nervios aprenden. Incluso ese hábito de salir con un poco más de antelación de casa en lugar de desperdiciar innecesariamente nuestras fuerzas en correr en el último instante —un hábito que adquirimos en edades avanzadas— es una prueba de que las pequeñas lecciones nos permiten seguir perfeccionando nuestros movimientos.

Contemplar la fuerza desde una perspectiva orgánica —entender de dónde viene y cuán diversa es— puede ayudarnos a preservar la alegría que entraña. No solo nace en los músculos: empieza ya en los motivos que nos empujan a actuar. Hacemos cosas por amor, por ambición, por el afán de cuidar a alguien, por curiosidad, por deseo de calma y comodidad...; hay muchos hilos de los que podemos tirar.

A nosotros nos ocurre lo mismo que a la Tierra, que no se deja guiar rígidamente por los propósitos de ningún temerario, sino que sigue sus propias reglas y, aun así, consigue, cosas gigantescas. Paso a paso, nuestro cuerpo forma sus propias ondas internas, que se mueven constantemente desde el corazón hacia los vasos sanguíneos, produce su propio viento interno a partir de la respiración y genera movimientos musculares para ofrecer resistencia a la gravedad.

Tal vez no deberíamos prestar tanta atención a esos sospechosos *coaches* motivacionales que nos hablan de éxito, sino concentrarnos más bien en lo que hay dentro de nosotros y también a nuestro alrededor: la energía del Big Bang y lo que hacemos con ella. No tenemos una fuerza *propia*, ¡pero sí caminos propios!

Distensión y tensión

En los artículos de prensa, los pódcasts o las conferencias se suele recurrir a los músculos como metáfora de potencia, trabajo y éxito: se asegura que «podemos entrenar nuestra productividad igual que entrenamos nuestros músculos», o que cuanto más avancemos en nuestra profesión, mayor «carga» de responsabilidad soportaremos, y se habla de las «potencias económicas», una imagen en la que al final da la impresión de que quienes tienen éxito son fuertes, mientras que los que no lo tienen son débiles... Y cuando se aborda una trayectoria profesional se utilizan sin pestañear expresiones tomadas del ámbito del deporte, como «sin sudor no hay victoria». Pero ¿qué hay de lo contrario del afán de actividad, es decir, de la relajación? Cuando aparece este tema, reina el silencio entre los fans de las comparaciones... Y, sin embargo, la relajación forma parte del éxito de la acción del cuerpo.

La relajación no es lo mismo que la nada, pese a que se suela pensar lo contrario: no hacer nada sirve, en cualquier caso, para «poder volver a hacer algo». Tan solo eso. Sin embargo, si de verdad un músculo no hace *absolutamente nada* —es decir, si ni uno solo de sus piececitos de proteínas se mueve—, se vuelve firme y duro. A ese estado la medicina lo denomina *rigor mortis* y aparece un par de horas después del último latido del corazón, como consecuencia de que los pies musculares no emplean ninguna energía para sus movimientos. En ese estado, acaban quedándose rígidos sobre su base. La relajación es otra cosa.

En la relajación los músculos se mantienen activos, pero de una forma diferente a la que estamos acostumbrados. Si nos dormimos en el sofá y se nos queda un brazo colgando, se reblandecerá y entumecerá. Sin embargo, en su interior los nervios, cada pocos milisegundos, darán breves señales a los músculos con el fin de prepararlos, al menos *teóricamente*, para moverse en cualquier momento. A su vez, los piececitos musculares responderán con un pequeño paso, pero será un pasito único y mucho más relajado que el que darían si hubiese que empezar a correr. Este ritual mantiene blando al músculo. Se produce sin necesidad de que el cerebro intervenga, de manera automática —como cuando hacemos senderismo y saludamos a todo aquel que se nos cruza en nuestro camino— y se denomina «tono muscular».

Si nuestros nervios se encuentran en un estado de alerta superior y sospechan que muy pronto será necesario ejecutar un movimiento, harán señas con más frecuencia. Todo este saludo puede volverse entonces casi un tanto estresante. Generará un tono muscular mayor o, dicho de otro modo, «tensión». En este caso, los nervios no ven ninguna diferencia entre que queramos sencillamente estar atentos para tratar de resolver un problema cognitivo en el ordenador o que nos mantengamos al acecho detrás de un arbusto. En este estado, lo que nos garantizan es que nuestra nuca estará preparada para reaccionar, si es preciso, lo que explica que al cabo de varias horas de trabajo delante de una pantalla suframos a veces tensión muscular.

Y por eso también las personas que saben por su propia experiencia que incluso en las situaciones más tranquilas puede sobrevenir un infortunio suelen mantener los músculos tensos hasta cuando están tumbadas en el sofá. Así lo demuestra la investigación sobre los traumas: el sistema nervioso de quienes los han sufrido se ha vuelto particularmente vigilante y quiere prepararlos para todo. Sin embargo, mantener constantemente este sistema de saludos y pasitos resulta agotador. Supone un esfuerzo y puede acabar generando dolores crónicos similares a los de las agujetas.

Si quieres entender la relajación a partir de su fenómeno opuesto, puedes pensar en un calambre muscular: cuando aparece, trae consigo un círculo vicioso. Los músculos estimulados activan los nervios y estos, a su vez, activan los músculos. O viceversa. Al igual que ocurre en los momentos en los que rumiamos sin fin o nos lavamos compulsivamente, el final de una acción conduce de manera directa, una y otra vez, al principio de la siguiente. Los piececitos musculares patalean sin descanso. Y, además, al unísono. Casi se podría pensar que este es el modo ideal para hacer progresos en nuestro mercado laboral actual. Al fin y al cabo, la actitud constantemente activa nos permite avanzar. ¡Cuanto más, mejor! ¿O tal vez no? Desde luego, cuando se trata de los músculos, las cosas son distintas. Un exceso de actividad supone para ellos un obstáculo en el camino de la actividad *correcta*. Si algunos piececitos musculares no reposan mientras otros cogen impulso, no llegaremos a ninguna parte.

Dentro de la acción, la relajación es una parte más activa de lo que solemos pensar. De hecho, nuestros músculos conocen tres tipos de distensión que podemos describir sin problemas empleando conceptos del mercado laboral: el equilibrio trabajo-trabajo, el equilibrio trabajo-vida personal y el exceso de relajación.

En el caso del equilibrio trabajo-trabajo, nos permitimos solo la relajación estrictamente imprescindible para poder seguir funcionando. Por ejemplo, cuando corremos, los pequeños pies de las proteínas de los músculos se destensan brevemente para evitar que aparezcan calambres.

En el equilibrio trabajo-vida personal, los músculos se relajan más de lo que necesitarían para continuar su trabajo. Después de una carrera, nos tomamos un descanso y no volvemos a exigir esfuerzos al músculo hasta que no hayamos superado las agujetas. Evidentemente, antes de ese momento *podríamos* realizar algunas sesiones de entrenamiento, pero no lo hacemos. Mantenemos la cantidad de descanso que los músculos requieren para crecerse en los retos y rendir de manera sostenible.

Los tan alabados efectos de la actividad física aparecen, prácticamente sin excepción, en el tiempo de reposo que sigue al esfuerzo. En él no solo se reparan daños, sino que también se reflexiona acerca de los acontecimientos vividos durante el día: para volver a correr, necesitaríamos algo más de proteínas que se unan al oxígeno, un corazón que bombee con más fuerza, reservas adicionales... En las fases de regeneración los músculos mejoran. ¡Incluso mejoran su propia capacidad de regeneración!

Si después de una jornada de grandes esfuerzos aparecen agujetas, eso significa que este proceso de mejora está en marcha. Sin embargo, si lo interrumpimos y continuamos a pesar del dolor, nuestros músculos se quedarán atrapados en una espiral de reparación. No dispondrán de tiempo para seguir desarrollándose. Se ha demostrado con datos medibles que el exceso de entrenamiento nos debilita. Cuando pasamos semanas enteras dándolo todo desde el punto de vista físico, corriendo y levantando pesas, al final de ese periodo recorreremos menos metros y moveremos menos kilos que antes. ¿El motivo? Un descanso insuficiente.

Las descripciones de este fenómeno son sorprendentemente parecidas a las de los informes de personas afectadas por el síndrome de desgaste profesional. Aunque lo único que quieren los deportistas aficionados y los trabajadores es cumplir las expectativas propias y ajenas, caen víctimas de un típico error: lo que nos hace mejores no es solo entrenar o cumplir diligentemente nuestra tarea. Lo que ocurre una vez que hemos acumulado experiencias, cuando vuelve la calma, nos ayuda a dar pasos decisivos.

En los estudios realizados en el ámbito de la psicología del trabajo se observa a menudo que, a la larga, los trabajadores que se saltan habitualmente sus pausas acaban empeorando su rendimiento, cometen más errores y se sienten más insatisfechos. En cambio, quien, por ejemplo, respeta estoicamente la pausa del almuerzo obtiene mejores resultados a largo plazo en todas las categorías (incluso en la productividad). Sin embargo, como nuestras expectativas en torno a la eficacia están marcadas por la idea de que las pausas no son «nada» y de que la actividad lo es «todo», las personas que, desde el punto de vista estadístico, más necesitarían las pausas son precisamente las que renuncian a ellas. Este patrón de comportamiento se da con más frecuencia entre quienes desempeñan tareas importantes o muy numerosas y también entre aquellas personas a las que se considera imprescindibles.

Los estudios —tanto aquellos que analizan a los empleados en su puesto de trabajo como los que versan sobre músculos— demuestran que para alcanzar un buen equilibrio trabajo-vida personal se necesitan diferentes tipos de descanso. Las conocidas como «micropausas» (paradas de entre unos segundos y unos minutos) nos permiten tomar aliento durante unos instantes. Las pausas breves (de entre cinco y quince minutos, en la medida de lo posible cada hora y media) nos ayudan a mantener la concentración. Las pausas largas (de entre treinta y sesenta minutos cada seis horas de trabajo y en el tiempo posterior a la jornada laboral) son necesarias para superar toda la semana de trabajo. En todas estas pausas rige el mismo principio: serán más eficaces si las percibimos atentamente. ¿Llega la noche? ¡Pues no solo debemos dedicarnos a las tareas domésticas! ¡También tenemos que tomarnos un tiempo para descansar! Y si nos aburrimos un poco, ¡punto extra para nosotros!

Evidentemente, este programa de pausas no es adecuado para todos los tipos de trabajo ni para todos los días, pero quien quiera realmente alcanzar un buen rendimiento debería preferir pasarse con el descanso que quedarse corto. Por eso en el deporte profesional se han ideado estándares para planificar los entrenamientos después del tiempo de regeneración. Solo se entrena una vez que se ha reposado lo suficiente y las cargas solo se aumentan cuando se constata que a continuación el deportista se recupera con mayor rapidez. Aplicando criterios médicos, incluso quien acabe de iniciarse en el *running* y por el momento tan solo haga sesiones de diez minutos debería plantearse, antes de subir a doce minutos, si su regeneración realmente ha mejorado. Si se procede así, se potenciará al máximo la eficiencia.

Descansar poco es ineficiente. Sin embargo, descansar *demasiado* también es traicionero, porque llegará un momento en que no consigamos recobrar nada: ya habremos recuperado todo lo que el reposo podía hacer que recuperáramos y cualquier zona que a partir de ese momento se deje relajada acabará por reblandecerse. Así pues, ahora nos queda la otra parte de la tarea del descanso: ocuparnos de distribuir la energía. Los músculos hiperrelajados ya no son capaces de recoger energía en sus células ni de guardarla en nuevos almacenes, de modo que le indican al metabolismo que necesitan *menos cantidad*.

Si esta relajación *en exceso* es breve, las consecuencias tampoco serán tan graves: la circulación se vendrá abajo, los nervios enviarán menos señales y ambos fenómenos harán que nos resulte más difícil levantarnos del sofá. Sin embargo, cuando este estado se mantiene largo tiempo, ¡la masa muscular de nuestro cuerpo se desintegra! ¿Para qué mantener algo que no necesita? Y aquí no hay pero que valga. Nuestros músculos cuentan con un trastero bien despejado. Ellos no aplican eso de «voy a guardar esto por si acaso me sirve en el futuro». Estar vivo es costoso. Tratamos de conseguir lo que utilizamos. Nada más que eso, pero tampoco nada menos.

Si nos pasamos catorce días sin movernos, nuestro cuerpo perderá en torno al 10 por ciento de su masa muscular, lo que equivale aproximadamente a la cantidad que se desintegra a lo largo de treinta años de envejecimiento normal. Y algo así es fatal, especialmente para las personas de más edad. Si durante la juventud podemos recuperar semejante pérdida en apenas tres semanas de entrenamiento, a partir de los sesenta años necesitaremos al menos seis semanas para obtener el mismo resultado.

Nuestra mente también está familiarizada con este fenómeno de la hiperrelajación: después de pasar las horas muertas haciendo *scroll* en el móvil, durmiendo en exceso o dándonos un verdadero atracón de series, en la mayoría de los casos no nos sentimos frescos ni con las pilas recargadas, sino más perezosos y cansados que antes. Por eso muchas personas tienen miedo de jubilarse: el trabajo es como quedar a diario con amigos para correr. Cuando desaparece (independientemente de lo mucho que hayamos renegado de nuestro empleo), se cierne sobre nosotros la amenaza de una hiperrelajación que nos quita más de lo que nos da.

Hacer demasiado poco tiene el efecto contrario al que genera el descanso: nos volvemos más pequeños y hasta las cosas más nimias nos estresan antes. Una relajación *excesiva*, al igual que un calambre o un entrenamiento desmesurado, es un obstáculo para la acción. El agujero en el que podemos caer cuando, de repente, nos quedamos sin trabajo es lo opuesto al síndrome de desgaste profesional, pero ambos fenómenos nos roban energía y deben tomarse igualmente en serio, al menos desde el punto de vista muscular.

La relajación no es lo mismo que la nada y la tensión no lo es todo. El correcto equilibrio entre ambas es lo que permite mantener nuestros músculos en movimiento y les deja margen para crecer. Lo que ocurre durante las fases de reposo —tomémonos ahora unos instantes para dejar reposar tranquilamente esta afirmación— también forma parte de la fuerza. Tanto como la actividad.

Rendimiento

«Quienes más se esfuerzan se merecen que les vaya mejor en la vida». Esta es la premisa de la sociedad del rendimiento o sociedad meritocrática. Se supone que esta es una organización más justa que la sociedad estamental que la precedió, en la que todo giraba en torno a la familia en la que se había nacido. En nuestros días, la recompensa del rendimiento consiste en dinero, reconocimiento social o incluso poder, elementos que incrementan las posibilidades de llevar una vida mejor y que constituyen una fuente de motivación para seguir esforzándose.

Sin embargo, un movimiento solo cobra sentido cuando lo que queremos es desplazarnos desde el punto A hasta el punto B. Si en el punto A estamos lo suficientemente bien, ¿para qué desearíamos ir a cualquier otro sitio? La sociedad meritocrática o del rendimiento nos ofrece constantemente nuevos puntos B: *más* dinero, *más* reconocimiento, *más* poder.

Pero ¿y si lo único que hacemos es correr en pos de B y mientras tanto la vida mejor que nos han prometido no llega? ¿Y si el dinero, el reconocimiento o el poder no lo son todo? ¿Acaso el rendimiento se está juzgando de una manera justa? Estas son solo tres de las preguntas que nos planteamos los seres humanos ahora que llevamos ya un par de generaciones probando el concepto de la sociedad de la meritocracia.

El estudio de los músculos se enfrentó durante mucho tiempo a problemas muy parecidos. Sin embargo, en su caso, hace ya décadas que se ha comprendido que los logros de los músculos se deben en exclusiva al rendimiento de los piececitos de las proteínas que albergan en su interior: si rinden más, saltamos más lejos o levantamos más peso. Y de ese modo podemos determinar, cuantitativamente, cuán fuertes somos.

Este principio es aplicable a algunos movimientos —cuyo rendimiento se puede medir con exactitud—, pero en otros casos, en cambio, no lo es. Es posible que, de repente, las piernas salten más lejos aunque no hayan aumentado proporcionalmente su esfuerzo y aunque el rendimiento de los piececitos de las proteínas siga siendo el mismo. Durante mucho tiempo, esta incongruencia fue una piedra en el zapato de una fórmula del rendimiento que, por lo demás, era maravillosamente sencilla.

A finales de los años sesenta, la ciencia explicó este fenómeno asegurando que existen unidades musculares más fuertes y otras más débiles. Las segundas colapsan regularmente y para los movimientos exigentes las primeras las utilizan como una especie de estribos, trampolines o contrasoportes con los que tomar impulso. De ese modo consiguen movimientos de una potencia asombrosa.

Con el tiempo este modelo recibió más y más críticas. Para empezar, casi nadie conseguía explicar por qué las unidades débiles se comportaban de tal forma. Además, cada vez eran más numerosos los experimentos en los que se obtenían cifras aberrantes. En el año 2015 se propuso al fin una contrateoría: lo que había tras aquella potencia inexplicable no eran «componentes musculares fuertes o débiles», sino sencillamente la titina.

La titina es una proteína fibrilar que se enrolla sobre sí misma en forma de espiral, como un antiguo cable de teléfono. Toma su nombre de las criaturas gigantescas de la mitología griega, los titanes, porque se trata de la proteína de mayor tamaño que es capaz de producir nuestro cuerpo. Tras su descubrimiento, los científicos pensaron durante mucho tiempo que su única función era sujetar los piececitos de los músculos al andamiaje de la célula y que cuando nos relajamos se dedica simplemente a vagar por ahí, de manera indolente. Pero una idea como esta apenas se sostiene.

Si un nervio activa un músculo, la titina muestra de qué es capaz: de repente, envuelve vigorosamente el andamiaje y adopta una forma parecida a la de un muelle. Si en ese momento extendemos el músculo sometido a tensión, este resorte puede tomar su energía y liberarla después. Esto supone un enorme cambio para nuestros músculos, ¡que pasan de ser meros aparatos analógicos de elevación de cargas a convertirse en tirachinas orgánicos!

Con el descubrimiento de la titina, muchos de nuestros movimientos han cobrado de repente sentido: cuando lanzamos una pelota, primero oscilamos el brazo en la dirección contraria a la del tiro, es decir, lo colocamos ligeramente por detrás de la cabeza. De ese modo extendemos los muelles de titina. Si en ese momento los piececitos de los músculos empiezan a patalear hacia delante, la titina aprovechará la oportunidad y se desplazará un par de nanómetros, con lo que catapultará a los pequeños pies a una distancia mucho mayor que la que habrían recorrido por sí mismos.

Otro ejemplo: los saltitos previos a las carreras olímpicas de cien metros lisos. A menudo vemos cómo los participantes, mientras esperan detrás de la línea de salida, brincan de vez en cuando. Hasta ahora la ciencia era incapaz de determinar por qué, pero el caso es que la técnica funciona: se ha comprobado objetivamente que, si saltamos con fuerza antes de correr, aumentará nuestra velocidad. A este efecto se lo conoce como «potenciación posactivación» y hoy en día sabemos que el salto recarga de energía a la fibra «muelle». Bastan entre quince y treinta segundos de carga para que, a continuación, la titina despliegue su poderío durante un periodo de entre seis y noventa minutos.

Los movimientos que se basan en este mecanismo son entre tres y cuatro veces más potentes que los demás, pero mantienen el mismo nivel de consumo de energía. Para la medicina del deporte actual, este descubrimiento ha supuesto un verdadero cambio de paradigma. Durante largo tiempo nadie entendía el fenómeno y, por supuesto, nadie lo incluía en sus planteamientos. Hubo que replantear el movimiento, el deporte y el trabajo muscular para que algunas observaciones que antes nos parecían inexplicables hoy en día sean ya lógicas y recomendables.

También el yoga y el pilates parecen más plausibles desde que se ha descubierto la titina. Si extendemos nuestros músculos mientras están tensos, el muelle de la titina entrará en acción. Además, cuanto más la activemos, mayor será su precisión a la hora de ajustar el nivel de dureza en nuestros movimientos. Y precisamente este mejor ajuste es lo que se suele conseguir con el yoga y con el pilates, en los que se tensan ciertas partes del cuerpo y después se extienden longitudinalmente de una manera específica, a veces incluso durante varios minutos. Se ha comprobado cuantitativamente que una titina entrenada de este modo aumenta la fuerza del paquete muscular (incluso en aquellas personas que presentan músculos «pequeños»).

Por eso desde hace unos años hasta la selección alemana de fútbol se dedica de manera recurrente a practicar posturas de yoga, como el «perro boca abajo», la «cobra» o el «loto». A los fisiólogos musculares de la vieja escuela semejante planteamiento les resulta irritante: al fin y al cabo, estos ejercicios les parecen un tanto blandengues y divertidos en comparación con el duro entrenamiento basado en el levantamiento de pesas o con las férreas sesiones de *running*. Pero precisamente esta suave diversión es lo que los músculos que se entrenan con disciplina necesitan para contar con un amplio margen de recursos. Esa diversión mejora su fuerza *y* su movilidad.

Además, la titina protege frente a la pérdida de masa muscular: uno de los primeros estudios al respecto analizó a personas que habían permanecido largos periodos en una unidad de cuidados intensivos. Pues bien, se descubrió que, cuando extendían de manera activa sus músculos (en lugar de moverlos sin más), mantenían en mayor medida la masa muscular. También se identificó el mecanismo que hay detrás de esta observación: cuando los muelles de titina se activan, marcan los músculos con una serie de sustancias específicas que los protegen de la pérdida. Este proceso, de hecho, podría ser uno de los mecanismos más eficaces contra la pérdida de masa muscular.

También las personas que ayudan en una mudanza o participan en una competición de culturismo recurren en último término a la titina cuando su fuerza habitual no les basta: si al tratar de levantar la enésima caja de cartón o un peso especialmente elevado los brazos les fallan, suelen resolver el problema aplicando un poco de impulso hacia arriba. Cada vez son más los estudios que indican que, en comparación con el entrenamiento de fuerza convencional, los ejercicios realizados incidiendo en el impulso (conocidos como «entrenamiento excéntrico acentuado») son especialmente eficaces.

El mundo es dinámico. Por lo menos lo es bastante a menudo. «Dinámico» significa que en los movimientos las fuerzas vienen de diferentes direcciones. Si lanzamos una pelota, tendremos que contar con la fuerza de la gravedad, con las fuerzas de palanca y de retroceso y con la resistencia que ofrece el viento. Y este es uno de los motivos por los que nuestro rendimiento casi nunca es proporcional a la fuerza que imprimimos. En ocasiones las fuerzas parecen ir justo en la dirección contraria a la de nuestro verdadero objetivo. Es algo que el cuerpo ha comprendido al formar la titina. Pero ¿en qué medida hemos interiorizado estos principios en la esfera social?

Los estudios sobre el ámbito del trabajo llegan una y otra vez a conclusiones que recuerdan a la dinámica de la titina. Por ejemplo, deducen que «una empleada motivada y que ayuda a sus compañeros (en lugar de preocuparse exclusivamente por su propio éxito) incrementa el rendimiento de un equipo entero, y lo hace, por lo general, en mucha mayor medida que un individuo altamente inteligente y eficiente que actúa por separado», o «meditar en grupo por las mañanas reduce el índice de accidentes en las obras», o «una siesta o una hora libre de mensajes de correo electrónico incrementan la productividad a lo largo de la jornada laboral más que una hora extra de trabajo». Las conclusiones de este tipo no suponen precisamente una novedad. Sin embargo, son minoría los trabajadores que solicitan cojines de meditación a sus departamentos de recursos humanos o que se toman quince minutos para dormir una siesta en la sala contigua si han pasado una mala noche. ¿Un aumento salarial por fomentar un buen ambiente entre los compañeros? Lo nunca oído...

También nuestra vida personal es sumamente dinámica. Y, sin embargo, en la mayoría de los casos aplicamos criterios bidimensionales cuando medimos nuestro rendimiento. Si consideramos que la finalización de las tareas, el fracaso y el éxito son el resultado del esfuerzo, de las capacidades o de las debilidades, nos estaremos privando de una perspectiva muy útil. Por ejemplo, la herramienta científica más precisa que se ha inventado hasta hoy para prever cuál será la calidad de una relación no entra a analizar en detalle los rasgos de la personalidad de los miembros de la pareja ni los deseos que han conseguido hacer realidad. Se trata de un diagrama de la *dinámica* de la atención y de la dedicación. Este método, ideado por el Instituto Gottman y conocido en los círculos científicos desde el año 2005, es capaz de adivinar el futuro de un matrimonio con una probabilidad de éxito del 96 por ciento. La clave, por cierto, no está en poner *toda* la atención y *toda* la dedicación *que sean posibles*, sino más bien en determinar *cuándo* y *cómo* reaccionamos ante el otro.

La dinámica está en todas partes y, tan pronto como logramos entenderla, resulta sumamente eficaz. En muchas situaciones podemos encontrar inspiración en la manera en que nuestros músculos sacan fuerzas ante la adversidad.

La titina no se opone a las influencias que llegan del exterior: sencillamente, se adentra en ellas y se extiende con ellas incluso en una dirección que no es la que de verdad deseamos. Aceptar la realidad y no oponerse a ella es, de acuerdo con la psicología, una de las primeras medidas que debemos adoptar en caso de que padezcamos estrés o suframos un revés del destino. Dejar de luchar contra los acontecimientos de la vida nos permite ahorrar una cantidad de energía que podremos dedicar a otras cosas, como, por ejemplo, asumir una nueva postura, una perspectiva insólita o soluciones insospechadas.

Cuando se tira de la titina, esta modifica su comportamiento. Se enrolla de una manera más firme sobre sí misma, se vuelve más estable y, de esa manera, acumula la energía que se aplica sobre ella. Sin embargo, tan pronto como encuentra la más mínima oportunidad de liberarse, ¡zas!, la aprovecha y se mueve a toda prisa en la dirección deseada.

Concentrarnos en nuestro interior durante las épocas difíciles, generar una nueva forma de estabilidad y aprovechar decididamente las oportunidades de mejora: he aquí una sólida fórmula. Actuar «titínicamente» o —por decirlo con el concepto más parecido del ámbito de la psicología— ser resiliente constituye una capacidad intrínseca de los seres humanos. El término «resiliencia» deriva del latín *resilire*, que podríamos traducir como «rebotar», «saltar hacia atrás». Con ella podemos reaccionar ante los cambios o problemas de tal modo que, a pesar de todos los reveses que nos hacen retroceder, logremos seguir adelante y sacar fuerzas incluso de las situaciones complicadas.

A menudo ha sido eso lo que nos ha permitido cambiar el curso de la historia. Tomar ese curso y, como si fuera una flecha, disponerlo en el arco, tensar la cuerda y lanzarlo varios kilómetros hacia delante. Casi siempre que esto ocurre en la política internacional o en nuestra propia vida nos sorprendemos. Y el motivo de esa sorpresa es muy sencillo: con demasiada frecuencia nos orientamos hacia las fórmulas bidimensionales. Y, aunque es cierto que no a todos los movimientos les viene bien un empuje, es útil recordar siempre que tenemos esta posibilidad. Y después... tal vez pronto se presente una ocasión para lanzarnos, llenos de esperanzada tensión, hacia el punto más lejano posible.

El deporte

Un día normal entre semana. Coges el monedero, el teléfono móvil y las llaves y pones rumbo a tu oficina. Es una sala grande, repleta de escritorios falsos y réplicas de ordenadores. «¡Empezamos!», exclama alguien con voz motivadora desde la zona delantera. La música retumba en dos altavoces. Todas las personas que están allí se comportan como si tuvieran que resolver una tarea urgente. Una mujer brama al teléfono (uno de esos viejos teléfonos de juguete, hechos con latas, aunque en este caso no cuelga de él ninguna cuerda): «¡Compra! ¡Vende!». Al otro lado de la oficina un compañero levanta una regadera llena de agua sobre una maceta de flores de plástico. Una persona sentada dos filas más allá aporrea con todas sus fuerzas un teclado que no está conectado a nada. «¡Venga, seguimos! —exige la voz— ¡Hay que sudar la camiseta!».

¿Qué diferencia hay entre esta escena y una visita al gimnasio? Ninguno de los movimientos que se practican en él es realmente necesario. ¡No tenemos por qué levantar 30 kilos! ¿Y la cinta de correr? ¡No hay nada que nos espere al final de ella, ni tampoco huimos de nadie, ni tenemos que ir a ninguna parte! Aparentemente, el cerebro se limita a enviar impulsos a los músculos para que tengan algo que hacer. ¿Es el deporte una terapia ocupacional adecuada para la musculatura que se ha quedado sin trabajo? Todos estos ejercicios que nos hacen sudar ¿son algo más que meras ofrendas a una sociedad de tareas intelectuales en la que permanecemos inmóviles, mirando fijamente a una pantalla, durante un sinfín de horas al día?

El concepto de «deporte» ha cambiado enormemente a lo largo de la historia. En la avanzada civilización maya se empleaba para resolver conflictos de una forma educada. En la antigua Grecia servía para «desarrollar el cuerpo *y* la mente», que debían aprender, a través de las diferentes modalidades deportivas, a llevarse bien entre sí. En el Imperio romano, el deporte se utilizó por primera vez para preparar a los hombres para la guerra, y durante la Ilustración se pensaba que esta actividad permitía al cuerpo recoger «informaciones sensoriales» (cuantas más acumulase, más racional sería su actitud ante el mundo real).

A finales del siglo XIX y principios del XX se idearon una serie de «ejercicios físicos» como parte de un programa de «excelencia humana». Este concepto del deporte entraña irremediablemente dos facetas: una valorativa y otra despreciativa. En realidad, ser «excelente» (adjetivo que procede del latín *excellere*) significa, literalmente, huir y destacar...; dos acciones que solo son posibles si se considera que existe una masa *peor* que nosotros y de la que sea posible salirse. En la era del nacionalsocialismo, que comenzaría poco después, el cuerpo de ciertas personas se celebró, alabó y expuso, mientras que el de otras se torturó, despreció y aniquiló. El deporte se eliminó de las asociaciones y se reorganizó como una actividad política.

Poco a poco, el objetivo de «lograr un cuerpo que rinda más» fue desplazándose al ámbito de la responsabilidad individual. A las asociaciones deportivas —que con el tiempo volverían a permitirse— se les han ido uniendo en las últimas décadas más y más gimnasios, tutoriales en internet y clases individuales disponibles previa reserva. En este tiempo, el deporte ha pasado a ser un «programa de estilo de vida» personal. Si alguien se niega a practicarlo, se le reprocha implícitamente que esté «gordo e insano» y se lo considera el único culpable de su estado. El deporte se promociona incluso como factor importante para la salud mental.

Pero ¿por qué forma parte de una vida «sana» practicar movimientos que en realidad no necesitamos, realizar acciones como si fuesen imprescindibles? En cualquier trabajo este gesto sería absurdo y superfluo, una pérdida de tiempo. Los nuevos hallazgos en torno al deporte nos llevan a cuestionar seriamente algunos de sus ensalzados efectos.

¿Ayuda el deporte a adelgazar?

No todas las alabanzas al deporte son correctas desde el punto de vista científico. Por ejemplo, no está muy claro en qué medida ayuda a perder peso. A esta conclusión llegó el equipo dirigido por Herman Pontzer, de la Universidad Duke, en un viaje de estudio a África en el año 2010. En aquella ocasión, los investigadores analizaron el consumo diario de calorías de una tribu local especialmente antigua: los hadza.

Durante el día, sus mujeres se dedicaban a recolectar plantas comestibles, para lo cual tenían que caminar unos ocho kilómetros, es decir, alrededor de doce mil pasos. Mientras tanto, los hombres cazaban, lo cual requería que diesen unos diecinueve mil pasos (unos doce kilómetros). En este estilo de vida tan ligado a la naturaleza, los hadza dedicaban en total aproximadamente ciento veinte minutos diarios a las actividades físicas, unas cinco veces más que los habitantes de los países industrializados de Occidente. Lo que dejó pasmados a los miembros del equipo de Pontzer es la cantidad de calorías que quemaban los hadza: no superaba a la de los occidentales, pese a que estos últimos se pasan la mayor parte del tiempo delante de un escritorio. De hecho, era de alrededor de dos mil kilocalorías diarias. Estos valores se midieron mediante un procedimiento en el que se marcaban específicamente los átomos para detectarlos en la orina mediante un láser después de que se metabolizaran. En la investigación actual acerca del metabolismo este procedimiento es el estándar.

Otro grupo de investigadores realizó varios estudios sobre los shuar, un pueblo indígena de las llanuras de la Amazonia, con los que llegó a resultados muy parecidos: ¡tan solo 2.000 kilocalorías diarias a pesar de toda su actividad física! ¿Conclusión? Aunque volviéramos a movernos tanto como nuestros antepasados, a la larga no necesariamente quemaríamos más calorías. ¿Cómo es posible?

Lo que determina nuestro peso es nuestra alimentación y la eficacia con la que la metabolizamos. ¿Y el deporte? No demasiado. Diversas revisiones sistemáticas apoyan esta hipótesis: aunque en un primer momento el deporte nos haga adelgazar, al cabo de tres o cuatro meses el efecto empieza a desvanecerse lentamente. Y eso no se debe a que hayamos aumentado nuestra masa muscular, lo que compensaría la pérdida de peso (es un efecto que podemos descartar sin problemas para evitar alterar los cálculos), sino a otro motivo: el cuerpo se adapta. Después de seis meses de entrenamiento regular dejamos de perder peso al ritmo que manteníamos al principio.

El cuerpo raciona su energía. Si la necesitamos para vagar cada día durante dos horas por una estepa, la tomará de otros sitios. En ese caso, produciremos menos células inmunitarias, almacenaremos solo lo estrictamente imprescindible y crearemos menos hormonas. Gracias a este ahorro, las personas que recorren grandes trayectos a pie apenas necesitan más calorías diarias que las que se pasan la jornada sentadas y relajadas. El deporte mejora la eficiencia energética del metabolismo.

No obstante, para llegar a esta conclusión hay que dar por sentado que se ha alcanzado cierto grado de bienestar. Sin embargo, durante cientos de miles de años nuestro metabolismo ha ido muy justito. Siempre ha tenido que estar pendiente de llegar al final del día con la energía necesaria para lo esencial. Hoy en día, en cambio, le hemos dado la vuelta a la tortilla. En muchos países los ciudadanos tienen acceso continuo a una alimentación suficiente y, por tanto, ya no necesitan dedicar dos horas diarias a vagar y a buscar. ¡Por fin podemos gastar nuestra energía en todo aquello para lo que en el pasado la ahorramos cuidadosamente! Está comprobado que los habitantes de los países industrializados producen más células inmunitarias y más hormonas. Además, su cuerpo es capaz de almacenar mayores reservas de hidratos de carbono y grasa... Si se lo puede permitir, ¿por qué no?

Sin embargo, hay algo que se ha criticado de los resultados de Pontzer. Otros investigadores han señalado las limitaciones de sus estudios: advierten, por ejemplo, de que los hadza caminan en lugar de correr, lo cual no es comparable a una actividad deportiva de alta intensidad. Además, los datos recopilados podrían computarse de otra manera y, por si fuera poco, desde hace décadas hay muchísimos otros estudios que han demostrado que cuando aumenta la actividad física se incrementa también el consumo de energía. ¿Acaso todos ellos se equivocan?

En los debates, Pontzer ha respondido con una actitud bastante impasible a esta última pregunta: por lo general, asegura, quienes queman una cantidad especialmente elevada de calorías debido a que realizan un arduo trabajo físico también necesitan comer más para resistir. Cualquiera que practique deporte conoce este fenómeno. Así pues, la actividad física no entraña en este caso una pérdida de peso.

No obstante, hay un aspecto en el que tanto Pontzer como sus críticos están de acuerdo: la perversidad de la abundancia. Se trata de algo relativamente nuevo en la historia de la humanidad, pero los números son claros: producir, a lo largo de años y de décadas, más células inmunitarias y hormonas y disponer de depósitos llenos hasta los topes provoca una serie de problemas. De hecho, aumenta la probabilidad de que algo salga mal con todas estas posesiones.

El incremento de las células inmunitarias agrava el riesgo de desarrollar alergias o enfermedades inflamatorias. Unos depósitos de grasa mayores suponen una carga para el metabolismo en general y, dicho llanamente, también para los huesos y las articulaciones. Un exceso de hormonas del estrés puede provocar enfermedades cardiovasculares, mientras que unos niveles desmedidos de hormonas sexuales se asocian a determinados tipos de cáncer (como el cáncer de mama o el carcinoma de próstata). Si en nuestra vida se suman, además, otros factores de riesgo, las posibilidades de enfermar se incrementarán más aún.

Independientemente de que la tesis de Pontzer acerca del

peso sea totalmente acertada o solo lo sea en algunos aspectos, lo cierto es que una parte nada desdeñable de los «efectos saludables» del deporte se debe a que el cuerpo destina menos energía a fruslerías innecesarias. Por tanto, la actividad física es una válvula de descarga para los metabolismos de los nuevos ricos. ¡Una protección frente a los peligros del exceso! Pero si esto fuera todo, ¿significa acaso que el ayuno sería igual de eficaz a la hora de prevenir enfermedades?

En realidad, parece que los datos apoyan esta hipótesis. Por ejemplo, en el ayuno intermitente ya no se come en los momentos en los que sería posible hacerlo, sino que se espacia el tiempo entre ingestas. De ese modo, el cuerpo pasa a un estado de leve hambre, con el que se le advierte —igual que ocurre cuando se practica deporte— de que no debe derrochar energía sin ton ni son. Los beneficios para la salud de este tipo de ayuno coinciden en gran medida con los que aporta la actividad física: se ha demostrado que mejora la protección frente al cáncer y las enfermedades inflamatorias y cardiovasculares. También el efecto sobre el peso corporal se asemeja muchísimo al del deporte: al principio se adelgaza y después se mantiene de forma estable un peso más adecuado. Sin embargo, existen algunas diferencias que determinan que ambas actividades no sean completamente intercambiables. El deporte debe consistir en algo más que en estar protegido frente a la sobreabundancia.

¿Cómo actúa el deporte?

Durante muchos años la ciencia ha tratado de determinar cuáles son las «sustancias sanas» que se liberan durante la práctica de la actividad deportiva. Algunos candidatos presentaban en principio una correlación óptima con la pérdida de peso o la salud en general. Sin embargo, cuando se aislaban químicamente y se suministraban a personas a las que no les gusta nada el deporte... no pasaba nada de nada. Aquella constatación obligó a replantear el enfoque y a llegar a otra conclusión: el deporte es un juego con el estrés.

El esfuerzo, el calor, las vibraciones en huesos y articulaciones, la aceleración del corazón... no son, *per se*, las sensaciones más agradables que podamos experimentar en nuestra vida, pero tampoco se trata de una fiebre, de una agitación realmente incontrolable ni de un miedo verdadero. ¡Y esta diferencia es lo importante!

Los investigadores han comprobado que en el deporte lo esencial es la rápida alternancia de diferentes fenómenos de estrés. Durante una sesión de *running*, nuestros músculos se tensan y se destensan a medida que se suceden los diferentes movimientos. Es algo muy diferente de lo que ocurre cuando nos pasamos el tiempo manteniendo la misma postura en la oficina, una actividad que, con su tensión permanente, tiene más que ver con estar al acecho. Si nuestros nervios sienten una tensión breve y razonable que los lleve realmente a moverse, en lugar de limitarse a permanecer «tensos» durante horas, más tarde, cuando ya no sea necesario conservar esa tensión (por ejemplo, en el momento en que simplemente estemos sentados ante un escritorio), les resultará más sencillo relajarse.

Esta explicación también sirve para el efecto del aumento de la temperatura. Cuando nuestros músculos están en plena acción, es habitual que alcancen los 40 grados, un nivel que el cuerpo ya conoce por su experiencia con la fiebre.

En ese momento se activan las células inmunitarias y el modo estrés en el metabolismo. Cuando, después de practicar deporte, nos enfriemos, todo volverá a la normalidad. Nuestro cuerpo puede entrenarse para regresar rápidamente al estado de «¡Anda, si al final no es para tanto!». Ejercitar esta «regulación para bajar» rápidamente ayuda al sistema inmunitario a moderarse después de una gripe o de una inflamación en lugar de sobrerreaccionar, como ocurre a veces como consecuencia del covid-19.

Siguiente fuente de estrés: ¡las vibraciones! Cuando corremos por un sendero, se producen en nuestro cuerpo vibraciones de diferentes frecuencias. Cada vez que el suelo cambia tenemos que adaptar nuestra postura corporal, y cada vez que apoyamos un pie es como si alguien estuviese aporreando nuestro esqueleto, que, tras recibir el empuje de estas olas de presión, más tarde, en las fases de descanso, se reorganiza para ser más compacto. Las vibraciones son uno de los estímulos más importantes para conseguir unos huesos firmes.

Y todavía nos quedan los cambios típicos del estrés: los jadeos y el aumento de la frecuencia cardíaca. Ambos fenómenos podrían desencadenar una sensación de miedo en el cuerpo, pero en este caso no es así porque sabemos que lo que nos está pasando es «solo deporte». Al igual que ocurría en el caso del aumento de la temperatura, cuando salimos ilesos de una secuencia de jadeo y palpitaciones, después nos sentimos más relajados. Y más adelante, cuando nos encontremos en una situación similar en nuestra vida cotidiana, el cerebro y las células inmunitarias reaccionarán de una forma más autónoma, una estrategia que puede ser útil en estados ansiosos y en trastornos de ansiedad y que reduce el riesgo de desarrollar dolencias asociadas al estrés. La adrenalina no equivale automáticamente a peligro: ¡también puede estar ligada a la diversión y a la actividad! Con el tiempo, incluso el corazón se reestructurará y tenderá a latir más lentamente, lo cual también servirá de amortiguación en los momentos de ajetreo.

Así pues, practicar deporte es jugar con el estrés. Corremos los últimos y extenuantes metros, levantamos pesas y, al hacerlo, nos sobreponemos a la desgana y a los momentos de debilidad. Y todo ello sin graves consecuencias, sin peligros y sin decisiones de vida o muerte. Además, a continuación disfrutamos el doble de la ducha, de una buena comida o, sencillamente, de tumbarnos sin mala conciencia en el sofá. Pero nos queda aún una pregunta por responder: ¿no podrían conseguirse todos estos beneficios de otra forma? De hecho, algunos de estos juegos con el estrés, ya se trate de una subida de la temperatura o de una respiración más rápida, pueden realizarse sin pasar por el deporte.

Al consultar los estudios correspondientes, descubrimos alternativas para la mayoría de los efectos mencionados. Buena parte de ellos se alcanzan con métodos distintos. No en vano se trata de un ámbito que estudian de manera recurrente (seguramente no de forma totalmente desinteresada) algunos *nerds* de la ciencia. Basta con buscar un poco para conseguir una especie de partida de bingo: ¿qué actividad nos permite aumentar la temperatura del cuerpo exactamente igual que lo hace el deporte? La sauna. ¡Línea! ¿Cómo podemos reproducir las mismas vibraciones que experimentamos cuando corremos? ¿Tal vez colocándonos sobre una placa vibratoria (que funcione a una frecuencia de entre 15 y 45 hercios)? ¡Eso es! ¿Con qué otra actividad podemos experimentar una distensión dinámica? Con la relajación muscular progresiva. ¿Y la respiración jadeante? ¡Con los ejercicios respiratorios! ¡Bingo!

Los beneficios probados para la salud son sorprendentemente parecidos, pero todas estas alternativas se topan con un límite: ir tres veces por semana a la sauna, mantenerse un tiempo sobre un tablero vibrante, practicar ejercicios respiratorios y, por si fuera poco, ayunar regularmente para conservar el equilibrio calórico... Si todo esto te parece un pelín excesivo, es posible que para ti exista una solución más sencilla: correr media hora por el parque.

Los efectos irremplazables del deporte

El concepto del deporte como un «juego con el estrés» o como una «válvula de descarga para el metabolismo» cubre buena parte de sus funciones: la preparación para la guerra de los romanos, la resolución de conflictos entre los mayas y la autooptimización de finales del siglo XIX y principios del XX. Pero ¿qué hay de la perspectiva de los antiguos griegos, que consideraban el deporte como una relación de creciente amistad entre el cerebro y los músculos? Dentro del abanico de posibilidades que nos brinda la actividad física, esta opción resulta muy singular y es difícilmente sustituible.

Si somos justos, hemos de reconocer que incluso la investigación genética actual está siguiendo esta pista. De hecho, probablemente se hayan destinado más esfuerzos a sus investigaciones que los que se realizaron en la época de los filósofos griegos. No en vano se han necesitado varias décadas para desarrollar la tecnología necesaria para llevar a cabo este tipo de estudios, en los que se han analizado decenas de miles de genes de cientos de voluntarios antes y después de que se ejercitaran de diferentes formas. Los datos obtenidos se han valorado mediante la aplicación de sofisticados algoritmos y se han examinado mediante análisis de datos de alto rendimiento. Pero, ¡oh!, al menos eso nos ha servido para confirmar algo: desde el punto de vista genético (y desde el punto de vista griego), el deporte es una conversación realmente estimulante entre los músculos y el cerebro.

No hay nada que plantee tantas preguntas a nuestro cerebro como el mundo real. ¿Dónde está mi brazo? ¿Por qué está ahí? ¿Qué hago ahora con él? ¿Cómo mover mi otro brazo en consonancia con el primero? ¿Y las piernas? ¿A partir de qué momento puedo considerar que estoy sujetando un bloque con la firmeza suficiente para que no se caiga? A través de los músculos, el cerebro experimenta las múltiples dimensiones del mundo exterior en lugar de imaginar cómo le gustaría que fuese. El bloque se cae o no se cae. Eso es todo.

Y el entrenamiento no cambia sustancialmente los genes responsables de la masa muscular o de la habilidad para el deporte (o se tienen o no se tienen). A la hora de levantar un peso, una alta velocidad de generación muscular constituye una ventaja. Sin embargo, cuando se trata del cerebro, la situación es distinta. Este órgano reacciona con una enorme sensibilidad a cualquier tipo de movimiento y cambia en consecuencia. Aun cuando nuestro brazo siga siendo igual de enclenque, algo en nuestra cabeza se habrá transformado por completo. Por ejemplo, una sola sesión de actividad física provoca que el cerebro module la cantidad de receptores de dopamina para las dos horas siguientes. Y, para seguir el ritmo de los movimientos exigentes, impulsará la producción de sus propios factores de crecimiento, lo que facilita la generación de nuevas células cerebrales, algo que durante mucho tiempo la ciencia consideraba un reto imposible. El ejercicio regular y los nuevos nervios que aparecen gracias a él protegen frente a enfermedades que implican la destrucción de neuronas, como es el caso de las demencias, la depresión o el párkinson.

El deporte insufla vida a las células del cerebro. Además, modula cientos de genes diferentes. No hay prácticamente ninguna otra actividad que obre un efecto comparable. Si lo analizamos desde el punto de vista racional, este panorama puede parecernos, en un primer momento, sorprendente: al fin y al cabo, los movimientos que se ejecutan en el deporte no tienen un sentido concreto. Sin embargo, si lo contemplamos desde la perspectiva de una relación, resulta evidente lo que ocurre: de repente, comprendemos que no es tan importante *qué* emprenden juntos los músculos y el cerebro ni *qué propósito* persiguen con esta colaboración; lo fundamental es que, al final del día, les gusta compartir su tiempo.

Cuando crecemos y ya hemos aprendido los principales movimientos, en nuestra existencia se instalan la cotidianeidad y la rutina. ¿A quién le entusiasma correr sin ninguna razón concreta? ¿Quién se siente agradecido por poder mantenerse sentado y sostener la cabeza? Sencillamente, estos dos compañeros, cuerpo y cerebro, funcionan juntos, como un matrimonio bien avenido. Muchas veces, más allá del trabajo, el deporte es el único momento que tienen para acoplarse y aprender el uno del otro. Pero para conseguir los efectos genéticos mencionados no es imprescindible recurrir al deporte estándar: basta con inspirar el aire de diferentes formas. Eso proporcionará al cerebro y a la musculatura del diafragma un divertido encuentro de sobremesa. De acuerdo con los estudios realizados en el ámbito de la neurología, bailar puede ser tan eficaz como levantar pesas. Y caminar en nuestros días libres, dar un paseo en bicicleta o limpiar la casa mientras escuchamos música también puede ser una maravillosa actividad. Lo importante es que los músculos y el cerebro no se unan en respuesta a una cierta obligación, sino que vivan algo juntos. Si, además, se quedan sin aliento y se enfrentan a nuevos retos, el resto del día les resultará más llevadero.

¡Uy! ¿Qué pasa? La investigación genética acaba de levantar la mano. «¿Sí?». «Por lo menos podría usted mencionar el resto de las cosas que hemos descubierto, ¿no?». «¡Oh! Pues sí, tiene razón. Muchas gracias».

Es posible que estemos genéticamente predeterminados para practicar unas modalidades deportivas y no otras. Los estudios han prestado especial atención a dos genes: *ACTN3* y *ACE*. El *ACTN3* estabiliza con su «producto» (la alfa-actinina-3) los «piececitos» de proteína de los músculos. Quien presenta este gen puede estar mejor dotado para esprintar. Muchos habitantes del hemisferio norte carecen de él, por lo que los pequeños pies de sus músculos se mueven más despacio y, al mismo tiempo, emiten más calor. Esto último mejora su tolerancia al frío y explica, por ejemplo, por qué muchos escandinavos pueden permanecer más tiempo en el agua helada sin tiritar.

El otro gen, *ACE*, tiene efectos en la tensión arterial. De hecho, si poseemos una variante determinada de este gen (la *ACE*-D), nuestra presión arterial será algo superior a la media, lo que significa que incluso en reposo a nuestros músculos les llegará un importante suministro de oxígeno y nutrientes, algo positivo en el caso de los deportes de fuerza, porque permite alcanzar rápidamente el máximo rendimiento, incluso después de una pausa. Sin embargo, entre los corredores de maratón y los escaladores es más habitual encontrar la variante *ACE*-I, que se asocia a una menor tensión arterial y que permite ahorrar energía en caso de esfuerzos prolongados.

Para la mayoría de las personas que se pasan el día sentadas, la hipertensión es más bien perjudicial. Con el fin de reducirla, se usan medicamentos que actúan sobre los productos del gen *ACE*: son los denominados «inhibidores ACE» o «inhibidores de la CEA».

Durante la pandemia de covid-19 este gen ganó cierta popularidad porque el virus SARS-CoV-2 puede acoplarse a un determinado receptor *ACE*. Al mismo tiempo, se observó que las personas con hipertensión tendían a presentar síntomas más graves de covid-19, mientras que en aquellas que practicaban deportes de resistencia la enfermedad solía cursar de forma más leve. Es posible que existan más relaciones entre estos elementos.

¿Hipertensión arterial? Quienes la padecen pueden preferir sesiones cortas de *running* o entrenamientos de fuerza. Una buena tolerancia al frío es menos compatible con el deporte de resistencia y con las largas sesiones de *running*. Nuestro propio cuerpo puede indicarnos con claridad qué cosas no le sientan bien. Si por más que practiquemos con regularidad sesiones deportivas de una hora el entrenamiento nos sigue resultando demasiado desagradable, es posible que, sencillamente (y en parte por los efectos de muchos otros genes) lo nuestro sean las sesiones cortas e intensas, como, por ejemplo, el trabajo en tandas de siete minutos en las que se alternan treinta segundos de gran esfuerzo físico y treinta segundos de pausa.

Aunque tardemos un tiempo en descubrir qué es lo más adecuado para nosotros, siempre merece la pena que cerebro y músculos mantengan una buena relación de amistad. El deporte eficaz no es solo una terapia ocupacional; es también un juego con el estrés, un amable ladrón de energía y una actividad tan absurda o tan sensata como lo es la propia amistad. No debe medirse en metros o en kilogramos. En la mayoría de los casos, se trata sencillamente de reunirse con amigos, hacer algo juntos y acudir a determinada hora al lugar acordado para la cita. Visto así, el deporte es, en el fondo, lo contrario del rendimiento, y tal vez por eso sea tan difícil definirlo: no es necesario que tenga sentido para nadie, excepto para nosotros mismos.

5

Pensar y ser

El cerebro

Jill y Giulia

Desde que tengo conciencia, mi hermana siempre ha sido mi polo opuesto. Yo soy enérgica; ella, tímida. Ella piensa en imágenes; yo, en palabras. Su cumpleaños es en verano; el mío, en invierno. Incluso nuestros sentidos están distribuidos de manera desigual: ella tiene más desarrollados la vista y el gusto y yo, el oído y el olfato. Casi se podría pensar que concentramos en nosotras dos todas las diferencias de la humanidad. El día y la noche. En nuestra infancia esta particularidad era a menudo motivo de pelea, pero en la edad adulta hemos descubierto las ventajas que aporta.

De manera inconsciente, nos repartimos muchas cosas. Lo que no puede hacer una, lo asume la otra. Si un perro ladra, yo doy un paso atrás, como si fuera lo más natural, y Jill toma la delantera. Si hay que cumplimentar un formulario, soy yo la que coge el bolígrafo. ¿Y si las plantas enferman? Las dejo delante de la puerta de casa de Jill, sin necesidad de decir nada. Cuando nos cruzamos con desconocidos, yo entablo una chispeante conversación con ellos y Jill, con sus serenas preguntas, se encarga de dar después un toque más profundo al diálogo. Juntas conseguimos lo que jamás alcanzaríamos por separado.

Cuando trabajamos mano a mano conseguimos el mejor resultado. Fue así ya en nuestro primer libro en común. Yo leía los estudios y redactaba; Jill dibujaba, cuestionaba e insistía con sus preguntas. Si a mí no se me ocurría ninguna idea, ella me proponía alguna, y cuando ella necesitaba algún motivo para sus ilustraciones, a mí se me ocurría alguno. Nuestra comunicación se basa en una sinceridad que nos permite ganar mucho tiempo: «Demasiado acartonado», anotaba ella junto a mi texto, y yo entendía lo que quería decir. «Más chispa», comenté sobre un dibujo, y al día siguiente dibujó con más brío. Ninguna de las dos se ofendía. Todo lo contrario: habíamos construido una confianza primigenia. Lo que visto desde fuera no podía sino parecer un misterio, desde dentro funcionaba bien.

Pero en un momento dado comenzó una época extraña: si las dos estábamos en la misma habitación, la gente solo me saludaba a mí. «¡La autora!», decían. Alguien llegó a acusar a mi hermana de «ir a remolque de mi éxito», y en una entrega de un premio que se nos había concedido a ambas solo se anunció mi nombre. Es evidente que era yo la que escribía, ¡pero sin mi hermana jamás lo habría hecho tan bien! Esta diferencia repentina en la manera de tratarnos me parecía más que rara. Empecé a juzgar a las personas en función de si se mostraban amables y corteses con mi hermana, independientemente de que tal vez a sus ojos ella no fuera «ni famosa ni importante».

La valoración que hacemos los unos de los otros provoca muchos efectos. Cambia nuestro comportamiento, sin que al principio entendamos por qué. La primera vez que me di cuenta de esto fue en un examen oral de la universidad. Uno de los miembros del tribunal era un cirujano al que todos

consideraban un «desagradable». Malinterpretaba todo lo que yo le respondía, mientras, con los brazos cruzados, me lanzaba miradas de desprecio. ¡Pocas veces en mi vida he dicho tantas tonterías como aquel día! Entonces me di cuenta también de que aquella sensación era justo la contraria de la que me inspiraba mi hermana. Cuando ella está a mi lado, soy ingeniosa, inteligente y fresca. En su presencia nacen algunas de mis mejores frases.

Desde siempre, los seres humanos hemos obrado este tipo de efectos en los demás y hemos sido capaces de sacar grandes cosas de otras personas. El culto al individuo por separado, que tanto se celebra en los medios de comunicación, es un error.

Como nos ha ocurrido a nosotras dos y como ocurre también en otros grupos, a menudo se ignora a las personas tímidas, a las personas que saben escuchar, que son minuciosas, que brindan apoyo o que inspiran, y los logros de empresas enteras se suelen atribuir a individuos que se encuentran en su cúspide. También al cerebro se lo considera a menudo como el «jefe». Pero ¿acaso no es, en el fondo, un órgano de conexión?

En nuestro mundo le ponemos etiquetas a todo y valoramos en función de esas etiquetas: estar despierto es más importante que estar dormido, admiramos el conocimiento más que la emoción, hablamos antes de éxito que de satisfacción ¡y hacemos como si cada uno de estos elementos pudiera existir sin los demás! Pero ¿qué es el día sin la noche? ¿Qué es la palabra sin la imagen? ¿Qué es el cerebro sin el cuerpo... o, mejor dicho, qué son ambos el uno sin el otro?

La eminencia gris

No, este órgano no es como los demás. Reina desde arriba, dentro de su propia estructura de huesos craneales que lo rodean. Antes de llegar a él, cada gota de sangre se limpia mediante una serie de capas específicas de filtros. Casi se podría pensar que en el cuerpo existe una «clase superior» que recibe una protección y un confort especiales. Lejos de la suciedad y las fatigas del suelo, el cerebro disfruta de las vistas que ofrece la planta superior. Aquí se puede oír sin que los ruidos de la digestión perturben el ambiente y es posible mirar a lo lejos lo que sucede en el mundo, mientras los demás órganos se ven obligados a compartir el angosto espacio del tórax y el vientre. Si a las manos se les escurre una herramienta, la cabeza está lo suficientemente lejos, y también es la última en llegar al suelo en caso de que las piernas se tropiecen.

El día a día del cerebro está lleno de privilegios: nada en una tibia piscina de fluidos (el líquido cefalorraquídeo) e imparte órdenes. El hecho de que esté orgullosamente compuesto en un 55 por ciento de grasa no hace sino corroborar esta impresión de privilegios: no en vano la grasa es el material más rico en calorías —y, por tanto, el más valioso— de todos los que componen los seres vivos. En comparación con los hidratos de carbono y las proteínas, suministra el doble de energía por cada gramo. Por tanto, utilizar este noble material para algo que no sea aprovechar su energía es tan arrogante como genial: el cerebro envuelve en grasa los nervios con el objetivo de proteger su preciada electricidad. Y como la grasa flota en el agua, este órgano puede aprovechar este indolente efecto colateral. Flota en medio del cráneo —como si no hubiera gravedad— y no necesita contar con músculos o tendones propios que lo sujeten.

Evidentemente, en realidad hay algunos tendones, músculos y bandas de fibras que sostienen su peso. Pero lo sostienen de manera indirecta, se sobreentiende: no se fijan al cerebro, sino que elevan y mueven el cráneo. Y, *evidentemente*, el cerebro controla esos músculos. Puede indicarles que se relajen o incluso que se inclinen. También puede hacer que, de repente, se giren, por ejemplo, para ejecutar un movimiento de *headbanging* en un concierto y, *evidentemente*, hará todo eso mientras sigue protegido por fluidos y huesos. La eminencia gris se gana majestuosamente la vida desde el ático de lujo de nuestro cuerpo.

Hay un malentendido muy antiguo que asegura que el cerebro disfruta de esta exclusiva posición porque es el *mejor* órgano. Sin embargo, su verdadero valor no radica en sí mismo, ¡sino en las relaciones que permite! Coordinar la velocidad del corazón con las piernas es un preciado arte. Seguir con los ojos el vuelo de un pájaro o representar los hechos del mundo en forma de pensamientos... e incluso coordinar grandes conciertos de hormonas y neurotransmisores... ¡Todos estos son logros suyos! Sin todos y cada uno de los actores de la realidad —ojos, pájaros, hechos, señales...—, es decir, sin estos diferentes compañeros de relación que combina en su red, el cerebro no sería nada. O, dicho con la franqueza y la precisión más brutales, no sería nada que mereciese la pena.

De todas formas, aunque ahí, encaramado al cráneo, parezca tan autosuficiente, lo cierto es que este órgano solo persigue un objetivo: la conexión. A través de los ojos, los oídos y la nariz la establece con el mundo exterior, y a través de la médula espinal la establece con el cuerpo. Para ello, extiende sus fibras nerviosas hasta los rincones más remotos de los dedos de los pies y de las manos. En cada nivel anatómico encontramos este lema de «la conexión»: con sus formas redondeadas y el despliegue de sus numerosos nervios, el cerebro se asemeja a una neurona: también esta célula presenta un cuerpo redondo del que parten entre cientos y miles de fibras. Del mismo modo en que los nervios se entrelazan en los tejidos del cuerpo, también sus axones y dendritas se unen y se entretejen a nivel microscópico. Las conexiones que surgen de ese modo admiten billones de combinaciones posibles. Y gracias a eso podemos pensar.

Los científicos que investigan el origen de los nervios creen que todo empezó de una forma muy simple: de repente, aparecieron una serie de células que, desde una perspectiva meramente práctica, no ayudaban en nada. No eran capaces de desintoxicar (como el hígado) ni de absorber nutrientes (como el intestino delgado). Lo único que hacían estas células era transmitir información: la representaban casi en forma de obritas de teatro en las que se recogían las señales del entorno.

Una de las primeras funciones de estas células aprendices se tituló: «¿Es de día o de noche?». Entonces se crearon proteínas que reaccionaban ante la luz. Si el ambiente era luminoso y cálido, activaban las células colindantes. En cambio, en periodos oscuros y fríos optaban por ahorrar energía. Aquello dio lugar a una serie de procesos celulares de lo más variado, dentro de un ritmo común de día/noche. Y, como siempre ocurre en el negocio del espectáculo, si algo funciona, todo el mundo quiere más.

Una vez formados los primeros nervios, estos se expandieron enseguida por su zona de influencia. A través de largos mensajeros (las fibras nerviosas), accedieron a informaciones de zonas lejanas y profesionalizaron su gestión de la electricidad. Gracias al desarrollo técnico, los teatritos pudieron incorporar su primera pantalla. Conducir con inteligencia la electricidad —es decir, tender por todo el cuerpo redes de distribución de esa energía— era una opción más rápida y eficiente que trabajar directamente sobre el terreno o a través de la sangre. Poco a poco, las células fueron añadiendo cada vez más especialidades a su repertorio: algunas se dedicaron a los diferentes tipos de luz que existen, otras a los olores, otras a la fuerza de la gravedad y el equilibrio... Los nervios, que empezaron siendo unas obritas sin mayor trascendencia, se convirtieron, gracias a su diversidad, en elementos centrales. Cada vez que un ser vivo se reorganizaba, estos nervios recibían una morada más noble que la anterior. Pronto se hicieron con el centro de la cabeza, que, además, se encontraba en un proceso de constante crecimiento. Desde entonces, sus vías llegan desde allí a todos y cada uno de los órganos y regiones del cuerpo.

Nuestros procesos de aprendizaje y pensamiento han ganado en complejidad. Ahora ya no son simplemente una cuestión de «día y noche».

Los científicos recurren a diferentes comparaciones para describir el desarrollo del sistema nervioso. Además de los teatritos, tenemos la metáfora de la comunicación humana: al principio solo se componía de gestos y sonidos sencillos, pero después llegaron también las lenguas y los signos escritos y finalmente nos comunicamos a través de cables telefónicos e internet. O la de la construcción de nuestras infraestructuras (desde los trillados caminos cubiertos de barro hasta el tráfico aéreo mundial, pasando por las carreteras) o la del desarrollo de la economía (desde el trueque hasta las transacciones financieras digitales en el mercado bursátil). Todas estas comparaciones funcionan, porque todas ellas comparten un aspecto central: un elemento que comienza como algo sencillo, tangible y práctico, pero que después va ganando tamaño y complejidad hasta que se vuelve casi un ente abstracto. Con frecuencia en este tipo de procesos que tanta admiración despiertan olvidamos que cada uno de ellos se apoya en los anteriores. Para aumentar con éxito la propia complejidad se necesitan unos cimientos claros y razonables a los que siempre sea posible volver en caso de desorientación. La senda del crecimiento puede concebirse como esos juegos de laberintos que encontramos en el dorso de las cajas de cereales... En el cerebro tenemos lo mismo.

Cada cerebro humano se desarrolla reproduciendo a alta velocidad el proceso que ha seguido la evolución: durante las primeras semanas se asemeja al cerebro alargado de un pez y poco después se parecerá al de una lagartija. Después de dos o tres meses en el vientre materno, queda claro que se trata del cerebro de un mamífero (nacen en él protuberancias específicas para los recuerdos y las emociones) y desde ese momento y hasta el nacimiento irá avanzando para acercarse al de los simios. Sin embargo, para que se pueda asignar a la categoría de «humano» se necesitarán aún dos años enteros.

En este proceso el cerebro se divide, por decirlo de un modo somero, en tres partes. Las funciones básicas para la supervivencia (como la respiración, el latido del corazón y los reflejos de protección) son las primeras que maduran y se ubican en la zona inferior (comúnmente conocida como «cerebro reptiliano»). Más arriba, en lo que se suele denominar «cerebro mamífero», se realiza un ajuste más fino: en determinadas situaciones se ordena al corazón latir más rápidamente o se relajan los músculos y la respiración. En estas prolongaciones características de los mamíferos nacen emociones como el amor, la ira, la alegría o la calma.

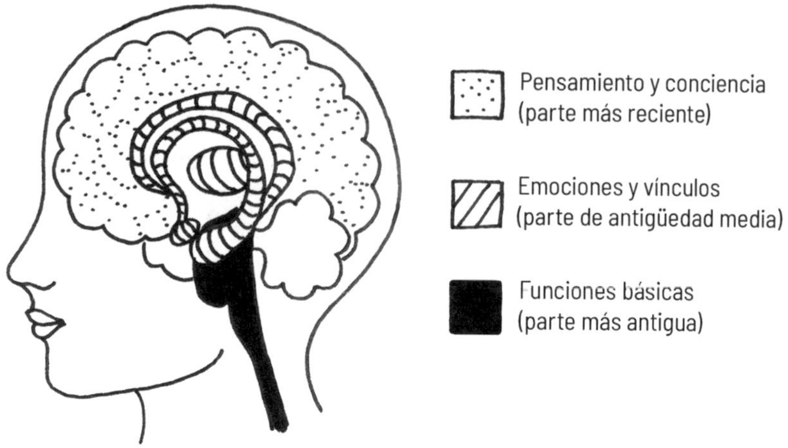

La parte «más joven» del cerebro —la corteza nueva, situada en la zona más frontal— se halla arriba del todo, en la región que se caracteriza por las típicas circunvoluciones onduladas. Es la última que se forma (de hecho, no queda realmente «acabada» hasta la edad de veinticinco años, aproximadamente). Aquí es donde manejamos las tendencias y los nuevos conocimientos. En esta corteza reflexionamos sobre quiénes somos, quiénes queremos ser y qué conceptos y filosofías son importantes para nosotros. Es aquí donde se generan las religiones, las dudas y los planes de futuro, donde se modulan las emociones y donde se activan los movimientos musculares voluntarios. El objetivo de esta parte del cerebro es completar los antiguos patrones con otros nuevos y elaborar los planes a largo plazo. En definitiva: ajustar el cuerpo con más fineza *aún* que las áreas situadas bajo ella.

El orden de maduración tiene consecuencias concretas: dado que esta corteza frontal no se desarrolla plenamente hasta la juventud, los niños pequeños viven sus emociones todavía sin filtros, ya sea en forma de ataques de rabia, alegría desbordante o llantos inconsolables. Las áreas responsables del lenguaje, en cambio, aparecen mucho antes (¡desde la primera palabra!). Al mismo tiempo que se desarrolla el sistema de recompensa, aparece el «juego infantil» —con muñecas, coches o peluches—, que termina cuando están moldeadas ya las escalas de valores y la moral. Desde el punto de vista neurológico, los adolescentes enfrascados en una intensa búsqueda de sí mismos que, en este camino, prueban todo cuanto esté a su alcance presentan un cerebro que todavía tiene que sintonizar ciertas áreas totalmente nuevas con el resto. Una vez que todas las partes se unen en un conjunto armonioso, nos queda más claro quiénes somos, en qué creemos y qué necesitamos. Nuestro cerebro se forma a lo largo de toda la vida. La eminencia gris se encuentra en una evolución permanente.

En contra de lo que se creía en el pasado, las diferentes áreas del cerebro colaboran estrechamente entre sí. ¡Una serie de estudios recientes han sacado a la luz colaboraciones de lo más ingenioso! Por ejemplo, un área del cerebelo que durante mucho tiempo se consideró que no era más que la «centralita del equilibrio» ayuda a la corteza de arriba, la típicamente humana, a la hora de tomar decisiones difíciles. O las protuberancias del cerebro mamífero del mundo de las emociones observan el hambre para aprender de ella cómo desarrollar «motivación» (casi como para despertar en nosotros un «hambre de más cosas»). Y lo que durante mucho tiempo se describió como el núcleo neuronal «del miedo», al que se acusaba de ser extremadamente emocional, es decir, la amígdala, ha demostrado ser más bien, según investigaciones recientes, un modulador de la atención, lo que le permite regular incluso procesos de pensamiento más complejos... Las fronteras que separaban de manera estricta lo «emocional» de lo «cognitivo» se van diluyendo.

Nuestro cerebro es un buen ejemplo de la «convivencia intergeneracional». Surge de la unión de varias partes, cada una de ellas con sus propias capacidades e incluso... ¡con sus propios puntos de vista! Como era de esperar, una convivencia de este tipo funciona a veces mejor y otras veces peor. Sin embargo, a pesar de los problemas y de los conflictos, se asienta sobre unas bases de solidez probada, que combinan el pasado, el presente y el futuro. Quien piense que, entre todas esas áreas cerebrales, la única «valiosa» es la corteza cerebral, como sede de la razón, será tan corto de miras como quien ignore las lecciones de la historia o desprecie las experiencias de sus abuelos.

El desarrollo y la configuración del cerebro contradicen la imagen que se suele tener de él. En realidad, no es un órgano arrogante y vanidoso que lleve una existencia de lujos y apartada de la cruda vida real. Si se halla en la cúspide del cuerpo es porque cada fibra de su ser siente interés por él, porque anhela aportarle seguridad, brindarle ayuda y conectarlo con el mundo.

El cerebro se mima y se protege porque permite la mejor colaboración posible entre los órganos, esa valiosa concordia que constituye la esencia de la vida. ¿Tal vez esta eminencia gris sea en el fondo un servidor del cuerpo, como propuso en los años noventa del siglo pasado el prestigioso neurocientífico António Damásio? ¿Deberíamos tener un concepto diferente de la «clase superior» de nuestro cuerpo, a la que menudo contemplamos como una especie de «jefe» que nos «gobierna»? ¿Un concepto que contradiga los antiguos modelos de sumisión y dominio? Sí. Cuando aplicamos una mirada fresca a la ciencia, resulta evidente que el cuerpo se rige por un principio que no es del todo nuevo, pero que a veces se puede perder: dirigir también implica servir.

El sueño

Dormir es un cambio de gobierno. Cuando estamos despiertos, quienes tienen el poder son las áreas jóvenes del telencéfalo, que se ocupan del mundo exterior. En cambio, cuando estamos dormidos se imponen áreas más antiguas, que organizan el interior. Y para ellas no es necesario ser «rápidos, fuertes o extraordinarios» (de hecho, en este caso la marca de la casa es el sueño apacible). Casi todos los criterios y los objetivos de la vida despierta desaparecen de nosotros en este tiempo y son sustituidos por otros. Cuando dormimos, nuestro cuerpo vuelve a su propio ritmo de frecuencia cardíaca, respiración y ondas cerebrales, que apenas se deja influir por el mundo exterior.

Conciliar el sueño

Por lo general, el traspaso de poder de un área cerebral a otra se produce de forma pacífica. Durante la vigilia, las zonas más antiguas hacen un recuento del tiempo que se pasa bajo la luz y tienen en cuenta para su cómputo una serie de señales del cuerpo: ¿hay alguna inflamación en curso?, ¿hemos comido bien?, etcétera. De ese modo, y en colaboración con las proteínas del reloj circadiano que se encuentran en el interior de las células, se determina cuándo y en qué medida nos sentiremos cansados. Si todos estos elementos se muestran a favor del sueño, las áreas cerebrales más antiguas se convertirán en una especie de «hombre de arena», ese duende que, de acuerdo con la mitología celta, acude cada noche a esparcir arena mágica sobre las personas que duermen para ayudarlas a tener dulces sueños. Estas áreas, situadas en la parte inferior del cerebro, rociarán con sustancias inhibidoras una serie de vías nerviosas que discurren hacia la parte superior, de manera que pierdan sensibilidad y, por tanto, transmitan menos estímulos al telencéfalo. En ese momento nos sentiremos cansados.

Conciliar el sueño es un proceso bastante democrático. El telencéfalo tiene la posibilidad de participar y enviar señales contrarias, algo así como «antes de dormir tengo que recoger la cocina/justo ahora la serie policíaca se ha puesto interesantísima/me toca turno de noche en el trabajo». Si estas señales son lo suficientemente insistentes, permaneceremos despiertos. Como si de una votación se tratara, al final ganará la región cerebral que presente las señales de más peso.

En el terreno del sueño, las áreas cerebrales más antiguas también mantienen una actitud diplomática: le garantizan al telencéfalo que permitirán el paso de estímulos inusuales, como, por ejemplo, un estruendo o la alarma de un despertador. Por lo general, mantienen esta promesa con más lealtad de la que muestra el telencéfalo con su propia promesa (a saber: «No impedir innecesariamente la conciliación del sueño»).

Las dos áreas cerebrales, en cualquier caso, pueden proponerse mutuamente iniciar el sueño. Una buena ocasión para hacerlo es el bajón de la sobremesa. Como las proteínas de nuestro «reloj interno» genético se desintegran cada doce horas, en esa franja del día podemos sentirnos algo cansados. Si otras áreas cerebrales apoyan la propuesta con motivos adicionales, es posible que nos echemos una cabezadita. ¿Tal vez hemos consumido mucha energía a lo largo de la mañana? ¿O quizá no hay quien entienda la conferencia a la que estamos asistiendo? En cambio, si los motivos para permanecer despiertos se imponen (por ejemplo, si trabajamos en una gran oficina), tendremos que esperar a que los relojes de nuestras células avancen un poquito más (o bien tomarnos un café).

En cualquier caso, la votación de las dos áreas cerebrales no siempre es pacífica. En ocasiones el telencéfalo quiere imponer sin piedad su «¡Nada de dormir!» y envía señales de activación desmesuradas («¿Y si el chiste que he contado hoy en el trabajo era muy malo?» / «¿Me he acordado de apagar la placa de la cocina?» / «¡Tengo que hacer una búsqueda en Google!»), bebe café hasta la saciedad o hace algo aún más sencillo: enciende por la noche las lámparas más luminosas que ha podido encontrar. En ese caso, estará rebasando las fronteras de lo justo, pero también estará olvidando quién tiene, en último término, la sartén por el mango. Porque las áreas más antiguas siempre se encuentran por debajo y pueden controlar lo que se irriga hacia arriba. A menudo se muestran (mansamente) colaborativas durante un tiempo, pero llegará un momento en el que ya no puedan más y, sencillamente, nos harán dormir, incluso aunque estemos sentados delante de nuestro ordenador portátil o conduciendo. Y a pesar de que, vista desde una perspectiva objetiva, esta acción no es buena, hay que reconocer que previamente se había roto un pacto tácito por el que se reconoce a la vida interior su derecho a disfrutar de un tiempo para sí misma... En el sueño hay dos partes que tienen que relacionarse entre sí. Con respeto o sin él.

Si esas dos partes consiguen llegar a un acuerdo de manera (más o menos) pacífica, comenzará el grandioso espectáculo del mundo interior: las áreas cerebrales más antiguas acunarán a las más jóvenes para conducirlas lentamente hacia el sueño. Lo que empezó como un rociado con sustancias se convierte en una lluvia torrencial que empapa cada vez más a los nervios. Pronto dejarán prácticamente de enviar señales hacia arriba.

Después de que el joven telencéfalo haya pasado el día entero expuesto a los estímulos del mundo exterior (información constante que llega a través de los ojos, los oídos, la nariz, la piel, los músculos...), ahora se le arropa como si fuera un niño cansado al que, en mitad de un alborotado juego, se recoge del suelo y se lleva en brazos hasta la cama.

En los momentos en los que estamos más despiertos aparecen entre cuarenta y cien ondas de excitación sobre la superficie del cerebro (¡por segundo!), pero al quedarnos dormidos este oleaje se calma. Primero se reduce a doce olas. A continuación baja a once, diez, nueve, ocho... La retransmisión del mundo exterior en directo y en continuo cesa. En lugar de ella, aparecen impulsos rítmicos cada vez más lentos que le indican al telencéfalo que sigue habiendo alguien a su lado, alguien que lo está meciendo amorosamente.

Al principio podemos sentir ese balanceo. No caemos inmediatamente en el sueño, sino que, por lo general, se nos acuna un poco más rápido (a un ritmo más despierto) y después se continúa cada vez más despacio. Si, después de una copiosa comida, nos tumbamos en el sofá, seguiremos captando fragmentos de la conversación cada vez que nuestro cerebro se despierte por un instante. Antaño el ser humano utilizaba esos momentos para volver a comprobar si el entorno en el que iba a dormir era realmente seguro; hoy en día, en cambio, los aprovechamos para levantarnos del sofá y arrastrarnos hasta la cama, donde podremos transitar hacia un sueño más profundo.

Sueño ligero, mediano y profundo

Al cabo de un par de minutos en la mecedora, por lo general ya está todo hecho: se pone en marcha el primer sueño, de tipo ligero. La tensión arterial baja, la respiración se ralentiza, los músculos se liberan poco a poco de su tensión y, de repente, los ojos dejan de seguir el mundo exterior y empiezan a moverse en función de procesos que tienen lugar en nuestro interior. En esta etapa de sopor giran lentamente y, como se ha visto en las derivaciones eléctricas del cerebro, reproducen patrones que también aplican durante el día, cuando dirigimos la mirada a un punto en el horizonte. Es como si viajásemos en un barco que se mueve de arriba abajo, pero mantuviésemos la mirada fija en un objetivo. O bien como si caminásemos por un bosque y contempiásemos lo que hay alrededor de nosotros.

En este sueño ligero, las áreas cerebrales más antiguas mecen al joven telencéfalo con entre cinco y siete ondas por segundo. En esta fase puede medirse la actividad eléctrica de lo que se conoce como «ondas del *vertex*» y se registran los primeros «husos del sueño», que, mediante un movimiento similar al del buzo que mueve las aletas que tiene en los pies, conducen a los nervios hacia ondas cada vez más serenas y profundas. Al cabo de un tiempo, llegarán olas aún más altas: son los «complejos K», que acompañan al cerebro en la fase de sueño más profunda de la noche y que se llaman así porque en los experimentos científicos se provocaban en los voluntarios durmientes cerrando *(knocking)* la puerta de la sala de manera ruidosa. Desde entonces, se piensa que sirven para cubrir las percepciones sensoriales que pueden alterar el sueño y evitar así que nos despertemos antes de tiempo. De ese modo podremos seguir durmiendo... Es algo parecido a susurrar «Sssss» a un bebé para que se quede tranquilo.

Este sueño ligero suele durar dos o tres minutos. Si, en parte gracias a los complejos K, alcanzamos un sueño semiprofundo, de repente los movimientos giratorios de los ojos se detendrán. A partir de ese momento, las áreas cerebrales más antiguas acunarán al joven telencéfalo con cuatro ondas por segundo. Los músculos, la respiración, el latido del corazón y la tensión arterial se aflojarán y se ralentizarán más aún, como si ellos mismos pudieran instalarse también en la serenidad del sueño. En esta fase cada vez reina más calma en la cabeza. Solo de vez en cuando se detecta el zumbido de algún que otro huso del sueño sobre la superficie del cerebro.

Aproximadamente después de media hora de sueño semiprofundo, reaparecen los complejos K, que se van haciendo más y más numerosos. Vuelven a proteger al cerebro a medida que se adentra en esta etapa y nos acompañan desde el área de descanso de estos husos hasta la zona del sueño profundo. A estas alturas, las partes más antiguas del cerebro ya han tomado el control por completo. Acunan al joven telencéfalo con más serenidad y lentitud que en ningún otro momento: no asoman a la superficie ni siquiera tres ondas por segundo (¡a veces incluso aparece tan solo una onda cada dos segundos!). Es como si ahora la realidad se moviese entre diez y doscientas veces más despacio que durante los momentos de intensa vigilia.

El patrón de excitación del telencéfalo despierto puede observarse mediante derivaciones eléctricas (son algo parecido a un electrocardiograma, pero aplicado al cerebro): lo que se ve en ese caso es como la imagen de unas aguas embravecidas por el efecto del viento. Sin embargo, durante el sueño profundo —con sus olas altas pero aisladas— la imagen es más parecida a la de un extenso y apacible océano.

En la fase del sueño profundo, las áreas cerebrales más antiguas pueden dedicarse —¡por fin!— a sus tareas sin que nadie las moleste. Su principal interés es regular nuestra vida interior de una forma plenamente armoniosa, y bajo su dirección los órganos tendrán que limitarse a hacer única y exclusivamente lo que es importante para el cuerpo y nada más que eso.

En este tiempo, la respiración, la frecuencia cardíaca y la tensión arterial se acompasan entre sí con una suavidad y una perfección que no se dan en ningún otro momento. Ninguno se pasa de la raya, no se desperdicia ni una gota de energía. La frecuencia respiratoria se reduce a la mitad con respecto al tiempo de vigilia, la frecuencia cardíaca se mantiene por debajo del número de pulsaciones en reposo y hasta las personas que en condiciones normales presentan hipertensión arterial suelen recuperar en este momento unos valores sanos. El sueño profundo nos muestra algo que también podemos intuir al principio de unas bonitas vacaciones: cuando nos libramos de la influencia del mundo exterior, la vida es como respirar serenamente con el rostro relajado.

Mientras el telencéfalo siga siendo acunado durante el sueño profundo, será «tan solo un montón de células» que laten rítmicamente. Como si hubiese decidido cambiar su puesto como gestor por algo que le haya hecho ilusión durante toda su vida (por ejemplo, tocar en una banda de tambores) o se conformase simplemente con estar ahí y escuchar atentamente el latido del corazón: esta zona del cerebro modifica por completo su actitud. Sus células, que ahora reciben menos riego sanguíneo, se deshinchan y sus espacios intercelulares se dilatan (en torno a un 50 por ciento). En este estado pueden limpiarse mejor mediante el líquido cefalorraquídeo y es posible retirar más fácilmente los desechos metabólicos. Todas las sustancias no deseadas fluyen hacia el sistema de evacuación de las venas, desde ahí hacia el corazón y, finalmente, hacia los órganos profesionales de la desintoxicación y la eliminación, como el hígado o los riñones. El 90 por ciento de los residuos del telencéfalo se evacua precisamente durante el sueño profundo.

Esta «limpieza glinfática» es una pieza de puzle totalmente nueva en el ámbito de la investigación sobre el cerebro. Se descubrió en 2012 y desde entonces ha dado lugar a todo un abanico de novedosas reflexiones. Por ejemplo, en el cerebro de los enfermos de alzhéimer se detecta a menudo la acumulación de ciertas proteínas solubles (las «placas amiloides» y la «proteína tau»), pero los estudios realizados con medicamentos que eliminan este tipo de sustancias solo han demostrado un éxito moderado en la lucha contra esta demencia. Por eso, desde que se conoce la existencia de este tipo de limpieza, se está planteando la hipótesis de que la acumulación de tales proteínas no sea más que el efecto secundario de un lavado deficiente del cerebro. De hecho, un sueño de mala calidad es un importante factor de riesgo para la aparición de la demencia.

También en el campo de la anestesiología se ha producido un notable hallazgo relacionado con el sueño: se ha observado que en los animales el uso de anestésicos que imitan especialmente bien el sueño profundo (es decir, que producen en el cerebro ondas de excitación elevadas pero escasas) incrementan el índice de eliminación de estas proteínas. De hecho, en los últimos tiempos se está empezando a recomendar uno de estos productos (en concreto, la dexmedetomidina) en el caso de las personas de más edad, dado que los narcóticos que contienen esta sustancia inducen menos «confusión y delirio» que otros. Aún no se ha estudiado específicamente si eso se debe a que facilitan una mejor limpieza del cerebro durante la anestesia, pero es posible que así sea.

Si la parte cerebral más antigua ha mecido bien al telencéfalo hasta dejarlo sumido en un sueño profundo y ha activado el modo armonía en los órganos, enviará a la sangre un torrente de hormona del crecimiento, lo cual constituye la señal que indica que ha llegado un momento especial: ¡el zafarrancho de limpieza semanal! En realidad, esta no es la denominación oficial ni extraoficial de lo que va a ocurrir ahora, pero sí que es la que más se ajusta a lo que sucede. Igual que esos sábados en los que, después de una estresante semana, sencillamente nos quedamos en casa, limpiamos mientras escuchamos música, lavamos el coche o cocinamos para los días siguientes, nuestras células hacen todas estas tareas, bien de forma simultánea, bien de forma consecutiva. El sueño profundo es el zafarrancho de limpieza semanal y, tan pronto como esas células reciben el primer torrente de hormona del crecimiento, el proceso puede ponerse en marcha: reparan los daños que se han podido producir durante el día en sus membranas, construyen nuevas herramientas, se cuidan o reponen las existencias almacenadas. En este tiempo, el sistema inmunitario produce nuevas remesas de células inmunitarias, lo que explica por qué nos recuperamos más rápidamente de una enfermedad después del sueño y por qué solemos resfriarnos después de pasarnos toda la noche de juerga. Y eso explica también por qué las picaduras de mosquitos o las erupciones cutáneas nos molestan más de noche: precisamente porque se generan más señales inmunitarias.

En general, en esta fase nuestras células cometen menos errores, según ha podido medirse: durante el sueño profundo producen determinadas «chaperonas», es decir, fibras de proteínas que ayudan a ensamblar nuevas proteínas después de leer el ADN (y también a apresar aquellas proteínas que presentan cambios peligrosos). Se piensa que es por eso por lo que la falta de sueño y el trabajo en turnos de noche incrementan el riesgo de desarrollar cáncer. Si no dormimos lo suficiente, se verán afectadas las chaperonas, y las estructuras celulares defectuosas no se perseguirán con el rigor con que se debería.

Al final de un zafarrancho de limpieza, las células de nuestro cuerpo presentan un aspecto mucho más fresco. El crecimiento y el reposo son *la* combinación óptima para nuestro organismo. La «hipótesis de la distribución de la energía» explica por qué: si el cuerpo encaja los procesos más arduos —sobre todo la multiplicación celular— en horarios más tranquilos, podrá trabajar de una manera más minuciosa. Por ejemplo, las células se librarán de molestias como unas piernas que corren hacia algún lugar o la ingesta de una comida que nos dispara los niveles de glucosa en sangre. De acuerdo con los cálculos del equipo dirigido por el profesor Markus Schmidt, del Instituto de Medicina del Sueño de Ohio, un trabajo realizado con esmero y en calma supone un ahorro de energía del 400 por ciento. En cambio, respirar serenamente o permanecer tumbado y sin moverse apenas aporta una reducción de entre un 8 y un 12 por ciento.

En realidad, después del sueño profundo se podría dar por terminada esta fase. De hecho, las células parecen recuperadas, el corazón, los pulmones y los vasos sanguíneos se han relajado al máximo y el telencéfalo se ha limpiado y refrescado. Sin embargo, si le preguntamos a nuestro cuerpo qué entiende por descanso, nos dará una respuesta que va más allá de «la calma y la armonía». Y esta respuesta empieza cuando las neuronas de REM-*on* se disparan. Es entonces cuando toman el relevo de las áreas cerebrales más antiguas y provocan así un nuevo cambio de gobierno: el poder pasa ahora realmente al cerebro primigenio.

El sueño REM

Al cerebro realmente antiguo no le interesan lo más mínimo las zarandajas. ¿Sobrevivir? Para eso sí que está. Pero ¿mantener una temperatura corporal ajustada perfectamente a 36,5 grados? No es aquí donde hay que pedirlo. Maneja la frecuencia cardíaca y la respiración como el que conduce a trompicones un todoterreno: rápida y arrítmicamente. A veces nos contrae las pupilas (aunque no estemos en un entorno luminoso), incrementa la tensión arterial o impone a nuestros genitales una erección (en la mayoría de los casos, sin que haya fantasías de por medio; simplemente porque sí). Por eso, a primera vista, cuando entra a sustituir a las áreas de ajuste más fino del sueño profundo para que se tomen un descanso, da la impresión de que es un suplente bastante caótico. A segunda vista, sin embargo, este cerebro realmente antiguo aporta un par de estrategias muy interesantes.

Justo al principio de su fase de sueño deja claro a qué podemos renunciar sin problemas: en concreto, al trabajo y a la razón. Deja a los músculos esqueléticos, como, por ejemplo, los de brazos y piernas, completamente postrados (y no solo relajados, como durante el sueño profundo). Además, bloquea de forma específica las áreas del telencéfalo que son responsables de la lógica y la racionalidad. Por primera vez, ciertas zonas ya no se acunan con suavidad, sino que se blindan totalmente con respecto al mundo exterior.

El cerebro realmente antiguo no busca la calma. ¡Todo lo contrario! ¡Durante el sueño REM se mueve a sus anchas! Lo que hace es crear una zona libre de la razón y de las influencias del mundo externo. Sin actos, sin responsabilidad, sin cosas que deban «tener sentido». ¡Nos lleva con él a vivir una aventura!

Corremos por una muralla sin fin, agarrados de la mano de un mono pulcramente afeitado, se nos caen todos los dientes, regresamos a la carrera subidos a unos tacones de aguja y por el camino saludamos a un ramo de flores que, en lugar de flores, en realidad está compuesto por caras. En la fase de los sueños, las áreas cerebrales pueden comunicarse entre sí sin que la razón o las experiencias sensoriales recién llegadas intervengan. Esta etapa parece especialmente maravillosa para las áreas de las emociones y los recuerdos y también para las regiones de las asociaciones, que se disparan a lo loco y sin freno (de una manera mucho más intensa que durante la vigilia) y permiten que nazcan nuevas conexiones de todo tipo entre sus nervios.

Para la ciencia, el acto de soñar constituye una provocación. Desde siempre, los investigadores han intentado examinarlo todo aplicando un enfoque lógico. Pero aquí se han tropezado con algo cuyo objetivo es precisamente el contrario. ¡Y encima en el centro del cerebro! Prácticamente no hay ámbito de la medicina sobre el que se hayan formulado *tantas* teorías *tan contradictorias* entre sí. Para ciertos científicos, los sueños no son más que un «sinsentido aleatorio» que el cerebro limpiará espontáneamente; un espectáculo de fuegos artificiales neuronales del absurdo. Otros, sin embargo, ven en ellos un modo de ejercitación mediante el que el cerebro juega con los componentes de la realidad (en dimensiones que no necesariamente realizan conexiones que tengan sentido) para prepararse de cara al futuro. Actualmente, los datos científicos más sólidos parecen sostener la tesis de que los sueños nos ayudan a gestionar las emociones y a resolver problemas. Pero los acérrimos enemigos de esta teoría se pelean por los detalles. Sorprendentemente, durante décadas la investigación apenas ha podido aportar claridad sobre este asunto.

Sin embargo, ahora sabemos que, aunque el telencéfalo esté blindado frente a los estímulos externos, durante la fase de sueño REM se mantiene extremadamente activo. Algunas zonas del cerebro muestran patrones de excitación equiparables a los que tendrían si estuviesen registrando una presión en las plantas de los pies y gestionando un movimiento pendular de los brazos, como si un sinfín de paisajes desfilasen a toda prisa ante nosotros. En esta fase, nuestra corteza cerebral se convierte en un lienzo vacío, en una pantalla sobre la que se proyecta una película que viene del interior.

Durante las demás fases también tenemos sueños, pero son más parecidos a nuestros pensamientos o se limitan a meras sensaciones (como, por ejemplo, la impresión de que nos estamos cayendo cuando, al quedarnos dormidos, aflojamos la tensión muscular).

La duración de las fases REM aumenta a medida que pasa la noche. Recorremos las diferentes etapas del sueño cinco veces (siempre en el orden de sueño ligero, sueño más profundo y, finalmente, REM) hasta que nos despertamos. Cuando a los voluntarios de los experimentos se los obliga a despertar en diferentes momentos de la noche, se observa en ellos un interesante fenómeno: algunos temas se repiten una y otra vez y se van haciendo más y más abstractos a lo largo de la madrugada. Por ejemplo, una persona que durante el día ha practicado esquí empieza soñando con esta actividad de una forma realista. Más adelante registra otro sueño en el que sigue montada en sus esquís, pero alguien la arrastra a través de un espacio blanco. En el siguiente despertar, el voluntario asegura que estaba en una cadena de montaje dentro de una luminosa sala de una fábrica. Los científicos creen que este incremento del grado de abstracción nos ayuda a abordar nuestros problemas de una manera más creativa. Es posible incluso que en ese momento pidamos información sensorial a otras áreas del cerebro cuando tengamos que calcular la mecánica de las curvas o el impacto del viento.

Hay un detalle especialmente delicioso de los sueños que un equipo de científicos franceses describió por primera vez en los años sesenta: en una fase REM ordinaria, el cerebro no puede producir nada de noradrenalina, un neurotransmisor que suele aumentar en momentos de miedo y estrés. Hoy se piensa que es eso precisamente lo que nos ayuda a procesar las experiencias desagradables o traumáticas: volvemos a vivir las reprimendas de nuestro profesor, pero sin experimentar las sensaciones negativas asociadas a ellas. ¿Tal vez incluiremos en la relajada atmósfera a un compañero de pupitre que aparece tocando la guitarra al fondo? ¿O quizá nos beberemos una copa de vino durante la bronca? Esos matices harán que a la mañana siguiente el recuerdo no sea tan malo.

En cambio, cuando soñamos algo que nos da miedo —por ejemplo, durante una pesadilla—, se debe probablemente a que nos hemos despertado durante un corto periodo de tiempo (tal vez apenas unos segundos) del sueño REM, lo cual permite que surjan las emociones desagradables que corresponderían a la escena. De acuerdo con los investigadores de este ámbito, un «sueño REM fragmentado» puede empeorar nuestro estado de ánimo. Y cuando nos despertamos con demasiada frecuencia en medio de un sueño complejo, aquello que debería haber servido para completar una tarea se convierte simplemente en la repetición de una vivencia.

¿La sensación al día siguiente? Más o menos la misma que habríamos tenido al revivir una y otra vez situaciones estresantes. Una aventura que no nos inspiraba miedo se ha convertido en un desagradable accidente que se repite en bucle. El sueño REM fragmentado podría explicar por qué algunas personas experimentan fluctuaciones del estado de ánimo a lo largo del día (por ejemplo, en el caso de aquellas a las que les cuesta mucho más levantarse por las mañanas) e incluso podría estar detrás de ciertas depresiones.

La cantidad de sueño REM que experimentamos es descomunal. Contra lo que, según las previsiones algorítmicas, cabría esperar en un simio de nuestro tamaño, la fase REM ocupa en total el 22 por ciento de todo nuestro sueño (es decir, abarca en torno a una hora y media por noche). En cambio, el porcentaje en el caso de los gorilas es de entre un 3 y un 5 por ciento, y en el de los chimpancés, de entre un 5 y un 10 por ciento, a lo sumo. No pocos científicos consideran que esta cuantiosa proporción de la fase REM es el motivo de nuestro extraordinario desarrollo y lo argumentan basándose en las capacidades que, según se ha demostrado, se fomentan cuando se consigue un sueño REM de calidad: resolución de problemas, procesamiento de emociones y memoria. Conectar ideas absurdas nos permite ser más creativos a la hora de encontrar soluciones. Procesar las emociones nos ayuda a comprender. Almacenar, en un entorno seguro, informaciones cargadas de sentimientos ha incrementado sustancialmente, según se cree, nuestro conocimiento colectivo.

La ciencia actual sostiene que la fase REM y los sueños nos aportan todo esto. Y también algunas anécdotas particulares refuerzan esta tesis. Por ejemplo, en el año 1891 el químico August Kekulé soñó con unas serpientes que danzaban en círculo, agarradas las unas a las otras de sus colas. Al despertar, comprendió la estructura cíclica de los anillos de benceno, uno de los descubrimientos más importantes de la química en el siglo XIX. También a Albert Einstein, Rosalind Franklin, Franz Kafka o Paul McCartney se les ocurrieron algunas de sus mejores ideas durante el sueño. Así pues, es posible que la genialidad no solo dependa de una mayor capacidad de comprensión, sino también de *una mezcla adecuada* de pensamiento rectilíneo y un par de volteretas soñadoras.

Despertar

Para despertarnos, es necesario romper el equilibrio químico de la cabeza. Las vías nerviosas, que pueden descansar durante la noche, recuperan de repente el nivel de energía que necesitan para trabajar. Al mismo tiempo, ahora se estanca el riego de sustancias con el que se ha arrullado al telencéfalo para dejarlo dormido. A ello contribuye de una manera determinante el SARA o sistema de activación reticular ascendente, una red de nervios con varios núcleos neuronales que, a través de una serie de impulsos, incrementa el número de ondas de excitación que llegan al telencéfalo.

Estar despierto es un esfuerzo: requiere más energía que estar dormido, genera mayor desgaste y, aunque todo depende también de la experiencia vital de la persona, la principal responsable de la vigilia es un área cerebral (el telencéfalo) que puede estar todavía muy verde... En comparación con otras zonas del cerebro, ¡comete multitud de errores! Unas veces deja el cuerpo al sol durante demasiado tiempo y acaba provocándole quemaduras; otras veces —todo un clásico— falla en un examen y otras tropieza de la forma más tonta. A las áreas cerebrales más antiguas (a las que son antiguas de verdad) eso no les pasa desapercibido. Al fin y al cabo, son ellas las que tienen que arrear al corazón y al sistema respiratorio para que aceleren cuando el telencéfalo decide correr a toda prisa detrás de un autobús (aun a sabiendas de que dentro de diez minutos llega el siguiente). Y son ellas también las que procesan las experiencias desagradables durante la fase REM y las que ayudan a reparar las quemaduras de la piel durante el sueño profundo.

A pesar de todos los contratiempos, los errores y las molestias de la vida despierta, el joven telencéfalo sigue despertándose una y otra vez y poniéndose a nuestro servicio en ese tiempo. Solo eso merece un reconocimiento de su principal capacidad: nadie como él sabe lidiar tan bien con el complejo mundo exterior. ¡Teje una red infinita de datos a partir de una única experiencia! Siempre consigue aprender algo nuevo o llevar a cabo una deliciosa acción que proporciona alegría a todo el cuerpo. Y así, mañana tras mañana, las áreas cerebrales más antiguas dejan de enviar su reguero de sustancias, permiten que los estímulos del mundo penetren y volvemos a sentir la almohada bajo la mejilla.

Dormir mal

Es posible que por las mañanas nos levantemos alegremente dando un brinco. Pero también es posible que ese no sea nuestro caso. Que durmamos bien o mal se decide del mismo modo en que se decide el destino de unas vacaciones en familia: a partir de la pregunta «¿Estamos todos más o menos de acuerdo?».

Si el joven telencéfalo nos despierta con una alarma de despertador demasiado temprana, interferirá en el trabajo que realizan las demás áreas durante el sueño. Si, por el contrario, las áreas cerebrales más antiguas no han arrullado correctamente al telencéfalo, este se despertará antes de la cuenta y, todavía sin haber tenido tiempo de adecentarse del todo, empezará a cavilar. Tampoco es lo ideal. Pero aún más desagradable es que las áreas cerebrales responsables de la fase REM pierdan el control: si el joven telencéfalo confunde los sueños especialmente grotescos con la realidad, se asustará y nos hará despertarnos empapados en sudor.

De media, necesitamos dormir entre siete y ocho horas diarias. No es que dormir menos sea necesariamente malo, dado que cada noche solo pasamos hora y media en la fase REM y que, además, apenas precisamos algo más de una hora de sueño profundo. El resto del tiempo tenemos un sueño más ligero y, de manera natural, nos despertamos durante unos instantes, aunque, si volvemos a dormirnos inmediatamente, después no nos acordaremos de esos despertares. Así pues, si después de seis horas te sientes suficientemente descansado y equilibrado, es posible que hayas acumulado realmente el sueño que necesitas, sobre todo si la jornada siguiente no va a ser especialmente movida: en ese caso, tendremos bastante con un descanso más corto. Por tanto, la duración no es un criterio inmutable para determinar si hemos dormido «bien» o «mal»: lo que cuenta en realidad es cómo nos encontramos.

Y para analizar nuestra sensación a la mañana siguiente será importante saber en qué mitad de la noche dormimos mal, si es el caso. En la primera mitad, nuestro cerebro pasa por fases de sueño profundo más largas. Como consecuencia, nos despertaremos *físicamente* descansados y suficientemente en forma. No en vano el sueño profundo está ahí para favorecer el descanso del cuerpo.

Si esa primera mitad de la noche termina demasiado pronto o se interrumpe constantemente (por ejemplo, por los ronquidos o los efectos secundarios del alcohol), nuestro cuerpo descansará peor y, aunque remoloneemos en la cama por la mañana, nos sentiremos exhaustos, hechos polvo.

En la segunda mitad de la noche, en cambio, las fases REM son más largas. Acotar este tramo puede mermar («solo eso») la estabilidad emocional y la memoria. Cuando hay carencia de sueño REM también es posible que aumente nuestra sensibilidad al dolor y que suframos alteraciones hormonales. Sin embargo, la ciencia no sabe mucho más sobre este tema, a pesar de que las personas que se levantan a duras penas por las mañanas a menudo presentan este tipo de carencias de sueño.

Si, a medida que se cumplen años, empeora la calidad del sueño, es habitual que aumente la angustia y la impaciencia. En cambio, otras funciones cerebrales no parecen verse perjudicadas. No obstante, cada área cerebral reacciona de una manera diferente ante la falta de sueño. Aquellas que son responsables de desencadenar el miedo aguantan más el insomnio y, a pesar del cansancio, siguen siendo capaces de continuar azuzando nuestros temores. En este sentido, se parecen a los carteles que señalan dónde están las salidas de emergencia: incluso cuando hay un apagón se mantienen iluminadas con vivos colores.

En cambio, la parte más joven del telencéfalo, que es el córtex prefrontal (situado justo detrás de la frente), muestra una hipersensibilidad extrema ante cualquier tipo de falta de sueño. Es el hermanito pequeño y consentido y, en condiciones normales, se le deja descansar mucho: durante el sueño profundo reina en él una calma total y en la fase REM incluso se le bloquea por completo (mientras otras áreas del telencéfalo ejecutan toda una serie de espectáculos de variedades...). Por eso la falta de sueño —se produzca en la mitad de la noche en la que se produzca— le afecta especialmente. Y, además, lo sentimos: el córtex prefrontal no solo se ocupa de actividades relacionadas con la lógica y la razón, sino que también modera los miedos y la ira exagerados y refuerza la motivación. Si descansamos solo a medias, esta área funcionará solo a medias, por decirlo a grandes rasgos. ¿La consecuencia? Nos despertaremos angustiados, gruñones o desmotivados.

Que nuestro cerebro no consiga dormir bien de forma puntual tampoco es algo muy grave. Al fin y al cabo, tampoco las rodillas nos responden siempre a la perfección cuando saltamos, ni las cuerdas vocales dan en todo momento con el tono adecuado. A veces podremos descansar echando una cabezadita o durmiendo mejor la siguiente noche. De hecho, alrededor del 70 por ciento de los alemanes refieren problemas a la hora de conciliar o mantener el sueño al menos una vez al año. Sin embargo, si dormimos mal de manera habitual (como le pasa al 30 por ciento de la población de mi país) y también al día siguiente (lo que ocurre en el 20 por ciento de los casos) y rara vez nos sentimos descansados (así lo afirma el 6 por ciento), tendremos que tomar medidas.

Consejos para dormir mejor

Muchas personas consideran el sueño más o menos como una «recarga de pilas» que les permite funcionar. Para ellas, *dormir mejor* es simplemente una manera de autooptimizarse o de reparar el sueño «averiado». Pero si nos cuestionamos esta perspectiva descubriremos algo valioso: dormir también puede contemplarse como una especie de proceso corporal de pensamiento. El sueño orgánico, la conexión de diferentes impresiones sensoriales para favorecer ideas originales, la cooperación de áreas cerebrales más antiguas con otras más nuevas... Todos estos son conceptos que se oponen al pensamiento lineal, ese que hoy en día podemos sustituir en tantas ocasiones por la inteligencia artificial.

Así pues, los consejos para *dormir mejor* ayudan a cuidar nuestra esencia humana. Existen multitud de recomendaciones al respecto, pero en realidad pueden resumirse en dos: 1) procurar una calma segura, y 2) reforzar las señales del sueño. La mayoría de las recomendaciones en este terreno derivan de alguno de estos dos principios. A veces es útil combinar ambos. Otras veces es mejor concentrarse específicamente en aquello que nos falta o en lo que nos resulta más difícil. Entender las bases, en cualquier caso, nos ayudará a orientarnos en medio de la avalancha de consejos.

1. Una calma segura

Si el joven telencéfalo está muy estresado, no resultará tan sencillo conseguir que se duerma. Con el estrés también se resentirá la profundidad del sueño: al fin y al cabo, en caso de peligro las áreas cerebrales más antiguas tienen que estar preparadas para despertarnos rápidamente. Por eso penetran en nosotros más estímulos (incluso estímulos más débiles). A la hora de fomentar los despertares, el telencéfalo siempre prefiere pecar por exceso que por defecto. Ahora bien, en los entornos en los que reina la calma apenas hay estímulos que deban notificarse. El principio básico en este caso es claro y simple: la tranquilidad y la seguridad allanan el camino del sueño profundo.

En nuestro estilo de vida actual no es tan fácil sentir «seguridad». Con los informativos nos llegan noticias acerca de todo tipo de amenazas. Vivimos tiempos estresantes. Las áreas cerebrales más antiguas ya no saben diferenciar si por la noche también nos estamos enfrentando a algún peligro. Además, ¡ese no es su trabajo! El responsable de esta tarea es el telencéfalo, que debe evaluar si, al menos durante el tiempo del sueño, nos encontramos realmente en un entorno seguro o no. Por eso son útiles los consejos que nos animan a practicar ejercicios de relajación (a lo largo de todo el día, para interrumpir el ajetreo en el que estamos inmersos permanentemente) o de visualización, a poner en práctica rituales agradables (la rutina nos ahorra tener que estar pensando en exceso) o a cambiar nuestra manera de lidiar con las preocupaciones y rumiaciones nocturnas. Todos estos gestos le indican al cerebro antiguo que estamos en un lugar lo suficientemente seguro como para permitirnos dejarnos llevar durante unas horitas.

A veces el joven telencéfalo tiene pequeños problemas de control: durante la noche, tan pronto como pestañeamos y nos despertamos ligeramente, decide llevar la voz cantante. Cuando se nos recomienda que evitemos consultar la hora o permanecer despiertos largo tiempo en la cama es porque no conviene enviar falsas señales al telencéfalo, que, en cuanto encuentre el más mínimo rastro de una reflexión, dará por sentado que necesitamos seguir reflexionando, incluso aunque aún nos encontremos en el estable territorio de las áreas cerebrales más antiguas. En ocasiones basta con echar un rápido vistazo a nuestro alrededor para constatar que todavía es de noche y, a continuación (¡zas!), jugar la baza de «Eso no es de mi competencia» y pasarle de nuevo la pelota a las áreas cerebrales más antiguas. Se puede hacer de formas muy diversas: a algunas personas les ayuda dejarse llevar por un aburrido pódcast, otras mecen su telencéfalo con ruidos relajantes y otras prefieren contar mentalmente hacia atrás mientras respiran despacio. Si estos trucos no te ayudan a volver a dormirte, debes saber que en el ámbito de la terapia cognitivo-conductual existen otras técnicas que se pueden aprender.

Los consejos para la «calma» pueden parecer, de entrada, un poco tontos: dormir en un lugar silencioso y oscuro, ni muy cálido ni muy frío, y utilizar tapones para los oídos o antifaces en caso de que nos molesten incluso los estímulos más sutiles. Lo que, sin embargo, se pasa a menudo por alto es que no solo existen los estímulos que vienen de fuera: hay otros que llegan *de dentro*. Un metabolismo agitado (por haber practicado deporte o por haber ingerido cafeína demasiado tarde), un corazón acelerado por un animado programa televisivo nocturno o unos órganos digestivos que tienen que hacer horas extras hasta bien entrada la madrugada por culpa de una cena tardía... Todo eso también se notifica al cerebro. Quien duerme intranquilo y está seguro de que no es porque los vecinos hayan celebrado una fiesta tecno por la noche debería comprobar si no se estará organizando él mismo una fiesta en su interior...

De acuerdo con la Sociedad Alemana de Investigación y

Medicina del Sueño (DGSM, por sus siglas en alemán), el descanso puede verse afectado no solo por una serie de enfermedades crónicas, sino también por determinados medicamentos (diuréticos, betabloqueantes, tratamientos para problemas tiroideos, cortisona...). En caso de que existan problemas de salud, conviene analizar si es posible abordar y tratar de un mejor modo las enfermedades de base (por ejemplo, el síndrome de piernas inquietas puede deberse a una carencia de hierro). Si el insomnio se debe al uso de ciertos medicamentos, en la mayoría de los casos es útil adaptar las dosis y la frecuencia de administración (o cambiar el fármaco, como en el caso del metoprolol, que puede causar pesadillas).

Los ronquidos que provocan paradas respiratorias suponen una interrupción drástica del sueño: el cuerpo nos despierta por temor a una asfixia. Desde hace algún tiempo, este problema no solo se trata con mascarillas específicas para la apnea, sino que, en el caso de los cuadros leves, también puede mejorarse mediante el uso de férulas dentales, que siempre deben ser recetadas por ortodoncistas especializados en problemas de mandíbula. En el caso de los niños que roncan, es especialmente recomendable que acudan al otorrinolaringólogo, porque a la larga pueden desarrollar problemas de concentración y agitación que a menudo se confunden con TDAH o que, en los pacientes que ya padecen este trastorno, agravan sus síntomas.

En cuanto a la cafeína, todavía no está claro si altera el sueño. Hay personas que sostienen que pueden tomar una taza de café por la noche sin que les afecte. Lo cierto es que en los estudios se ha comprobado que la cafeína no les impedirá quedarse dormidos (sobre todo si han tenido un día ajetreado), pero sí les alterará la calidad del sueño. Lo que hace la cafeína es acoplarse a los receptores de las moléculas de energía ya consumidas. Como no encaja bien con ellos, los bloquea, pero sin *activarlos*. Eso les hace creer que aún nos queda algo por hacer (y refuerza en otros puntos los neurotransmisores de la motivación). Por eso, si tomamos un café demasiado tarde, el sueño profundo se verá alterado, desgraciadamente.

Esto mismo ocurre con otras sustancias estimulantes, como el alcohol o el cannabis. Al principio nos ayudan a conciliar el sueño, pero más tarde reducen su calidad. Si al día siguiente todo te irrita o te estresa, probablemente volverás a necesitar tomarte algo por la noche para, supuestamente, tranquilizarte (o bien recurrir a la cafeína durante el día para mantenerte despierto). Por eso, cuando el sueño es inquieto, cabe aconsejar lo mismo que en el caso de las personas que toman café de noche: conviene suspender el consumo durante un par de días y comprobar si nos sentimos más descansados. Algunos estudios establecen que la hora límite para la última toma del día estaría entre las doce del mediodía y las cuatro de la tarde.

2. Reforzar las señales del sueño

Un semáforo que se iluminara al mismo tiempo en verde y en rojo serviría de bien poco. Lo mismo que un micólogo que, al clasificar una magnífica seta que acaba de recoger, concluyese: «Tal vez no sea venenosa». A nadie le gustan las señales equívocas. Tampoco a nuestros centros del sueño.

Para hacernos sentir «cansados» necesitan recibir impulsos de la mayor cantidad de frentes posibles:

Si las células situadas detrás del nervio óptico detectan luz clara con una proporción de tonos turquesa, azul o ultravioleta (es decir, con una longitud de onda inferior a 500 nanómetros), detendrán la producción de melatonina, que nos genera sensación de fatiga, y activarán los impulsos nerviosos que nos mantienen despiertos. En cambio, la oscuridad y los tonos de luz que van del naranja amarillento al rojo (más de 500 nanómetros) ponen en marcha la fabricación de melatonina. Por eso se aconsejan gestos como, por ejemplo, exponerse a la luz solar durante un par de minutos justo después de levantarnos, contemplar la luz rojiza del amanecer o evitar durante la noche la luz azul (de lámparas, teléfonos móviles, televisores, etcétera). También se ha popularizado el consumo de melatonina en forma de comprimidos. Se ha demostrado que es útil en el caso de las personas invidentes que no pueden percibir la luz, pero en el resto de las circunstancias los datos sobre su eficacia son menos fiables. De hecho, la melatonina se desintegra rápidamente, así que, *como mucho*, puede ayudarnos en el momento en que conciliamos el sueño, pero a menudo su efecto no se mantiene a largo plazo.

Sobre lo que sí hay datos sólidos es sobre la privación del sueño. Si nos despertamos antes que de costumbre o nos saltamos nuestra habitual siesta, es posible que se acumulen los restos de moléculas de energía consumidas y los desechos metabólicos, que provocarán que sintamos aún más fatiga. Generan lo que se conoce como la «presión de sueño», es decir, la somnolencia que hace que después de un día intenso o de un esfuerzo físico nos quedemos dormidos rápidamente. Quien acorta su tiempo de sueño en lugar de remolonear en la cama por las mañanas refuerza ese «grupo de presión».

La última fracción: los relojes de nuestras células. A ellos se dirigen los consejos del tipo «mantener horarios fijos para el sueño», «seguir un ritmo diario organizado», «realizar actividades de día» y «descansar a última hora de la tarde»... Porque esos relojes se guían por la luz, el calor y las hormonas (que, por ejemplo, se secretan después de comer o mientras practicamos deporte). Un ritmo fijo y unos horarios de sueño regulares les ayudan a mantenerse a su hora. En cambio, las señales contrarias (como los turnos de trabajo nocturnos) reducen su efecto.

La DGSM también dedica en sus directrices para la mejora del «sueño no reparador» un apartado a las terapias alternativas: ejercicios de atención plena, acupuntura, aromaterapia, actividad física, hipnoterapia, masajes, meditación, musicoterapia, aceites, reflexología, yoga, taichí o chi kung. También menciona las plantas medicinales (valeriana, melisa, pasiflora o lúpulo). Sin embargo, las conclusiones actuales de los estudios realizados no permiten dar recomendaciones claras sobre estos remedios. En la mayoría de los casos, esto se debe a que no hay ningún financiador para este tipo de investigaciones (o, en todo caso, no existe ningún *lobby* de masajistas). Por eso también aquí hay que aplicar aquello de que la experiencia es la madre de la ciencia: conviene probar para ver si funciona. Al menos, quien desee hacerlo.

Somníferos

El último elemento de cualquier lista de recomendaciones para favorecer el sueño son los somníferos. Contienen sustancias inhibidoras que imitan el efecto del riego de sustancias que recibe en telencéfalo. Sin embargo, si nuestro hígado no las elimina con la suficiente rapidez, al día siguiente seguiremos aturdidos. Es cierto que las nuevas generaciones de somníferos (como el zolpidem) provocan menos efectos secundarios, pero, según las directrices de la DGSM, solo deberían administrarse cuando la terapia cognitivo-conductual no baste para resolver el problema. De acuerdo con las investigaciones realizadas hasta ahora, las dos herramientas funcionan igual de bien..., pero los somníferos dejan de hacer efecto tan pronto como dejamos de tomarlos.

El principal problema de los somníferos clásicos es que nos arrebatan el sueño REM. Algunos incluso ni siquiera permiten el sueño profundo: lo único que hacen es «aturdirnos» tanto que ni siquiera nos acordamos de que durante la noche nos hemos despertado.

De todas formas, puede suceder que al tomarlos notemos una mejora significativa y no suframos efectos secundarios. Aun así, deberíamos hacernos tres preguntas. Primera: ¿hemos descartado que el origen de nuestro insomnio sea alguna causa física (como, por ejemplo, el síndrome de piernas inquietas provocado por una carencia de hierro)? Segunda: ¿hemos empezado por la dosis más baja? Y tercera: ¿se ha previsto una limitación temporal (por ejemplo, de entrada, no tomar somníferos durante más de dos semanas seguidas)?

Las personas que quieran dejar de tomar somníferos deberán deshabituarse poco a poco, porque una interrupción drástica provocará que el cerebro se sienta angustiado e intranquilo. Y quienes ya no puedan prescindir de estos remedios deben saber que hoy en día existen más oportunidades de dejarlos, porque se han inventado sustancias sustitutivas que ayudan a superar esta dependencia, además de psicoterapias especializadas en la adicción a los somníferos (un problema que ya es frecuente).

Para quienes quieran probar algo distinto, ahora se ha abierto un abanico de nuevas posibilidades: en 2022 se autorizó en Europa una sustancia (daridorexant) que actúa de una forma más precisa en el caso de las personas que padecen insomnio recurrente.

Muchas mujeres empiezan a padecer problemas de sueño e intranquilidad justo cuando llegan a la menopausia. El motivo suele ser un descenso en los niveles de una hormona, en concreto la progesterona. Sin embargo, antes de recurrir a los somníferos, es recomendable que prueben durante un tiempo a tomar preparados hormonales naturales (bioidénticos). Estos tratamientos, que no tienen nada que ver con la terapia hormonal sustitutiva con la que nos martilleaban antaño, a menudo dan resultado incluso con dosis muy bajas.

Quien prefiera los productos vegetales puede empezar con la valeriana. Hay datos bastante sólidos sobre su eficacia en dosis superiores a 500 miligramos. También la melisa, la pasiflora y el lúpulo se incluyen a menudo en preparaciones destinadas a mejorar la calidad del sueño. Por lo general, los estudios sobre los ingredientes vegetales no son tan amplios como los que se centran en los medicamentos, pero, aunque estas alternativas parezcan menos eficaces, en realidad la diferencia tampoco es tan grande. De hecho, solo el 37,5 por ciento del efecto de los somníferos se debe realmente al principio activo empleado. El resto se explica más bien por las expectativas, las ideas preconcebidas y las esperanzas que deposita en estos productos nuestro telencéfalo... y también, en cierta medida, por los gestos que acompañan a la administración del producto: con ellos indicamos al cerebro que estamos preparados para tomarnos algo que va a proporcionar a nuestra vida interior el descanso que necesita. Al fin y al cabo, el sueño es un traspaso de poderes pacífico e incluso tal vez también agradecido.

Conocimiento y emoción

Hace unos cien mil años cambió abruptamente la capacidad de pensamiento del ser humano. Aparecieron nuevas competencias cognitivas: la lógica, la abstracción, diversas formas de previsión... En un periodo relativamente breve, conseguimos ver las estrellas con mayor detalle, construimos pirámides, nos sentamos en locomotoras de vapor ataviados con elegantes sombreritos y nos preguntamos qué es lo que nos hace más inteligentes que el resto de los animales.

Una de las primeras respuestas que se propuso dice así: «Nuestro cerebro es más grande». Sin embargo, cuando se pudo realizar la primera autopsia a un elefante o a una ballena —o puede que incluso antes—, a esa frase hubo que añadirle un humillante complemento: «En comparación con el resto del cuerpo». Otro argumento popular era el de la cantidad de neuronas. Se decía que, sencillamente, teníamos más que el resto de los seres vivos..., si no ya en el cerebro en general (porque aquí la cantidad, como se comprobó, estaba más bien en la media), sí al menos en la corteza cerebral, el área del pensamiento elevado.

A principios de este siglo, a más tardar, era ya de sobra sabido que ninguna de estas viejas leyendas tiene fundamento: el tamaño de nuestro cerebro es el que cabría esperar teniendo en cuenta las dimensiones de nuestro cuerpo y el número de neuronas (incluidas las de la noble corteza cerebral) se encuentra en la media de los mamíferos. No fue hasta el año 2020 cuando, gracias a unos sofisticados medios técnicos, los científicos encontraron nuevas explicaciones. En realidad, lo que hace tan especial al cerebro humano es la manera en la que sus células se relacionan entre sí.

Las células del cerebro son particularmente comunicativas. Cada una de ellas se relaciona con otras diez mil a través de una serie de fibrosos mensajeros. Lo que es «inusualmente grande» en estas células son las áreas que, dentro de ellas, hacen posible un buen diálogo: las denominadas «dendritas apicales» (unas formaciones parecidas a antenas), encargadas de la recepción de señales ajenas. Y lo que es «inusualmente denso» son las presinapsis y las postsinapsis, con las que coordinan su receptibilidad y sus efectos. A todo ello se añade una enorme diversidad: algunos de los nervios reaccionan preferentemente a los estímulos fuertes, otros, a los suaves y delicados, y otros están especializados en las señales de las células inmunitarias. Esta variedad, organizada en una conexión estrecha y eficiente, marca la diferencia.

Las neuronas permanecen muy unidas para acometer una tarea gigantesca: solo de los ojos reciben cada segundo en torno a seis millones de píxeles de colores; de los oídos les llega un rumor permanente y, por si todo esto fuera poco, las células sensoriales distribuidas por todo el cuerpo les notifican constantemente novedades de la piel, de los órganos o del sentido del equilibrio. Generar a partir de todo ello «*una* percepción» constituye una obra maestra en sí misma. ¡Y condensar a continuación las diferentes percepciones entre sí roza ya la locura! Precisamente nos podemos permitir esta locura: ¡el conocimiento y la emoción son resúmenes de la realidad!

El primer paso se da en el ámbito de los sentidos: al contemplar un objeto, un gran grupo de células nerviosas empieza por reconocer puntos de color, esquinas y cantos. Otro grupo más pequeño genera a partir de esos datos una forma y otro más reducido aún dice ante esa visión: «Lancha».

Si has jugado alguna vez a hacer mímica o al Tabú, entenderás por qué las neuronas que están especialmente bien conectadas gozan aquí de una ventaja: cuando un equipo está formado por hermanos o por buenos amigos, basta con que un miembro grite «¡La raza de perros favorita de Javier!» para que los demás respondan «¡Teckel de pelo duro!». El resto de los jugadores habrían necesitado como mínimo las siguientes palabras: «Una raza de perros que tiene patas cortas, cuerpo alargado y pelo encrespado» (y aun así el éxito no sería seguro). La neurociencia se refiere a la capacidad de nuestras células nerviosas para condensar de una manera concisa muchos datos diferentes como la «eficiencia de codificación», que en el caso de los seres humanos es treinta veces mayor que en el de los simios más cercanos.

Cuando oímos la palabra «lancha», podemos pensar en un objeto que flota en el agua, que puede presentar diferentes formas, que puede disponer o no de un motor, ser pequeño o grande, estar hecho de madera o de otros materiales... Y hasta podemos acordarnos de en qué periodo se inventó este medio de navegación. Las células nerviosas de un mono necesitarían, por decirlo así, treinta conceptos diferentes para llegar a este pensamiento.

Cuantas más conexiones nerviosas existen para un concepto, más «sabemos» sobre él. Aunque los recuerdos nos resulten abstractos, su base es concreta: se encuentra en las conexiones que establecen nuestros nervios entre sí. Las células nerviosas modifican sus puntos de contacto (las sinapsis) cuando perciben algo al mismo tiempo. Si aquellas que reconocen una cara se activan al mismo tiempo ante un mismo rostro y, además, oyen la palabra «mamá», dispondrán de más señales para las conexiones entre ellas. Además, se harán más sensibles las unas hacia las otras (construirán más receptores) e incluso modelarán su esqueleto celular en recuerdos importantes para aumentar su conductividad. Así pues, la próxima vez que veamos la cara, la corriente eléctrica se deslizará con más facilidad hacia la palabra «mamá». Así es como aprendemos a recordar. *Grosso modo.*

A partir de sus conexiones mutuas, nuestras neuronas construyen redes. Dependiendo de a qué célula se envíe un estímulo y de hacia dónde se transmita después ese estímulo, irán apareciendo patrones. Si vemos una lancha, las señales tomarán un camino diferente al que toman cuando vemos a nuestra madre. Nuestros 83.000 millones de neuronas y todas las diversas formas que tienen de conectarse entre sí dan como resultado una imponente cantidad de posibilidades.

La realidad es compleja. Si las células nerviosas consiguen representarla con la mayor precisión posible a través de sus redes y —si es necesario— también la resumen en el lugar correcto, surge la «sabiduría».

En los estudios que analizan la sabiduría se narra a veces a los participantes la historia de una disputa familiar y a continuación se les formulan preguntas del tipo: «¿Qué crees que pasará ahora?». Sus respuestas se evalúan teniendo en cuenta si han incluido la mayor cantidad posible de facetas de la realidad y si han evitado encajar el contenido en esquemas estrechos y preconcebidos. Una conclusión del tipo: «¡Bueno, la culpa es de la hermana! ¡Debería darle vergüenza!» recibe menos «puntos de sabiduría» que una valoración como: «Cada persona gestiona de una manera diferente la muerte de sus padres. Puede que haya habido una discusión, una pelea, una concesión pragmática o una solución sorprendente...».

Por «sabiduría» se entiende aquí la actitud de aquellas personas que son conscientes de los límites de su conocimiento, pueden integrar diferentes perspectivas y son capaces de dar un paso atrás para verlo todo con más claridad. Desde el punto de vista neurológico, la sabiduría es una arquitectura de redes bien estructurada que no se queda solo en el «saber», sino que también incorpora los ámbitos de las emociones y la moral. Nos ayuda a clasificar el nuevo saber en vías con sentido, lo que nos permite entender la realidad en toda su amplitud, pero también en sus detalles.

De acuerdo con esta idea, la inteligencia sería la capacidad de combinar diferentes informaciones de manera que alcancemos un objetivo. Allí donde antes solo había baldosas sueltas, ahora el cerebro, uniéndolas, construye un camino. Expresiones como «darle una vueltecita» a una idea o «atar cabos» se acercan en cierto modo a este planteamiento: se trata de encontrar conexiones con sentido para seguir avanzando en el pensamiento.

En la neurociencia y en la informática la inteligencia también se define como la cantidad de cálculos parciales que se aplican para llegar a un resultado. Por ejemplo, en la sucesión «3 x 5 + 7 - 8 = 14» tendríamos tres cálculos parciales. Para determinar el riesgo en el contexto de una póliza de seguro de responsabilidad civil se necesitan entre treinta y cien operaciones de este tipo.

En los últimos tiempos a la sabiduría le ha ido bien. Es lo más grande de nuestra época. De hecho, consideramos que la nuestra es una «sociedad del conocimiento», clasificamos los grupos sociales en función de su «nivel de formación» y uno de los mayores cumplidos que se pueden dedicar a una persona es asegurarle que es «inteligente». Cuando observamos todas las labores que nuestro cerebro lleva a cabo apoyándose en su sabiduría —ya sea la lógica, la abstracción o los planes de futuro—, no vacilamos en calificarlas como «las más elevadas formas de pensamiento». Y nos parece lógico dar prioridad al intelecto por encima del resto de las capacidades del cerebro, incluso de las emociones o, sencillamente, de la habilidad para mover brazos y piernas. De hecho, a veces describimos estas últimas capacidades como funciones básicas «inferiores» o «primitivas». Pero no hay razones objetivas para hacerlo. Aquí ocurre lo mismo que pasaba con la suposición de que tenemos «un cerebro especialmente grande» o «más neuronas que el resto»: si nos contemplamos desde el punto de vista anatómico, nos daremos cuenta de que la realidad es muy distinta. Es cierto que las áreas de la sabiduría, la conciencia y el pensamiento racional se han construido de una forma hermosa y con gran minuciosidad. Además, ¡son modernas y prácticas! Sin embargo, eso no significa que sean las únicas responsables de la extraordinaria evolución de la humanidad. ¡Su carácter novedoso, de hecho, las convierte en las zonas más inmaduras de todo el cerebro! Necesitan enormes cantidades de energía, pueden procesar en paralelo muchos menos datos aislados (es posible ejecutar varios movimientos al mismo tiempo, pero no desarrollar varios procesos de pensamiento) y, además, son bastante lentas. ¿Son importantes? ¡Desde luego! ¿Son más geniales que el resto? No necesariamente.

La paradoja de Moravec subraya una de las críticas fundamentales de lo que se suele denominar «pensamiento elevado». En 1970, se creó un equipo de científicos que, desde entonces y hasta hoy, han estudiado la inteligencia artificial y la robótica y han explicado, entre otras cosas, por qué aún no existen máquinas que se muevan de una manera tan armoniosa y fluida como el ser humano:

Si definimos la inteligencia como la cantidad de pasos de pensamiento parciales (o pasos de cálculos parciales) que se necesitan para llegar a un resultado, atarse los cordones de los zapatos constituye una hazaña que supera con creces a la de ganar en un torneo mundial de ajedrez.

Mantener el equilibrio, sujetar los cordones con las manos, aplicar exactamente la fuerza que se necesita, tener en cuenta la fuerza de la gravedad, corregir en un milisegundo la posición de los dedos teniendo en cuenta todos estos datos... Para este proceso hay que conectar tantas informaciones (resumirlas de manera que cobren sentido y se traduzcan en un movimiento) que se superan de lejos los cálculos matemáticos requeridos para una jugada difícil en el tablero de ajedrez. Si pensáramos de una forma que se acercara aunque solo fuese remotamente a la complejidad con la que nos movemos, nuestro conocimiento actual estaría muchísimo más avanzado. Por eso no hay robots que jueguen de verdad al baloncesto: no existe en este mundo ni un solo genio de las matemáticas que pueda realizar los cálculos necesarios para ello.

¿Esta impresionante complejidad es aplicable también a las emociones? Los celos en el momento menos apropiado, la ira desatada en el trabajo, la tristeza repentina... En comparación con la razón —que, a través de su sabiduría, ha permitido el desarrollo de antibióticos o es capaz de calcular cuánto dinero tenemos antes de que nos lo gastemos—, las emociones parecen a menudo un consejero más bien endeble.

Sin embargo, también en este terreno se han producido

nuevos descubrimientos en los últimos veinte años. Y no pocos de ellos proceden de Lisa Feldman Barrett y su equipo de investigación en Estados Unidos.

Feldman Barrett es una de las principales expertas en emociones de nuestro tiempo. Ha desmontado muchos —casi todos— los pilares de este campo de la ciencia y los ha refutado paciente y ordenadamente, hasta que a la comunidad científica no le ha quedado más remedio que callar y aceptar su propuesta: sus conclusiones finales son demasiado buenas; sus argumentos, demasiado impecables. Y precisamente esta persona, que es un emblema del agudo intelecto, rompe una lanza a favor de las emociones. ¿Su argumento? Lo emocional es más inteligente de lo que pensamos. En cambio, nuestra razón se equivoca con frecuencia.

Para poder pronunciarse sobre este tema es necesario entender algo: las sensaciones son tan solo pequeños fragmentos que nos hacen conscientes de algo mayor, ¡las emociones! Las emociones nacen en el inconsciente y son uno de los resúmenes más complejos que puede elaborar nuestro cerebro.

¿Cuántas informaciones diferentes conducen a la «alegría»?

La cálida luz del sol, el olor de un ser querido, una sesión de natación, una sonrisa de un desconocido en el tren... Todas estas cosas nos despiertan algo muy diferente a lo que surge en nosotros cuando un perro nos ladra o bien cuando nos caemos al agua helada. Las emociones sitúan a todo el cuerpo en un estado que se corresponde con el momento que estamos viviendo. A veces reducen la presión arterial, otras veces la elevan, o bien relajan o tensan los músculos. Balancean nuestro pulso al ritmo adecuado o lo aceleran, y en este gesto arrastran consigo los niveles hormonales de la sangre. Las emociones proporcionan a todo nuestro cuerpo y a sus células una música de fondo armonizadora y una dirección común.

En una emoción no solo está grabado cómo se sintió el cuerpo en otro momento similar a este, sino también qué ocurrió después y qué estado derivó de aquella situación. Contiene pasado, presente y futuro al mismo tiempo.

Tomemos como ejemplo el asco: desde los albores de la historia de la humanidad, el olor a carne podrida se asocia a la enfermedad y el peligro. Por eso este olor nos resulta desagradable (lo será más o menos dependiendo de su intensidad). ¿Tal vez simplemente estamos pasando por delante de la carne en cuestión y nos limitamos a arrugar la nariz? ¿O quizá tenemos ya un bocado sobre la lengua? En este último caso, la reacción será más violenta. Escupiremos enérgicamente el trozo y puede que hasta vomitemos, dependiendo de lo que preveamos que es necesario hacer para evitar una enfermedad en el futuro.

En una mínima fracción de segundo, las áreas cerebrales responsables de las emociones consiguen analizar las situaciones, clasificarlas, comprobar si esa clasificación es adecuada e impulsar una acción. Y lo hacen recurriendo a toda su red de vivencias previas, ¡ordenadas según su importancia y su frecuencia! ¿Se producen errores en este camino? ¡Desde luego que sí! Por ejemplo, podemos vomitar sin que sea necesario llegar a ese extremo. ¡O sentir celos sin motivo! Sin embargo, teniendo en cuenta toda nuestra evolución como humanos, la proporción de fallos es muy baja.

Las emociones pueden otorgarnos una sólida síntesis, porque durante miles de años han protegido a nuestra especie, la han ayudado a sobrevivir y la han motivado en el momento oportuno. Para conseguir todo esto se necesita un desarrollo extraordinario. Y, de hecho, los cerebros de nuestros antepasados se pulieron y perfeccionaron en consecuencia. Dado que las emociones aparecieron en una etapa temprana de la evolución, a lo largo del tiempo las áreas correspondientes han logrado limitar su consumo de energía y aumentar su velocidad. En comparación con ellas, se puede decir que la joven área cerebral de la razón acaba de montar su tenderete en este mercado...

El intelecto y la sabiduría consciente no han llegado a nuestro desarrollo para sustituir a nuestras emociones. En todo caso, ¡han venido para ayudarlas!

El papel de la sabiduría consciente es reexaminar el rápido y complejo procesamiento de las emociones y, si es preciso, completarlo. Para ello, recibe una versión abreviada de la emoción en forma de resumen: una sensación. Por ejemplo, «Estoy contento» o «¡Susto!». Si queremos ser malos, podemos decir que las sensaciones facilitan a la razón un panorama desglosado de la realidad para que pueda seguir con su laborioso análisis de nimiedades. Así, si localiza algún error o imprecisión —por ejemplo, un olor que al final no era tan grave como para provocar el vómito—, tendrá la oportunidad de darse golpes en el pecho, llena de orgullo y arrogancia. Las tontas de las emociones... ¡otra vez se han equivocado! Sin embargo, esto no convence al resto del cerebro. La comunidad de las neuronas mantiene una estricta jerarquía de la experiencia: si el pensamiento consciente no tiene un buen argumento (que pueda incluso activar las áreas emocionales), la próxima vez se le ignorará, y un olor repugnante desembocará en un vómito, aunque esta reacción vaya en contra del sentido común.

Incluso en el caso de constructos tan nobles como la moral y la lógica, los estudios han demostrado que apenas influyen en nuestro comportamiento si van acompañados de las emociones.

Lisa Feldman Barrett también apuntala el papel predominante de las emociones con la ayuda de imágenes microscópicas y radiológicas. A través de ellas podemos seguir el camino de los nervios: las señales siempre se envían desde la percepción hasta las áreas emocionales. Allí se resume la situación y se crea algo que sea posible vivir como experiencia. Solo entonces la impresión puede viajar hasta la corteza cerebral, donde registramos una sensación y la analizamos (siempre y cuando queramos, claro). ¿Estoy de mal humor? ¿Será simplemente porque tengo frío? ¿O tal vez porque tengo hambre? ¿O es por el comentario de la vecina? Valorar bien las emociones —o la parte de ellas de la que somos conscientes, es decir, las sensaciones — es todo un arte...

A menudo, nuestro pensamiento consciente ha cometido errores de bulto en este terreno. De hecho, en ocasiones ciertos miedos, caprichos o inseguridades se han contemplado como «el demonio» y las personas que los experimentan, como «brujas» o «alimañas». Lo que se describe como «mala emoción» o «irracionalidad» es, en realidad, una incapacidad de la razón para interpretar correctamente las emociones y lidiar con ellas. Luchas que se cobran la vida de millones de personas o concepciones científicas equivocadas por las que se defiende, aunque sea mediante el derramamiento de sangre, que hay que contemplar a Dios como un ser que se deja comprar con indulgencias... Todo ello tiene su origen en pensamientos e ideologías que se mueven entre lo insólito y lo extravagante.

Pero ¿qué podíamos esperar? ¡El telencéfalo es nuestra área cerebral más joven! Se equivoca, tropieza, se cae y aprende en consecuencia... ¡Justo de eso se trata!

La ciencia ha contado hasta doscientos errores de pensamiento característicos, denominados «sesgos». De acuerdo con el neurocientífico António Damásio, la mayoría de ellos se debe a que nuestro pensamiento consciente se apoya en otras áreas de la inteligencia. Igual que un niño que se ha calzado los tacones de su madre, la conciencia no sabe caminar correctamente por todos los circuitos que toma. Utiliza las bases neuronales del movimiento o de las emociones, pero sin tener una idea exacta acerca de cómo manejarlas.

Y mientras cometemos estos errores pensamos que estamos haciéndolo todo bien, pese a que, en realidad, nuestras propias circunvoluciones nos engañan. Existe un sesgo de acción, por el que preferimos actuar a quedarnos quietos, incluso cuando nuestras acciones sean inútiles o perjudiciales (¿quién no ha pasado por ahí? Esa respuesta airada que enviamos por correo electrónico...); un sesgo endogrupal, por el que damos prioridad a los miembros de nuestro propio grupo social frente a otros y, en consecuencia, somos injustos; un sesgo de heurística de disponibilidad, que nos lleva a creer en aquello que oímos con más frecuencia (por ejemplo, cuando hemos visto diez veces el anuncio de un determinado papel higiénico este producto acaba pareciéndonos realmente más suave, y las noticias inventadas y publicadas en internet empiezan a parecernos posibles cuando nos las repiten con la frecuencia necesaria).

Una vez más: no. Ninguno de estos falseamientos es achacable a las emociones: nacen de lo que nuestro pensamiento hace con ellas. Interpretamos de inmediato que una agradable sensación de reconocimiento es un signo de «fiabilidad» o «seguridad», y la ira que desencadena en nosotros una noticia indignante se convierte en un ataque frontal, pese a que el mensaje de las áreas emocionales no contenía nada que justificase esa acción.

De la mayoría de las emociones se puede sacar algo útil, pero para eso es necesario entenderlas. Si, por ejemplo, sentimos «ira», en el plano físico notaremos cómo se nos acelera el corazón, cómo nuestros músculos se tensan y cómo aumenta nuestra agitación y, por tanto (y sobre todo) ¡nuestra energía! Esta emoción, que nace cuando percibimos una injusticia, acentúa nuestra capacidad para la acción y nos aporta fuerzas para defender aquello que consideramos justo. ¡En su forma más pura, la ira es como una madre que cree en nosotros y que nos da fuerzas para que hagamos lo que tenemos que hacer!

¿Quiere que empleemos esa energía para pegar a alguien o para enviar un airado correo electrónico? No necesariamente. Las emociones no tienen unos propósitos explícitos. Simplemente colocan al cuerpo en un estado que le será de ayuda. Sin embargo, a veces tendremos que averiguar primero *en qué* le será de ayuda y *para qué exactamente*. Precisamente en nuestro mundo actual necesitamos lidiar de una forma más moderna con nuestras emociones. Si entendemos sus objetivos, podremos alcanzarlos a través de nuevos caminos: la ira que nos embarga cuando recibimos un estúpido correo electrónico puede entenderse como un apoyo, ya que nos aporta energía con la que nos será más sencillo defendernos con una respuesta *diplomáticamente* formulada. No se trata de reprimir nuestras emociones (algo que, en la mayoría de los casos, solo conseguiremos a medias), sino de utilizarlas (y así, además, nos sobrará energía por la tarde para una sesión de *running*).

La «inteligencia emocional» nos permite navegar inteligentemente por el mundo interior. ¡También en él hay baldosas!

De acuerdo con los estudios realizados en el ámbito de la psicología, si les seguimos la pista a nuestras sensaciones, seremos capaces de identificar sus componentes y analizar qué significan *realmente* las emociones que están tras ellas. El nerviosismo, por ejemplo, suele ser una mezcla de aliento y llamamiento a la prudencia (y siempre hay un amplio margen para negociar cuál de estos dos elementos necesitamos en mayor medida justo en este instante). La tristeza insiste en que debemos tomarnos un tiempo para sanar las heridas del alma, igual que el dolor nos cuida cuando nos hacemos daño en un tobillo. La sorpresa nos ayuda a pensar de una manera más flexible y admitir nuevas posibilidades (si estás dándole vueltas a un problema, convendría que te preguntaras qué es lo que te resulta sorprendente en él).

Para muchas personas la inteligencia emocional es un concepto difícil de aprehender. En cambio, para la mayoría de la población la otra forma de inteligencia, es decir, la cognitiva, constituye una referencia clara: por ella vamos al colegio, leemos libros o consultamos datos con nuestro teléfono móvil. En el caso de los datos de nuestro interior, en cambio, carecemos de un andamiaje similar. La investigación en el terreno de la psicología nos advierte de que lo habitual es que fallemos ya en el primer paso: el de poner nombre a nuestras emociones.

Algunas personas califican de «ira» lo que en realidad es «frustración» (es decir, el enfado ante los obstáculos encontrados). Otras aseguran que «no sienten nada», pese a que en cuanto se les pincha un poco resulta evidente que no es así. Y hasta quienes se jactan de ser especialmente emotivos se quedan bloqueados sorprendentemente rápido cuando se les pide que expliquen la diferencia entre «cansado» y «exhausto», o entre «sereno», «distendido» y «relajado».

Identificar bien las emociones requiere práctica. Igual que podemos aprender cosas sobre las vacas y el mar, también podríamos conocer algo mejor nuestros miedos y nuestras alegrías, tengamos la edad que tengamos. ¿De dónde me viene esta emoción? ¿Qué es lo que la cambia? ¿Puedo negociar con ella? ¿Puedo satisfacerla, pero de una forma diferente? Quien entiende mejor sus emociones también puede lidiar mejor con las de los demás. Y merece la pena hacerlo, como confirman cada vez más estudios.

Está demostrado que una mayor inteligencia emocional incrementa la calidad de nuestras relaciones, mejora la salud y aumenta incluso la alegría de vivir. Favorece asimismo los éxitos profesionales y la eficiencia de empresas enteras. Y otro parámetro también cuantificable: ¡incide en la inteligencia cognitiva!

Una buena comunicación con nuestras emociones y con las de otras personas ¿sería quizá comparable a las conexiones que establecen entre sí las células nerviosas del cerebro? ¿Es tal vez esta capacidad para las relaciones interpersonales lo que de verdad nos ha permitido llegar más lejos que otros animales? ¿O quizá lo que nos hace especiales es nuestra particular combinación de sabiduría y emociones? Puede que aquí no estemos ante una verdadera disyuntiva: puede que la sabiduría y las emociones no sean conceptos opuestos, sino hermanos. Ambos se basan en una síntesis de la realidad y ambos pueden crecer a lo largo de la vida, acumular experiencia y aumentar su inteligencia. Y, si se complementan bien, ¡tal vez nos hagan especialmente sabios!

Motivación y recompensa

¿Tu intención era tomarte solo una oncita de chocolate y al final te has zampado la tableta entera? ¿Ver solo un capítulo de una serie y al final han sido tres o cuatro? ¿Comer solo unas cuantas patatas fritas... y ahora el paquete está vacío? ¿Consultar el móvil un momentito... que se ha convertido en una hora? Nuestro sistema de recompensa ha caído en el descrédito. Da la impresión de que nos lleva a tomar malas decisiones y de que, para reforzarlas, nos genera sensaciones agradables. En alemán, de hecho, existe una expresión para hacer referencia a este sistema: *innerer Schweinehund* (literalmente, «el perro interior para la caza de jabalíes»), un giro que se empleaba en el lenguaje de la caza de jabalíes para referirse a aquellos canes que acosaban a su presa hasta la extenuación. Nuestra razón se encuentra en un escenario similar al de un pobre jabalí al que, una y otra vez, un perro inagotable derriba hasta obligarlo a rendirse. Pero en este caso ¿quién caza a quién, en realidad?

Desde hace décadas, la industria tiende un cerco cada vez más estrecho en torno a las células de nuestro sistema de recompensa. Aumenta el contenido de azúcar de los alimentos, añade sustancias especiales para potenciar el sabor de nuestra comida y diseña programas televisivos y videojuegos para móviles de manera que inciten determinadas emociones. Probablemente al principio no lo hizo con una intención especialmente mala. Sencillamente, los productores reaccionaron ante la constatación de que los consumidores compran con más frecuencia los chocolates más dulces y los desarrolladores de videojuegos, por su parte, crearon aquello que a ellos mismos les gustaba. Sin embargo, en la actualidad es imposible alegar desconocimiento en la mayoría de los grandes proyectos de las empresas internacionales, que son ya el resultado de una investigación psicológica específica.

A la vanguardia de esta evolución se encuentran plataformas de redes sociales como Instagram, TikTok o Facebook, que manipulan nuestro sistema de recompensa por medio de un camino de efectos perfectamente planeado y son capaces de determinar, a partir de nuestros hábitos de uso, si nos sentimos tristes o enfadados, y de utilizar esta comprobación para ofrecernos productos que solemos comprar cuando nos encontramos en ese estado de ánimo. Las células del sistema de recompensa son el objetivo de una caza y la recompensa final es cuantiosa. ¿El «perro interior para la caza de jabalíes»? No es más que una víctima.

Las células del sistema de recompensa son sensibles y permanecen siempre atentas. Durante el día se mantienen en su área cerebral correspondiente y producen constantemente pequeñas cantidades de neurotransmisores, como la dopamina. Esta producción permanente da lugar a un ritmo de base, similar al que proporciona un bajo en una canción. Si ese ritmo es «rápido y muy sonoro», nos sentiremos más motivados. Cuando las células se topan con una experiencia agradable —por ejemplo, el olor de una deliciosa comida— secretan un poco más de esas sustancias: mediante una especie de «redoble» nos enseñan dónde podemos encontrar algo bueno y nos ayudan a conseguirlo. Ese es su trabajo.

Para realizar ese trabajo de la manera más inteligente posible, las células del sistema de recompensa necesitan establecer un número especialmente elevado de conexiones con otras áreas cerebrales. Perciben si sentimos dolor, si tenemos hambre, si nos despejamos durante un paseo o si estamos agotados después de una jornada intensa. Durante miles de años han filtrado de entre todas esas experiencias aquello que es «bueno» y que nos ayuda a existir. ¡Solo por eso son ya dignas de admiración! ¿Cómo puede una célula saber que el sexo y los alimentos azucarados y grasientos merecen una recompensa? Ni siquiera los científicos que han estudiado este fenómeno lo entienden.

Una cosa sí está clara: casi todas las emociones relacionadas con la recompensa que hoy nos parecen insensatas aún tenían sentido hace menos de un siglo. ¿Sentir arrebato por la comida energética? En el fondo es una actitud más que buena, porque en países como Alemania la última crisis alimentaria relevante data de hace apenas setenta años, tiempo insuficiente para desmantelar mecanismos que tienen milenios de antigüedad. Lo mismo cabe decir de las amistades que se entablan en Facebook o de las compras compulsivas por internet: el deseo que subyace a estas acciones —contar con amigos, poseer algo— no es desacertado. Lo que lo complica todo es esta repentina sobreabundancia. El azúcar, la sal, la grasa, los «amigos» y las posesiones: jamás a lo largo de nuestra historia hemos necesitado que se nos trazara un límite máximo en estos bienes porque siempre han sido escasos. Sin embargo, ahora, de repente, podemos conseguirlos todos con una visita al supermercado o con un clic en nuestro teléfono móvil.

Aun cuando las células del sistema de recompensa se equivoquen y caigan en trampas, presentan muchos aspectos positivos. Quien las compare con perros agresivos debería preguntarse al menos qué trato les está dando a estos animales, que, cuando cuidamos bien de ellos, pueden convertirse en unos magníficos compañeros. Entender cuatro de sus características nos ayudará en este sentido:

1. Las emociones ligadas a la recompensa son algo más que dopamina

De hecho, en los últimos tiempos se ha descubierto que la mayor parte de la dopamina se secreta *antes* de la recompensa y que sus niveles suelen bajar tan pronto como alcanzamos nuestro objetivo. En esta «fase de deseo» o «de atracción» nuestra concentración aumenta, se acelera nuestra percepción del tiempo, mejora nuestra memoria (¡ese importante código numérico que nos permite abrir la cerradura!) y crece la energía con la que nos movemos (¡ese firme apretón de manos!). En realidad, en el sistema de recompensa hay también otras células que, justo cuando terminamos una tarea, producen sustancias opioides y convierten la repentina caída de la dopamina en una sensación de serena complacencia. Una vez concluido el trabajo, nos permiten quedarnos simplemente sin hacer nada, descansando. En cambio, si en lugar de ello otras células del sistema producen serotonina, empezamos a plantearnos si una situación es o no conveniente: estas células moderan la impulsividad y permiten evaluar riesgos. Pueden llevarnos, por ejemplo, a desistir de seguir caminando por una ardua ruta de senderismo y provocar que nos sintamos mejor que si hubiésemos optado por continuar.

Si todas las células del sistema de recompensa trabajan armoniosamente entre ellas, la sensación resultante es perfecta: la dopamina nos impulsa, las células secretoras de serotonina velan por nuestra seguridad y, una vez que alcancemos nuestro objetivo, la posible bajada de dopamina no nos conducirá al aburrimiento ni a la pereza, porque las sustancias opioides nos aportarán calma y confort. Por desgracia, no siempre conseguimos esta perfecta armonía. A veces, cuando logramos algo nos sentimos sencillamente vacíos. Es lo que explican las estrellas cuando, en las entrevistas, se refieren al bajón que las sorprende después de un espectáculo. Los científicos piensan incluso que lo que subyace al fenómeno que se conoce como la «crisis de la mediana edad» o al aumento de la apatía son procesos que impiden esta «armoniosa tríada» de las células del sistema de recompensa. Una posible causa: el exceso de recompensas como reclamos.

2. El exceso de recompensas en forma de reclamos aburre

Si algo activa en mayor medida a las células que producen dopamina que a las demás células, su atractivo será mayor que la recompensa que pueda procurarnos. Muchos conocemos esta experiencia a partir de los móviles: cuando nos percatamos de que el teléfono nos señala alguna notificación, las células generadoras de dopamina saltan y desencadenan una sensación de alerta, de motivación. Esa sensación se mantendrá mientras desbloqueamos nuestro dispositivo y abrimos con curiosidad el chat en cuestión, pero en cuanto leemos el mensaje (es decir, en cuanto alcanzamos nuestro objetivo) el nivel de dopamina vuelve a bajar. De hecho, durante un tiempo se mantendrá en niveles inferiores a los que alcanzó antes de este acontecimiento.

Si las células que secretan sustancias opiáceas no hacen que nos sintamos satisfechos ni cansados (y, francamente, consultar un mensaje no es un motivo de peso para que lo hagan) y, además, las células que fabrican serotonina no consideran que haya en el entorno ningún peligro que justifique que nos apartemos del móvil..., en ese caso nos quedaremos ahí, quietos, mirando si hay algo más de interés. ¿Y si en tal o cual aplicación encontramos alguna recompensa? ¿Y si alguien nos contesta a la respuesta que acabamos de dar? Si en un entorno salvaje mantuviéramos este esquema durante largo tiempo, puede que descubriésemos algún delicioso trofeo, pero en el mundo de los teléfonos móviles lo que haremos, simplemente, será dedicarnos al *scroll*.

Nuestro estilo de vida actual pone constantemente a nuestro alcance medios para disparar de manera artificial nuestro nivel de adrenalina en cuanto sentimos alguna emoción desagradable: enseguida ingerimos algo dulce, nos colocamos los auriculares para escuchar música o nos dedicamos a ver vídeos en YouTube en el tren que nos lleva de vuelta a casa. El único problema de todo ello es que las células del sistema de recompensa necesitan descansar. Si en lugar de reposar persiguen un subidón tras otro y despegan constantemente, corren el riesgo de mermar sus reservas. Para evitarlo, lo que hacen es adaptarse. Cuando se agotan, se vuelven más insensibles. Si no lo crees, escucha ahora tu canción favorita.

A continuación, escúchala otra vez. Y otra. Y otra. Y otra. Y otra. Y otra más. Y, a continuación, diez veces más. ¿A que ya no es tan bonita como al principio?

Además de todo ello, los científicos han descubierto lo siguiente:

3. Las células del sistema de recompensa comparan A con B

Si una actividad genera una cantidad de dopamina mayor que la actividad precedente, nos parecerá mejor. En un día a día en el que se nos ofrecen tantas posibilidades de recompensa, se genera así una curiosa competición: de media, el chocolate con azúcar multiplica por 1,5 el nivel de dopamina en sangre, las notificaciones que recibimos en el teléfono móvil provocan probablemente un efecto similar y un cigarrillo puede presentar incluso un factor de 2,5 (a modo de referencia: el de la cocaína es de 5). Esto refleja una tendencia que también es aplicable al cerebro: si introducimos constantemente en nuestra vida cotidiana golosinas, vídeos en el móvil y demás, estaremos siempre comparando. De repente, el «placer de trabajar» tendrá que competir directamente con el rápido incremento del nivel de azúcar en sangre que nos proporciona un tentempié y los agradables efectos del deporte palidecerán ante el deleite de asistir cómodamente a una aventura a través de una pantalla.

Algunos autores, como los psicólogos Edward Deci y Richard Ryan, consideran que las recompensas obtenidas *cuando no toca* nos arruinan el día a día. Quien se pasa el tiempo de trabajo consultando el móvil o hace que compitan entre sí la realización de los deberes y la ingesta de unas cuantas golosinas en la cocina no deberá sorprenderse si, a la larga, sus actividades cotidianas acaban pareciéndole aburridas. No tienen nada que hacer en comparación con las bombas de dopamina que ha desarrollado la industria.

Y un último punto:

4. A las células del sistema de recompensa les gusta la imprevisibilidad

Si una recompensa está garantizada de antemano, las células correspondientes no verán interés alguno en estimular al máximo al cerebro durante la realización de una actividad. El profesor Robert Sapolsky, de la Universidad de Stanford, en Estados Unidos, se refiere a estas características como «la magia del quizá» *(the magic of maybe)*, un fenómeno que explicaría por qué nos alegra tanto recibir mensajes inesperados y repentinos en el teléfono móvil u obtener compensaciones aparentemente casuales en los videojuegos y también por qué los directivos se sienten más motivados por los pagos de bonus inesperados que por una subida salarial, aunque sea del mismo importe.

También explica por qué una vida estable y perfectamente planificada nos parece a veces un signo de falta de ambición y por qué a veces, cuando esperamos sentir una emoción exacerbada (por ejemplo, en una gran fiesta, en un importante paso en nuestra trayectoria profesional o incluso en el nacimiento de un hijo), en un primer momento nos da la impresión de que tampoco es para tanto.

La resaca insaciable de las recompensas en forma de reclamo y el peso de la imprevisibilidad, de las expectativas y de las comparaciones: los seres humanos ya nos habíamos percatado de estas características del sistema de recompensa antes incluso de que la ciencia las señalara. De hecho, los casinos diseñaron sus máquinas teniéndolas en cuenta y también los mercados ambulantes nos ofrecían, siglos antes de que llegara la era de los teléfonos móviles, centelleantes y coloridas mezclas de imprevisibilidad y recompensas en forma de reclamo. Frente a ellas, las religiones y las filosofías de vida predicaban una renuncia deliberada (como si hubiesen ya adivinado el agotamiento de nuestras células y su necesidad de descanso...). Los textos antiguos recomendaban el ayuno periódico o incluso la abstinencia total con respecto a aquellos elementos que nos proporcionan emociones agradables.

Lo que hace la ciencia moderna es afinar esos consejos. Cuando se trata de lidiar con las células del sistema de recompensa, de nada sirven las prohibiciones absolutas. Un caramelo por aquí, un poco de pantallas por allá... no suponen un gran perjuicio para nosotros ni tampoco provocan que el resto del día nos parezca soso.

Una buena relación con el sistema de recompensa depende de la frecuencia, la medida y el momento.

Cómo ayudar a las células del sistema de recompensa

El antiguo esquema de la caza de la dopamina está claro: quien aspire a vender la máxima cantidad posible de productos nos atraerá mediante un chute de dopamina, nos conducirá a un estado de plena satisfacción *irreal* y utilizará la bajada posterior de dopamina para hacer que cada vez «queramos más» (pero, al mismo tiempo, seamos demasiado perezosos como para ponernos a buscar en otro lugar). A la inversa, esto también significa que podemos confiar bastante en las células de nuestro sistema de recompensa. Si algo no nos aporta nada, tampoco nos brindará una sensación de satisfacción plena y, por tanto, seremos insobornables en este sentido. Si nos fijamos en la manera en la que sentimos la recompensa, descubriremos la lógica que entraña: si queremos más y más de algo, probablemente es porque en realidad no lo necesitamos.

Quien aprende a diferenciar las verdaderas recompensas —esas que de verdad nos sacian o nos cansan— de las recompensas empleadas como reclamos podrá proteger a sus células generadoras de dopamina del peligro de que alguien abuse de ellas. Cuando trabajamos internamente y las reforzamos en el momento adecuado, nos proporcionarán sensaciones adecuadas en las que podemos confiar.

Si queremos que algo siga siendo bonito, de vez en cuando no tendremos más remedio que acometer alguna tarea aburrida. Y es que las recompensas verdaderas no están siempre al alcance de la mano ni tampoco son como nos gustaría. Las células de la recompensa necesitan descansar, en lugar de estar siempre proporcionándonos dosis de dopamina *más y más elevadas*. Casi todas las recompensas naturales son así: a veces los encuentros con los amigos son maravillosos, otras veces son un tanto tediosos, de cuando en cuando resultan pasables y después vuelven a ser estupendos. Lo mismo cabe decir de la comida que cocinamos para nosotros mismos, de las relaciones sentimentales, de la música o del deporte. En la ciencia, este cambio se conoce como «recompensa intermitente» y, fuera de los contextos de los casinos, donde se abusa de ella de forma calculada como cebo, tiene algo bueno: permite mantener la frescura y la intensidad de la sensación de recompensa. Para sacar partido de este efecto en nuestro propio beneficio lo que tenemos que hacer, simplemente, es aceptarlo. Si algo no ha respondido a todas nuestras expectativas, podemos decirnos a nosotros mismos: «Si queremos que algo siga siendo bonito...».

Además, debemos tener en cuenta que la recompensa aparece en diferentes áreas del cerebro. A veces la sensación surge porque el cuerpo ha registrado algo como «bueno» (una comida, una temperatura agradable, una ropa cómoda), pero otras veces sucede que algo «nos parece» bueno debido a un razonamiento consciente. En el cerebro existen dos rutas diferentes en este sentido: podemos escoger libremente las sensaciones de recompensa conscientes, pero para ello debemos cultivarlas de manera activa. Si, por ejemplo, una persona ha leído mucho acerca de arqueología, encontrar de repente un coprolito mientras excava en un terreno supondrá para ella un momento increíble. Para otras, sin embargo, este hallazgo no será más que una piedra cuyo aspecto se parece sorprendentemente al de una caca de perro.

Si quieres contrarrestar los chutes artificiales de dopamina, puedes recurrir a las recompensas conscientes para disfrutar de sensaciones bonitas en tu día a día. En un estudio acerca de la satisfacción con la vida, se pidió a los voluntarios participantes que anotasen los valores con los que se correspondían sus actividades diarias. Por ejemplo, el trabajo de oficina, un poco exasperante, les permitía cumplir un objetivo superior: mantener a su familia, probar su propia valía, ayudar a otros compañeros o contribuir a que la sociedad fuese un poquito mejor... Y explicitarlo obraba un efecto medible: de repente, los participantes se sentían fundamentalmente más satisfechos con su vida que cuando, por ejemplo, se limitaban a anotar cada noche aquello por lo que se sentían agradecidos. En lugar de dar las gracias porque llegase el «final de la jornada laboral» en un día malo, valoraban que se hubiesen sobrepuesto a los momentos exasperantes porque consideraban que, al hacerlo, habían respetado sus propios valores. A la larga, eso nos hace sentirnos mejor.

Si las sensaciones de recompensa conscientes e inconscientes casan bien entre ellas, en la mayoría de los casos estaremos bien asesorados: no en vano nuestro cuerpo alberga saberes acumulados durante miles y miles de años, aunque también es cierto que, ante la perspectiva de nuestro estilo de vida actual, a menudo se quedan rezagados. La conciencia, en cambio, puede adaptarse rápidamente y captar consejos al vuelo, aunque a veces también caiga en la trampa de la teletienda, la propaganda o esa dieta tan popular a base de sopa de col.

Si la colaboración entre todos los elementos del sistema es adecuada, la conciencia debería probar y ensalzar esa sopa, pero a partir del quinto día, cuando el cuerpo empezase a acusar la carencia de determinados nutrientes, tendría que despertar en nosotros las ganas de pasar a otra cosa. Desde el punto de vista científico, esto se conoce como la «no adherencia inteligente» o, en el caso específico de la comida, la «regulación alimentaria adaptativa». De todo ello cabe deducir que, dicho en términos sencillos, más allá de las típicas trampas de la dopamina, nuestro sistema de recompensa sigue contando con un radar sensible e impresionante que nos indica lo que nos sienta bien y lo que no.

Reorganizar el sistema de recompensa para disponerlo tal y como estaba diseñado en un principio desencadena una amable energía. Quien reduce durante un tiempo (o incluso abandona definitivamente) los desencadenantes de dopamina nota este efecto de un modo aún más patente. Abstenerse de animar los momentos aburridos recurriendo enseguida a las golosinas, los teléfonos móviles o elementos similares nos genera en un primer momento una sensación desagradable o un vacío, pero precisamente esta inseguridad favorece algo que olvidamos a menudo: ¡las células del sistema de recompensa son atentos perros rastreadores! Un poco de aburrimiento o una auténtica tristeza constituyen para ellas motivos *reales* para aumentar su sensibilidad y mostrarnos a través de ella dónde nos aguarda la belleza.

A algunas personas este mecanismo las lleva a pasear; a otras se les ocurren ideas para sus vacaciones; otras adquieren un nuevo *hobby*; otras se inscriben en una asociación... Sea lo que sea que nos esté esperando cuando damos libre curso a nuestras células, solo podremos descubrirlo si les abrimos la puerta y nos mantenemos a su lado en medio de la asfaltada vida cotidiana de nuestro tiempo.

Adicciones

La palabra «pecado», que aparece en la Biblia, se tradujo durante siglos de una forma incorrecta. En los últimos tiempos, los filólogos han analizado con mucho mayor detenimiento su etimología. En realidad, este vocablo no significa solo algo «maligno» o «malo». De hecho, tiene diferentes sentidos que permiten traducirla de distintos modos. Uno de ellos es el sentido de «acto en el que se yerra el tiro», es decir, en el que no se alcanza el objetivo.

Durante mucho tiempo, en la medicina de los países germanohablantes se utilizó la palabra *Sucht* («adicción») para formar compuestos como *Wassersucht* (literalmente, «adicción al agua» o hidropesía, es decir, el fallo de los riñones que provoca que los líquidos se acumulen en los tejidos), *Schwindsucht* («consunción», o sea, la pérdida creciente de peso debido a enfermedades como la tuberculosis pulmonar), *Fettsucht* («adicción a la grasa», esto es, adiposis, en el sentido de sobrepeso insano) y *Fallsucht* («adicción a las caídas o a los ataques», esto es, epilepsia). Hoy en día, el concepto de *Sucht* solo se utiliza en relación con un órgano: el cerebro (*Drogensucht* o «adicción a las drogas»; *Magersucht* o «adicción a la delgadez», es decir, anorexia). La mayoría de los demás términos ya se han quedado anticuados. De hecho, la palabra «adicción» suena ofensiva. «¡No soy un adicto!», pensaríamos casi todos si nos diagnosticaran un problema en este sentido. Sin embargo, al igual que la palabra «pecado», el término «adicción» se malinterpreta con frecuencia.

Ya estemos hablando de fallos renales, de epilepsia, de sobrepeso o de drogodependencia, en el terreno de las adicciones tenemos que plantearnos una pregunta: ¿por qué un órgano hace constantemente algo que yerra en su tiro, que no alcanza su objetivo (¡la salud!)? Cabría formular este interrogante al cerebro, igual que se ha formulado a los riñones. Lo cierto es que hasta ahora los científicos han obtenido respuestas más claras en el caso de estos últimos, pero poco a poco también las están consiguiendo en el caso del primero. Ha habido que esperar al siglo XXI para que la ciencia averigüe cómo funcionan ciertas drogas. Y también ha sido recientemente cuando, por vez primera, se han identificado determinados mecanismos de la adicción.

En general, se puede decir que los factores desencadenantes de la adicción activan neuronas que suscitan sensaciones relacionadas con la recompensa. Ya no es necesario que algo nos parezca *realmente* bonito, ni oler un aroma agradable, ni comer alimentos que nos proporcionan energía, ni descubrir una piedra con una forma singular.

La cocaína inhibe directamente la enzima que desintegra la dopamina. Así, esta hormona crece y crece con cada consumo y provoca un efecto similar al de un bajo que retumba tanto que al final solo sale de él un único y estridente tono. Los cigarrillos generan un efecto parecido, aunque, en general, de menor intensidad. El éxtasis y la metanfetamina actúan de una forma diferente: presionan las pequeñas bolsas del interior de las células nerviosas en las que estas almacenan su dopamina y, de ese modo, las obligan a liberar de una sola vez todo aquello que habían ahorrado para emplearlo en la próxima recompensa.

Los opiáceos (entre ellos la heroína y ciertos analgésicos como el fentanilo y el Vicodin) calman, como es sabido, el dolor y la ansiedad al actuar sobre las neuronas responsables de estas sensaciones. Sin embargo, también anestesian nervios que en condiciones normales pondrían límites en el sistema de recompensa. Una *inhibición de la inhibición*, por decirlo así. Normalmente, el estándar es que las sensaciones ligadas a la recompensa se amortigüen fácilmente, igual que si colocásemos un amortiguador en el pedal de un bombo... Sin embargo, cuando eso no ocurre, los nervios dopaminérgicos enloquecen y reparten (sin querer) mucha dopamina.

La cafeína, el alcohol y el cannabis actúan de manera indirecta. La cafeína simplemente potencia el efecto de la dopamina. Por eso no genera una borrachera de sensaciones ligadas a la recompensa, sino que refuerza las señales que de alguna manera (y de forma voluntaria) enviamos ante un acontecimiento. Así, el amable correo electrónico que recibimos de nuestro jefe nos parece un poco más motivador que antes y empezar el día nos resulta más gratificante. Esto no conduce a una adicción como tal, aunque sí aparecen síntomas de un síndrome de abstinencia cuando estamos habituados a tomar esta sustancia y, de repente, nos quedamos sin su refuerzo. Además, las bebidas que contienen cafeína potencian la euforia que generan otras drogas (tabaco y alcohol). Esto significa que tomar bebidas energéticas en una fiesta no solo ayuda a permanecer despierto.

A diferencia de la cafeína, el alcohol desencadena sensaciones de recompensa artificiales y puede generar adicción. Lo habitual es que potencie la liberación de dopamina de las células del cerebro, pero hoy por hoy la ciencia aún no entiende exactamente cómo lo hace. El alcohol actúa en todos los posibles canales secundarios que influyen en los demás canales del sistema de recompensa y da lugar a diferentes fases; a saber, la producción de la eufórica dopamina al principio de la ingesta de las bebidas, una clara caída del nivel de dopamina cuando se sigue bebiendo (el típico momento de llorera en los baños de la discoteca o de agresividad en la puerta del garito) y, por último, un fenómeno muy particular: en cantidades aún mayores genera, según se ha comprobado en experimentos con animales, una euforia que es comparable al efecto de los opiáceos. Sin embargo, ese fenómeno no aparece en todos los animales observados, algo que, unido a los amplios estudios realizados en la población general, indicaría que algunos de nosotros estamos genéticamente más predispuestos a desarrollar alcoholismo que otros.

El cannabis presenta un estatus especial: no manipula ningún área cerebral en concreto (como el sistema de recompensa), sino que actúa a gran escala sobre la comunicación de las neuronas entre sí. ¿A qué volumen debe el centro del miedo gritar sus preocupaciones al lóbulo frontal? ¿Con cuánta intensidad ha de centrarse el pensamiento en la comida? ¿A partir de qué umbral oímos la alarma del despertador? A ciertos cerebros un poco de cambio les sienta bien. A ellos el cannabis les permite concentrarse mejor, estar más despiertos, ser más creativos o relajarse en mayor medida. Sin embargo, a otros les dispara las preocupaciones y los miedos con una intensidad insólita y les genera pánico. Desde el punto de vista médico, es imposible prever qué cerebro reaccionará de qué manera ni si el efecto de esta sustancia modificará nuestro pensamiento a largo plazo. Lo único claro (como en el caso de la cafeína) es que quien consume regularmente cannabis para llevar una vida cerebral más agradable se verá embargado por sensaciones desagradables cuando abandone el consumo. El tetrahidrocannabinol (THC) del cannabis se fija a las células del cerebro. Por eso las personas que toman regularmente esta sustancia y de repente la dejan tendrán que habituarse a que las propias sustancias que produce su cuerpo apenas les hagan efecto. Hasta ahora los nervios del estrés les han chillado directamente en los oídos lo que antes no querían oír a semejante volumen. Pero ahora tienen problemas de adicción.

¿Puede clasificarse el cannabis como una droga típica? Por lo que la ciencia sabe hoy, a esta pregunta se le puede dar la siguiente respuesta: sí y no. En dosis elevadas, el tetrahidrocannabinol que contiene se une a los receptores de dopamina de las células del sistema de recompensa (igual que lo hacen otras sustancias estupefacientes). Las variedades de cannabis cultivadas artificialmente para que tengan una alta proporción de THC se parecen más bien al tabaco, los comprimidos de benzodiacepinas y otras sustancias similares. En cambio, las variedades naturales, que presentan una cantidad menor de tetrahidrocannabinol (menos del 5 por ciento), provocan pocos efectos relacionados con la modulación de la dopamina y, por lo general, solo lo hacen en los consumidores que desarrollan una esquizofrenia debido al uso del cannabis (aproximadamente entre el 0,3 y el 0,5 por ciento de la población). En el bar de las drogas, el cannabis sería algo así como un café tipo carajillo: un producto que no podemos tomar varias veces al día, pero que en la mayoría de los casos resulta inofensivo, si bien en determinadas circunstancias supone un riesgo.

La investigación actual acerca de las adicciones ha cambiado su foco. Durante largo tiempo los científicos se han centrado principalmente en las sensaciones asociadas a la recompensa que surgen como consecuencia del consumo de drogas. Sin embargo, ahora se sabe ya que esas sensaciones no son determinantes para explicar la aparición de una dependencia. Casi todas las personas las experimentan en un momento de euforia ligado al consumo de algunas sustancias, incluso aquellos consumidores que no se volverán adictos. Lo que determina que acabemos desarrollando o no una dependencia es lo que ocurre después de las primeras experiencias de subidón.

La dopamina nos incita a hacer algo. Es algo que la mayoría de nosotros hemos vivido. Si a los ratones de laboratorio les bloqueamos su capacidad de liberar dopamina en su sistema de recompensa, permanecerán inmóviles en sus jaulas, aunque desde el punto de vista físico se encuentren en perfectas condiciones. Solo reaccionarán si sienten dolor o miedo. En realidad, *podrían* levantarse y buscar comida u ocuparse de sus crías. Pero ¿para qué? Sin la motivación que supone experimentar una mejora de manera palpable, el movimiento parece perder todo sentido para ellos. Y aquí tenemos una diferencia fundamental para explicar el efecto de las drogas: al principio de una adicción, la dopamina no se desconecta, ¡se activa en bucle!

Entenderemos bien este tipo de activación si pensamos en el caso de las ludopatías: las personas adictas al juego necesitan perder para volverse realmente adictas. Si ganaran siempre, no aparecería la dependencia. La pérdida da mayor intensidad al siguiente chute de dopamina, porque después de cada descenso en el nivel de esta sustancia se produce un nuevo «subidón» que, en comparación con el estado anterior, parece mejor. Además, el estrés refuerza este efecto, que es el mismo por el que somos más productivos en el trabajo y estudiamos mejor antes de un examen... Pero si a la larga nada nos motiva tanto como los plazos de entrega o una pérdida repentina de dinero, todo aquello que no nos proporcione este nivel de dopamina se vuelve aburrido (lo que explica que detrás del concepto de *workaholic* o persona adicta al trabajo exista un trasfondo real). Una adicción proporciona todo esto en un kit completo: nos da los subidones y, de paso, también los bajones.

En las neuronas el proceso es el siguiente: al principio, una dependencia genera una sensación maravillosa, porque las células del sistema de recompensa, que en condiciones normales son un poco procrastinadoras, ¡sueltan de repente generosos chorros de dopamina! ¡Aparentemente hemos encontrado algo que colma todos nuestros deseos! A la larga, sin embargo, producir esas enormes cantidades de dopamina acaba resultando estresante. Las células del sistema de recompensa corren la misma suerte que quienes trabajan en la organización de las ceremonias de entrega de premios o se encargan de cocinar para todos los invitados de la cena de Nochebuena: ¡hacer muy felices a los demás es un trabajo en sí mismo!

Cuando estas células generadoras de dopamina se queden exhaustas, algunas personas se sumirán en una especie de estado de agotamiento y les resultará más difícil activarse. De hecho, en ciertos casos el organismo intenta resolver la situación impulsando la producción de hormonas del estrés, pero lo habitual es que se transite más bien hacia un modo de «no a todo». Estas células ponen en marcha los bucles de activación, también conocidos como «circuito antirrecompensa», y contrarrestan los efectos de las drogas para tratar de restablecer al fin la calma. Eso quiere decir que a partir de este momento se necesitará cada vez más cantidad de la sustancia en cuestión para sentir euforia y que la idea de «mantenerse sobrio» se vuelve desagradable.

Cuando llegue el siguiente consumo, y también los posteriores, en algún momento las células del sistema de recompensa solo podrán desplazarse hasta la posición «central»: no se generará ninguna euforia, sino que, por lo general, se entrará en un estado de *menos* miedo o *menos* estrés; dicho llanamente, un estado más normal. Estrictamente hablando, un alcohólico ya no será un adicto al alcohol, sino un adicto a la mejoría, y la mejoría viene de la misma sustancia que le genera el daño. Se encuentra, en definitiva, atrapado en un bucle, igual que el ciclo infinito de ganancias y pérdidas del casino.

Los cerebros que se adaptan a la sustancia estupefaciente buscan constantemente caminos adecuados. La droga en sí cada vez les proporciona menos efecto ligado a la dopamina (porque el cerebro ya se habrá acostumbrado), pero los pequeños hábitos que la rodean son cada vez más valiosos. Forman parte del comportamiento interiorizado como «útil» y nos ayudan a que nos sintamos *menos mal* y, por tanto, a que nos sintamos mejor. ¿Es quizá este un sendero que conduce hacia la luz? El sonido de una botella al descorcharse, la visita rutinaria a la alacena e incluso, en algún momento, el paseo hasta el supermercado: en su búsqueda, las células del sistema de recompensa refuerzan todos estos elementos, aunque en realidad lo único que hagan es obligarnos a retroceder hasta el punto de partida.

Para el cerebro, superar una adicción es como enfrentarse al final de un intenso romance en el que hemos sido engañados. Precisamente aquello que al principio nos hacía sentirnos tan bien no era bueno en absoluto. Visto de cerca, ¡incluso nos daña! Evidentemente, el cerebro se da cuenta tarde o temprano de lo que está pasando, pero, al mismo tiempo, siente que jamás ha vivido nada tan bonito como esto. ¿En qué podrá confiar a partir de ahora? ¿Tiene sentido volver a entregarse a alguna otra sensación de recompensa?

En ciertos escáneres cerebrales específicos se ha comprobado que en el caso de la adicción la cantidad de receptores de dopamina en el cerebro disminuye y que el ritmo de base al que se genera esta sustancia se ralentiza. En algunas ocasiones ese efecto se mantiene de por vida. Esto significa que, aun cuando después de una privación de la sustancia el cerebro haya logrado salir del modo del «no a todo», tenderá a tener mayores dificultades para experimentar sensaciones de recompensa *de otro tipo*. Consecuentemente, muchas de las personas que han superado alguna adicción severa aseguran que ahora la vida les parece más aburrida y «gris». Habituarse a lo nuevo y resistir parece más duro cuando nos falta la dopamina.

El hecho de que durante los momentos de sobriedad se instale el desagradable modo del «no a todo», la constatación de que cuando se recuperan las antiguas costumbres se produce siempre una liberación de dopamina y los sentimientos de tristeza dificultan la superación de una dependencia. Incluso veinte años después del último chupito o del último cigarrillo muchas de las personas siguen cayendo en la nostalgia cada vez que oyen el descorche de una botella o que perciben el olor del tabaco. Nostalgia por un tiempo en el que las células del cerebro aún reaccionaban sin alteraciones a la recompensa y se disparaban salvajemente y sin reservas cuando se encontraban ante algo hermoso. La recompensa brinda orientación al cerebro. Por eso resulta tan cruel que justo este sistema se desoriente.

En el ámbito de la investigación sobre el cerebro se ha realizado un experimento que, aunque no está relacionado con la adicción, ha aportado algo fundamental para comprenderla.

En el año 2009 varios investigadores de la sede del Instituto Max Planck en Tubinga trasladaron a varios voluntarios al desierto del Sáhara o bien a un denso bosque (en concreto, el Bienwald, en el estado de Renania-Palatinado). Cuando el cielo se nublaba, no había ningún punto (como el sol o alguna torre) que les permitiera orientarse. ¿El resultado? Sin darse cuenta, los participantes caminaron en círculos. De hecho, cuando se les vendaban los ojos, trazaban círculos aún más pequeños. En ese caso, ¡no se alejaban ni cien metros!

El sentido de la orientación y el sistema de recompensa tienen algo en común: el primero nos guía en el mundo exterior y el segundo nos muestra una dirección en el mundo interior. Gracias a los estudios que se han realizado sobre la desorientación, hoy sabemos que nos perdemos sobre todo cuando nuestro entorno es monótono y carece de fronteras (como la linde de un bosque, por ejemplo). Además, nos perdemos en mayor medida si estamos solos y también cuando pensamos que hemos encontrado un atajo. La investigación sobre las adicciones ha observado fenómenos muy parecidos en su ámbito: el riesgo de desarrollar una dependencia es mayor cuando estamos solos o agobiados por un día a día monótono, o cuando nos falta orientación en la vida, objetivos alcanzables. Si nos encontramos con un atajo que nos permita llegar antes a las sensaciones agradables..., ¿por qué no tomarlo?

Cualquiera puede quedarse atrapado en un bucle del cerebro. Cuando coinciden un par de factores desfavorables, todos nos movemos en círculos. Para quienes están fuera la solución puede parecer sencilla («¡Camina recto!»), pero en realidad no es tan fácil.

Caminos para salir de la adicción

Existe un área cerebral que propone una nueva dirección al sistema de recompensa. Desde el punto de vista meramente anatómico, es óptima para esta función: se trata del córtex prefrontal, que se encuentra en la parte delantera del cerebro, justo detrás de la frente, y que está conectado con las células de la recompensa a través de una serie de fibras nerviosas. Tiene la capacidad de reforzar o atenuar las sensaciones relacionadas con la recompensa, en función de lo que opine sobre algo. Su influencia puede ser tan grande que se impone a impulsos vitales. Por ejemplo, una persona puede ponerse en huelga de hambre por sus convicciones políticas y dejar, por tanto, de comer. A veces incluso hasta la muerte.

Muchos de los individuos que han superado alguna adicción lo atribuyen a la adopción de una nueva creencia, a una profunda decisión a partir de un «momento de revelación» o a una sensación de enorme vergüenza. Y todos esos estados se activan precisamente en el córtex prefrontal. Con él construimos nuestra identidad, nuestros conceptos morales, religiosos y lógicos. Y aquí los pequeños matices marcan la diferencia: no es lo mismo experimentar *vergüenza* que *sentimiento de culpa*. La vergüenza nos recuerda que en realidad tenemos una personalidad diferente de la que estamos mostrando con nuestras acciones en este momento. En cambio, el sentimiento de culpa entraña miedo o estrés social (y, por desgracia, el cerebro conoce una vieja solución para acabar con el estrés y el miedo: las drogas).

Existen diferentes maneras de involucrar al córtex prefrontal en la desintoxicación. Algunos equipos de investigación proponen estimularlo mediante ondas electromagnéticas o simular sus efectos con determinados medicamentos. Otros, en cambio, estudian qué efectos obran sobre él las relaciones humanas; por ejemplo, las que se establecen en los grupos de autoayuda como Alcohólicos Anónimos. De entrada, estos planteamientos pueden parecer muy diversos entre sí, pero tienen en común un aspecto esencial: con todos ellos se incrementa la influencia que el córtex prefrontal ejerce sobre el sistema de recompensa.

En la aplicación de ondas electromagnéticas no se utiliza una descarga eléctrica, sino una especie de imán que es capaz de modificar la carga eléctrica de nuestras neuronas. Se ha comprobado que, cuando se estimula de esta manera el córtex prefrontal, no se genera una nueva sensación de identidad: en esta operación solo se activan las conexiones nerviosas con el sistema de recompensa, lo que permite entrenar estos ejes. Igual que los músculos pierden masa cuando estamos ingresados durante largas temporadas en el hospital, también una fuerte adicción deja sus huellas en esta zona: cuando la recompensa más intensa siempre procede de otras áreas cerebrales, los nervios de la corteza prefrontal se atrofian. Los impulsos electromagnéticos pueden ayudarnos a volver a «entrenarlos». Cuanto más frecuentemente se activen los nervios (ya sea empleando un imán o no), mayor será su reacción.

De acuerdo con las estadísticas, las reuniones de Alcohólicos Anónimos son una de las vías más eficaces para dejar atrás las adicciones. Alcanzan un nivel de éxito del 42 por ciento en el primer año, lo que supone aproximadamente un 7 por ciento más que la psicoterapia pura. Al córtex prefrontal le interesa pertenecer a un grupo, porque eso le permite forjar una identidad. El mero hecho de tener que participar en una ronda de presentaciones lo obliga a explicar, tanto para sí mismo como para los demás, y de una manera más o menos lógica, en calidad de qué está aquí. No tendría sentido que un adicto que quisiera seguir con su adicción participase en esos encuentros. Así pues, a ellos acude con otra parte de su personalidad: la de «alguien que ha pasado por una adicción y quiere afrontarla adecuadamente». Si esta identidad se refuerza, el córtex prefrontal puede recompensar *nuevas* cosas. Y, si todo va de forma óptima, en esa identidad no sucumbir ante una copa de vino es mucho más importante que «dejar de estar tenso». Cada reunión consolida esta idea.

Evidentemente, hay otras cosas que conforman nuestra identidad: la oración, la lectura de abundantes libros sobre el tema, el voluntarioso entrenamiento para una maratón... Para algunas personas, eso basta por sí mismo para alejarse de la adicción. Sin embargo, conectar con otras personas en grupos de autoayuda aporta una ventaja decisiva: las interacciones desencadenan en el cerebro impulsos eléctricos. El contacto visual, la escucha auténtica o un asentimiento: todo eso se va sumando y supone un apoyo para el córtex prefrontal sin necesidad de que intervengamos activamente en él. ¡No tenemos que generar todos estos impulsos nosotros solos! Y esto facilita el proceso.

Los porcentajes de éxito de las estrategias clásicas (por lo general, inferiores al 30 por ciento) indican que se necesitan nuevos planteamientos para luchar contra las adicciones. A menudo, en las clínicas de desintoxicación se atenúan los síntomas negativos —mediante medicamentos que combaten la ansiedad, la tensión y la melancolía— y se ofrece una primera terapia.

Para mejorar la eficacia, en los últimos años la medicina no solo se ha centrado en redescubrir el córtex prefrontal, sino que también ha cuestionado ciertos dogmas tradicionales. Uno de los resultados de este esfuerzo es un nuevo concepto en materia de alcoholismo: se trata del «consumo controlado de bebidas». Aquello que antaño se consideraba imposible parece ahora una opción *para algunas personas*: la idea es no abandonar del todo la bebida, mientras se espera a que el córtex prefrontal adquiera un *verdadero* derecho de voz y voto en cuanto a la cantidad. Con terapia, grupos de autoayuda e información, esta estrategia puede funcionar. Sin apoyo es prácticamente inviable.

Otro planteamiento que se está investigando justo ahora consiste en compensar la falta de dopamina durante el proceso de desintoxicación y también después, mediante unas sustancias denominadas «agonistas de la dopamina». Desde el punto de vista estadístico, las personas que, por su propia predisposición genética, producen menos dopamina recaen con más frecuencia después de la desintoxicación. En Estados Unidos, donde las investigaciones genéticas cuentan con menos restricciones normativas, se dispone de cifras concretas en este sentido: aproximadamente un tercio de la población presenta genes ligados a una menor producción de esta sustancia. Y si estas personas ya fabricaban poca dopamina antes de la adicción, después de ella producen *aún menos*. Eso explica que sientan más síntomas relacionados con la abstinencia que las demás. A quien cae en la adicción por un impulso interior le resulta más complicado salir de ella.

Los primeros datos sobre estas sustancias sustitutivas de la dopamina ya se han analizado y permiten concluir que, para que funcionen, hay que administrarlas en cantidades dosificadas con mucha precisión. Si la dopamina se estimula en exceso, se producirá un efecto similar al de la adicción. Los experimentos con cantidades más bien bajas dan mejor resultado. Por eso podríamos contar aquí con un nuevo enfoque: administrar precursores de la dopamina a horas tempranas para que el propio cuerpo pueda generar por sí mismo la sustancia. Si a lo largo del día el nivel de dopamina se mantiene elevado en la sangre, se evitarán sus descensos en momentos intermedios, caídas que son similares a las disminuciones de los niveles de glucosa que sufrimos poco antes de que empecemos a sentir hambre.

El futuro de la investigación en este terreno pasa por impedir que nuestras células de la recompensa se queden solas o desorientadas, como lo han estado hasta ahora en las primeras fases de las adicciones. Lo ideal es que llegue apoyo desde todas las direcciones: desde las relaciones humanas, desde el deporte, desde nuestra propia identidad y nuestras convicciones y desde las terapias clásicas. Todo esto puede sernos de ayuda para dejar atrás la dependencia. Encontrar la salida de las adicciones implica tomar a diario una decisión: alejarse de los viejos caminos trillados y avanzar hacia nuevas sendas. Tal vez en esas sendas debamos dar pasos hacia atrás, tal vez pasemos por etapas difíciles o nos veamos obligados a dar rodeos. Pero quien haya caminado alguna vez ya sabe que cualquier cosa es mejor que andar en círculos. Así pues, cabeza alta, mirada en dirección al sol y paso firme hacia el objetivo. Aunque sea un objetivo modesto. ¡Adelante!

Querido cerebro:

No sé si te lo he dejado suficientemente claro en estas páginas, pero, por si acaso, lo especifico ahora: este libro lo he escrito para ti. Ningún otro órgano puede leer. Eso solo puedes hacerlo tú.

Si has llegado hasta estas líneas, eso significa que probablemente habrás aprendido algunas cosas acerca de los pulmones, del sistema inmunitario, de la piel, de los músculos y de ti mismo. No es casualidad que haya seguido este orden. Todo el libro está concebido pensando en tu configuración y en tu desarrollo. Por eso comienza por los pulmones y las *necesidades físicas básicas*, ¡que también para ti son las más importantes! De hecho, en el vientre materno lo primero que se forman son las áreas cerebrales inferiores, que durante toda una vida se ocuparán de la respiración, del latido del corazón y demás, mientras que las áreas que se sitúan por encima de ellas gestionarán emociones como la ira o la atracción por la *seguridad* y las *relaciones*. Los movimientos conscientes —que apuntan hacia un objetivo o requieren toda nuestra *fuerza*— necesitan de la corteza cerebral que se encuentra por arriba. Por último, en tu área más frontal y elevada —la última en madurar— formas los *pensamientos* abstractos, como los deseos, la moral y los propósitos. Es un puntazo que todas estas áreas también cubran las necesidades más fundamentales del ser humano (según las describió por primera vez Abraham Maslow), ¿a que sí?

Mientras recorres estas líneas también coordinas la respiración, llevas las riendas de la tensión arterial, mueves los ojos y estás atento a las señales que te envía el sistema inmunitario. Tienes muchas cosas entre manos... Para mí era importante no solo que *conocieras* mejor otras regiones del cuerpo, sin más (de hecho, ya conoces mucho). Lo que yo quería es que, además, te maravillaras un poco.

¿Sabías quizá que construir un ojo humano costaría unos tres millones de euros? Se necesitaría una estructura de 576 megapíxeles, con multitud de sensores, enfoque automático, sensibilidad a la luz y un algoritmo especial para el procesamiento. Cuando leí estos datos en una revista hace un par de años me quedé impresionada. ¿Cuánto podría costar el resto del cuerpo humano?

Pues bien, un pulmón artificial rozaría los 500.000 euros, y lo mismo se puede decir de un corazón artificial. En cambio, los órganos del abdomen serían más caros. El precio de construir un biorreactor que fuese capaz de desencadenar tantas reacciones químicas como las que produce un hígado superaría fácilmente el millón de euros. Imitar las funciones más primitivas del intestino costaría más o menos lo mismo que elaborar unos riñones artificiales: entre ambas operaciones sumarían otro millón más. Por no mencionar que cada uno de esos órganos artificiales tendría el tamaño de una habitación y que, además, sería ruidoso y consumiría una cantidad brutal de energía. El despegue de la tecnología es complicado...

¿El precio de construir prótesis para simular todos los huesos y las articulaciones? Entre uno y diez millones de euros.

¿Piel artificial para cubrir un cuerpo entero? Entre doscientos mil y diez millones de euros, en función de su calidad. ¿Una musculatura que se parezca a la real? Más de cien millones. Y un sistema nervioso, hormonas artificiales y vasos sanguíneos, incluidas las venas de menor tamaño: más de quinientos millones de euros. Y tú mismo, mi querido cerebro, te situarías, de acuerdo con los cálculos, por encima de un billón. Aunque, eso sí, todavía no hay nadie que sepa cómo construirte...

Crear un cuerpo como organoide —es decir, no un cuerpo mecánico, sino uno constituido por células de verdad y con estructuras biológicas auténticas, incluidos todos los tejidos y las redes neuronales hasta llegar a una especie de conciencia— costaría hasta diez billones; el equivalente al valor de las diez empresas más grandes de todo el mundo en el momento en el que escribo estas líneas: Apple, Microsoft, Google, Amazon, Tesla, NVIDIA, Saudi Aramco, Meta, Broadcom y TSMC. O al valor de todos los bienes inmuebles de Nueva York o de Londres. O, si te parece más estético expresarlo así, al valor de todas las obras de arte del mundo juntas, desde la *Mona Lisa* hasta *Los girasoles* de Van Gogh, pasando por el *David* de Miguel Ángel.

Pero no te cuento esto porque pretenda impresionarte abanicándote con billetes. Mi intención es otra: ¿qué se siente al pensar que tenemos desde hace tanto tiempo lo más valioso que puede poseer un ser humano?

¿Qué se siente al saber que ese algo somos nosotros mismos?

La vida es tan compleja... A veces pasamos por alto lo más obvio. En nuestro a día a día en el trabajo, parece aún descabellado contemplar nuestro cuerpo como «una obra que vale billones de euros», pero cuando sobreviene una enfermedad grave o estamos cerca de nuestra propia muerte solemos entender su valor.

¿Qué extraño abismo separa el mundo consciente, con sus empresas, sus edificios y su dinero, de la Tierra, con sus animales, sus microbios y sus plantas? El mundo de los seres vivos es mucho más antiguo, como lo demuestran su diversidad, su riqueza y sus logros.

Al igual que tú, mi querido cerebro, la vida humana se ha ido haciendo más y más abstracta con cada paso de la evolución. Si al principio lo único importante era la supervivencia, la respiración y el latido del corazón, ahora, en cambio, piensas en moral, en inteligencia artificial o en galaxias situadas a años luz de nosotros. Gracias a tu rápido desarrollo, hoy nos encontramos en la «era de la información». ¿De verdad todos entendemos lo que eso significa? Existimos en un tiempo en el que las principales referencias ya no se tocan, se saborean, se huelen o se observan directamente: lo que nos llega de ellas son «informaciones».

No seleccionamos el árbol del que proceden nuestras manzanas. No sabemos si el animal que nos estamos comiendo tenía un aspecto saludable ni cómo les va la vida a las personas que han cosido nuestros calzoncillos. Para conocer las novedades ponemos los informativos y a menudo trabajamos en sistemas sumamente especializados y nos desconectamos del resultado final de nuestra labor. Los maratones de series, el consumo del teléfono móvil y los videojuegos están fuera de la fuerza de la gravedad y de la realidad. Incluso la información sobre el hecho de *que vivimos en la era de la información* es solo eso, una información. No es aplicable del mismo modo a todo el mundo. Y ningún ser humano puede «palparla».

En nuestra época hay oportunidades y peligros. Una información falsa puede conducirnos al borde del precipicio, pero hoy también podemos observar con más precisión el mundo y cooperar de una forma más eficaz que nunca. Ahora es posible rebasar cientos de fronteras nacionales y barreras idiomáticas para forjar amistades y poner en marcha iniciativas..., pero también para contaminar con partículas en suspensión y pesticidas de los que ni siquiera nos percatamos. Aún está por ver cómo surcaremos esta época y qué brújula podremos utilizar para orientarnos.

Todo esto nos lleva de nuevo a ti, mi querido cerebro.

¿Sabes tal vez por qué existes? No hablo en el sentido filosófico ni espiritual, sino en el concreto, en el práctico. A partir de cierto momento, los animales se volvieron demasiado grandes como para que las células primigenias de su cuerpo pudiesen seguir controlándolos. Se hicieron tan *complejos* que necesitaron unas células específicas que coordinasen de una manera razonable su organismo. En lugar de a las doce millones de células de la pierna, para moverla se recurrió a una sola, en concreto a una neurona. Así «te» centralizaste.

Una transición de numerosas unidades a un solo sistema complejo... ¿Acaso no es eso también lo que se está produciendo en nuestro mundo? Los seres humanos han superado una cantidad crítica y ahora permanecen conectados por medio de la globalización, las telecomunicaciones e internet. Del mismo modo en que las primeras fibras nerviosas recorren un embrión, nosotros extendemos las canalizaciones y las vías de comunicación a través del tejido de nuestros paisajes. Como si fuésemos un organismo. O un «superorganismo», como dicen algunos científicos.

Ahora mismo, de alguna manera —y como quizá ya hayas percibido— estoy hablando con todos los cerebros. Como una comunidad. Imaginemos por un momento que consigo comunicarme con ellos. Pues bien, hay una tarea que todos los cerebros tienen en común: el control de un cuerpo. Nuestro cuerpo, tu cuerpo.

Aún nos queda una pregunta pendiente: ¿cómo lo hacen?

Al correr, todos tus puntos de conexión están ligados directamente a la realidad. Si te equivocas, nos tropezaremos o nos caeremos. En cambio, tus pensamientos elevados acerca de valores, objetivos y visiones son invisibles.

¿Cómo se controlan? ¿Qué ocurre si construyes una realidad distorsionada y te pierdes en ella? En ese caso, ¿no te apartarás durante un tiempo de los demás, ignorándolos como cuando, por ejemplo, te asalta el hambre? ¿Igual que puedes olvidarte por un rato de la sed o de la necesidad de ir al baño? Durante un tiempo, solo te ocupas de ti. Sin correctivos. ¿Cuánto tiempo funciona esta estrategia? Me pregunto si eso también puede ocurrirnos a nosotros como humanidad. Y, de ser así, me pregunto si eso es justo lo que nos está pasando ahora.

Cuando me detengo a reflexionar acerca de cuál es tu objetivo a la hora de dirigir el cuerpo, no puedo por menos que pensar en la respiración: el equilibrio. Cuando tus neuronas se conectan, su principal objetivo, el primero de todos, es mantener el equilibrio de la vida. Todos los órganos conocen ese equilibrio. En cada dolencia, el sistema inmunitario intenta restablecerlo a toda velocidad, la piel lo conserva mediante la dosis correcta de protección y sensibilidad y nuestros músculos lo alcanzan a través de la compensación de acción y reposo.

Si la humanidad fuera un organismo, ¿qué sería el equilibrio en su caso? ¿No consistiría en la paz? ¿En ese estado en el que dejamos de vernos como enemigos y empezamos a entendernos como partes de un mismo cuerpo? Sin embargo, una y otra vez nos apartamos de ese camino y nos alejamos de sus metas...

A mí me da igual que cometas errores. Me da igual que no seas perfecto. Los eternos debates en torno a tus fallos me resultan tediosos y cuando reflexiono acerca de la sociedad esta perspectiva tampoco me resulta muy estimulante. Lo que a mí me gustaría es, sencillamente, poder tocarte. Recorrer con los dedos tus circunvoluciones. Suavemente y solo en mi imaginación, claro, para no herirte de ningún modo. Siento curiosidad por ti.

¿Conoces esa sensación de volver a nosotros mismos después de haber estado perdidos en nuestras cavilaciones? ¿Ese momento en el que sentimos de nuevo los brazos, las mejillas y las piernas? La respiración se calma, a veces emitimos un suspiro o percibimos el latido del corazón. Volvemos a poner la atención en la piel. Regresamos de allá donde hayamos estado. Confío en que este libro obre en ti un efecto parecido, porque volver al cuerpo es algo que, objetivamente hablando, nos sienta bien.

Se piensa que es uno de los elementos más potentes de la meditación, de la respiración consciente y de la actividad deportiva. Podría argumentarlo citando infinidad de fuentes, pero en el fondo lo que dicen todas ellas es lo siguiente: tú necesitas al cuerpo y el cuerpo te necesita a ti.

Tal vez lo corporal pueda servirnos de referencia incluso en la época actual. ¿Es posible que también ayude al «superorganismo» de la humanidad en su crecimiento? Podría servir de estímulo, ampliar perspectivas y plantear interrogantes. ¿Cómo sería una sociedad en la que el dinero se distribuyera igual que se reparte la energía en un cuerpo? ¿Cómo tendrían que organizarse los medios de comunicación para que la información que transmitiesen fuese tan precisa y directa como la que los nervios envían al cerebro? ¿Con qué criterios medirían el éxito los departamentos de gestión si se guiaran por estándares orgánicos? ¿Qué sería de una sociedad que juzga a quien se aparta de la norma con la misma velocidad con la que reacciona el cuerpo en el caso de una enfermedad autoinmune? ¿Es el racismo un sesgo de correspondencia, igual que ocurre con las alergias? ¿Cómo cambiarían las relaciones si no solo se rigiesen por iglesias, convenciones o leyes, sino también por apreciaciones de la piel? ¿Puede una sociedad perder su equilibrio y, como consecuencia, «enfermar»? ¿Cómo funcionaría su «sanación»?

Jamás la respuesta del cuerpo debe ser la única. Pero jamás debemos olvidar del todo lo corporal en nuestras respuestas. El cuerpo es el motivo por el que existimos. Nos movemos constantemente para satisfacer sus necesidades. En eso nos basamos como seres que respiramos, prestamos atención, amamos y trabajamos hasta la extenuación. Como seres que nos unimos, que tenemos una antigüedad de millones de años y que, al mismo tiempo, renacemos una y otra vez. Como seres orgánicos.

Principales fuentes

Las fuentes que indico a continuación son principalmente aquellas que no se encuentran en los manuales habituales.

1. Una necesidad básica: **Los pulmones**

Aghapour, Mahyar; Ubags, Niki D.; Bruder, Dunja, *et al.*, «Role of air pollutants in airway epithelial barrier dysfunction in asthma and COPD», *European Respiratory Review*, 31, 163, 2022.

Al-Kindi, Sadeer G.; Brook, Robert D.; Biswal, Shyam, *et al.*, «Environmental determinants of cardiovascular disease: lessons learned from air pollution», *Nature Reviews Cardiology*, 17, 10, 2020, pp. 656-672.

Amru, Desi Ernita; Umiyah, Astik; Yastirin Pintam Ayu, *et al.*, «Effect of deep breathing techniques on intensity of labor pain in the active phase», *The International Journal of Social Sciences World (TIJOSSW)*, 3, 2, 2021, pp. 359-364.

Bachofen, Hans y Schürch, Samuel, «Alveolar surface forces and lung architecture», *Comparative Biochemistry and Physiology Part A: Molecular and Integrative Physiology*, 129, 2001, pp. 183-193.

Boisvert, Gabriel, *et al.*, «Bioaccumulation and biomagnification of perfluoroalkyl acids and precursors in East Greenland polar bears and their ringed seal prey», *Environmental Pollution*, 252, 2019, parte B.

Bolser, Donald C.; Poliacek, Ivan; Jakus, Jan, *et al.*, «Neurogenesis of cough, other airway defensive behaviors and breathing: A holarchical system?», *Respiratory Physiology & Neurobiology*, 152, 3, 2006, pp. 255-265.

Bundesministerium für Umwelt, Naturschutz, Nukleare Sicherheit und Verbraucherschutz, «Leitfaden zur PFAS-Bewertung», 2022, https://www.bmuv.de/download/leitfaden-zur-pfas-bewertung.

Canha, Nuno; Teixeira, Catarina; Figueira, Mónica, *et al.*, «How is indoor air quality during sleep? A review of field studies», *Atmosphere*, 12, 1, 2021, p. 110.

Chemie.de, «Verwendung von PFAS in Kosmetika 'weit verbreitet"», 17 de junio de 2021, https://www.chemie.de/news/1171520/verwendung-von-pfas-in-kosmetika-weit-verbreitet.html.

Chen, Qishan; Wang, Qiwen; Zhu, Jianhua, *et al.*, «Reactive oxygen species: key regulators in vascular health and diseases», *British journal of Pharmacology*, 175, 8, 2018, pp. 1279-1292.

Coley, David A.; Greeves, Rupert y Saxby, Brian, «The effect of low ventilation rates on the cognitive function of a primary school class», *International Journal of Ventilation*, 6, 2, 2007, pp. 107-112.

Connett, Gary J. y Thomas, Mike, «Dysfunctional breathing in children and adults with asthma», *Frontiers in pediatrics*, 6, 2018, p. 406.

Corey, Timothy P.; Shoup-Knox, Melanie L.; Gordis, Elana B. y Gallup, Gordon G. Jr., «Changes in Physiology before, during, and after Yawning», *Frontiers in Evolutionary Neuroscience*, 3, 7, 2012.

Costa, Lucio G.; Cole, Toby B.; Dao, Khoi, *et al.*, «Effects of air pollution on the nervous system and its possible role in neurodevelopmental and neurodegenerative disorders», *Pharmacology & Therapeutics*, 210, 107523, 2020.

Cousins, Ian T., *et al.*, «Outside the safe operating space of a new planetary boundary for per-and polyfluoroalkyl substances (PFAS)», *Environmental Science & Technology*, 56, 16, 2022.

Cowie, Robert L., *et al.*, «A randomised controlled trial of the Buteyko technique as an adjunct to conventional management of asthma», *Respiratory Medicine*, 102, 5, 2008, pp. 726-732.

Da Fonsêca, Jessica Danielle Medeiros; Resqueti, Vanessa Regiane; Bemcio, Kadja, *et al.*, «Acute effects of inspiratory loads and interfaces on breathing pattern and activity of respiratory muscles in healthy subjects», *Frontiers in Physiology*, 10, 2019, p. 993.

Dalley, Arthur, «Your lungs are really amazing. An anatomy professor explains why», *The Conversation*, 10 de julio de 2022, https://theconversation.com/your-lungs-are-really-amazing-an-anatomy-professor-explains-why-106669.

Davidson, Cliff I.; Phalen, Robert F. y Solomon, Paul A., «Airborne particulate matter and human health: a review», *Aerosol Science and Technology*, 39, 8, 2005, pp. 737-749.

Del Negro, Christopher A.; Funk, Gregory D. y Feldman, Jack L., «Breathing matters», *Nature Reviews Neuroscience*, 19, 6, 2018, pp. 351-367.

Dennekamp, Martine; Howarth, S.; Dick, C. A. J., *et al.*, «Ultrafine particles and nitrogen oxides generated by gas and electric cooking», *Occupational and Environmental Medicine*, 58, 8, 2001, pp. 511-516.

Eguiluz-Gracia, Ibon; Mathioudakis, Alexander G.; Bartel, Sabine, *et al.*, «The need for clean air: the way air pollution and climate change affect allergic rhinitis and asthma», *Allergy*, 75, 9, 2020, pp. 2170-2184.

Fowler, David; Brimblecombe, Peter; Burrows, John, *et al.*, «A chronology of global air quality», *Philosophical Transactions of the Royal Society A*, 378, 2183, 20190314, 2020.

González-Martín, Javier; Kraakman, Norbertus Johannes Richardus; Pérez, Cristina, *et al.*, «A state-of-the-art review on indoor air pollution and strategies for indoor air pollution control», *Chemosphere*, 262, 128376, 2021.

Heck, Detlef H.; Kozma, Robert y Kay, Leslie M., «The rhythm of memory: how breathing shapes memory function», *Journal of Neurophysiology*, 122, 2, 2019, pp. 563-571.

Herrero, Jose L.; Khuvis, Simon; Yeagle, Erin, *et al.*, «Breathing above the brain stem: volitional control and attentional modulation in humans», *Journal of Neurophysiology*, 119, 1, 2018, pp. 145-159.

Ionescu, Maria F.; Mani-Babu, Sethu; Degani-Costa, Luiza H., *et al.*, «Cardiopulmonary exercise testing in the assessment of dysfunctional breathing», *Frontiers in Physiology*, 11, p. 620955, 2021.

Karalis, Nikolaos y Sirota, Anton, «Breathing coordinates limbic network dynamics underlying memory consolidation», *BioRxiv*, 392530, 2018.

Knudsen, Lars y Ochs, Matthias, «The micromechanics of lung alveoli: structure and function of surfactant and tissue components», *Histochemistry and Cell Biology*, 150, 2018, pp. 661-676.

Kreutzfeldt, Malte, «Dreckiger als Diesel? Kochen mit Gas», *TAZ*, 7 de agosto de 2018, https://taz.de/Kochen-mit-Gas/!5526276/.

Liem, Karel F., «Form and function of lungs: the evolution of air breathing mechanisms», *American Zoologist*, 28, 2, 1988, pp. 739-759.

Lotfalian, Sadaf; Spears, Claire A. y Juliano, Laura M., «The effects of mindfulness-based yogic breathing on craving, affect, and smoking behavior», *Psychology of Addictive Behaviors*, 34, 2, 2020, p. 351.

Macklem, Peter T., «Emergent phenomena and the secrets of life», *Journal of Applied Physiology*, 104, 6, 2008, pp. 1844-1846.

Mills, Inga C.; Atkinson, Richard W.; Anderson, Hugh R., *et al.*, «Distinguishing the associations between daily mortality and hospital admissions and nitrogen dioxide from those of particulate matter: a systematic review and meta-analysis», *BMJ Open*, 6, 7, 2016, e010751.

Mitchell, Ron B., «Sleep-disordered breathing in children: are we underestimating the problem?», *European Respiratory Journal*, 25, 2, 2005, pp. 216-217.

Mussa, Ali; Mohd Idris, Ros A.; Ahmed, Naveed, *et al.*, «High-Dose Vitamin C for Cancer Therapy», *Pharmaceuticals*, 15, 6, 2022, art. 711.

Osipov, Sergey, *et al.*, «Severe atmospheric pollution in the Middle East is attributable to anthropogenic sources», *Communications Earth & Environment*, 3, 203, 2022.

Peters, Ruth; Ee, Nicole,; Peters, Jean, *et al.*, «Air pollution and dementia: a systematic review», *Journal of Alzheimer's Disease*, 70, s1, 2019, pp. S145- S163.

Prior, Ronald L., «Oxygen radical absorbance capacity (ORAC): New horizons in relating dietary antioxidants/bioactives and health benefits», *Journal of Functional Foods*, 18, 2015, pp. 797-810.

Prior, Ronald L.; Gu, Liwei; Wu, Xianli, *et al.*, «Plasma antioxidant capacity changes following a meal as a measure of the ability of a food to alter in vivo antioxidant status», *Journal of the American College of Nutrition*, 26, 2, 2007, pp. 170-181.

Pulimeno, Manuela; Piscitelli, Prisco; Colazzo, Salvatore, *et al.*, «Indoor air quality at school and students' performance: Recommendations of the UNESCO Chair on Health Education and Sustainable Development & the Italian Society of Environmental Medicine (SIMA)», *Health Promotion Perspectives*, 10, 3, 2020, p. 169.

Reis, Lara Aleluia; Drouet, Laurent y Tavoni, Massimo, «Internalising health-economic impacts of air pollution into climate policy: a global modelling study», *The Lancet Planetary Health*, 6, 1, 2022, pp. e40-e48.

Rickard, Kathleen Benjamin; Dunn, Dorothy J. y Brouch, Virginia M., «Breathing techniques associated with improved health outcomes», 2015.

Russo, Marc A.; Santarelli, Danielle M. y O'Rourke, Dean, «The physiological effects of slow breathing in the healthy human», *Breathe*, 13, 4, 2017, pp. 298-309.

Schraufnagel, Dean E., «The health effects of ultrafine particles», *Experimental and Molecular Medicine*, 52, 2019, pp. 1-7.

Schraufnagel, Dean E.; Balmes, John R.; Cowl, Clayton T., *et al.*, «Air pollution and noncommunicable diseases: A review by the Forum of International Respiratory Societies' Environmental Committee, Part 2: Air pollution and organ Systems», *Chest*, 155, 2, 2019, pp. 417-426.

Schrödinger, Erwin, *What Is Life?: With Mind and Matter and Autobiographical Sketches*, Cambridge University Press, 1992.

Seppälä, Emma; Bradley, Christina y Goldstein, Michael R., «Why Breathing Is So Effective at Reducing Stress», *Harvard Business Review*, 2020.

Shaffer, Fred; McCraty, Rollin y Zerr, Christopher L., «A healthy heart is not a metronome: an integrative review of the heart's anatomy and heart rate variability», *Frontiers in Psychology*, 5, 2014, p. 1040.

Smith, Benjamin M.; Traboulsi, Hussein; Austin, John H. M., *et al.*, «Human airway branch variation and chronic obstructive pulmonary disease», *Proceedings of the National Academy of Sciences*, 115, 5, 2018, pp. e974-e981.

Stanner, S. A.; Hughes, J.; Kelly, C. N. M., *et al.*, «A review of the epidemiological evidence for the "antioxidant hypothesis"», *Public Health Nutrition*, 7, 3, 2004, pp. 407-422.

STRG_F, vídeo, «Jahrhundertgift: Warum wird es nicht verboten?», 29 de septiembre de 2022, https://www.youtube.com/watch?v=ovCvW22ol3Y.

Umweltbundesamt, *Emission von Feinstaub der Partikelgröße PM1* 27 de marzo de 2024, https://www.umweltbundesamt.de/daten/luft/luftschadstoff-emissionen-in-deutschland/emission-von-feinstaub-der-partikelgroesse-pm10#emissionsentwicklung.

Umweltbundesamt, *Stickstoffdioxid-Belastung* 25 de septiembre de 2024, https://www.umweltbundesamt.de/daten/luft/stickstoffdioxid-belastung#belastung-durch-stickstoffdioxid.

United States Environmental Protection Agency, «Why wildfire smoke is a health concern» 4 de octubre de 2024, https://www.epa.gov/wildfire-smoke-course/why-wildfire-smoke-health-concern.

Vidotto, Laís S.; Bibliassi, Marcelo; Jones, Mandy O., *et al.*, «Stop Thinking! I Can't! Do Attentional Mechanisms Underlie Primary Dysfunctional Breathing?», *Frontiers in Physiology*, 9, 782, 2018.

Organización Mundial de la Salud, *et al.*, *WHO global air quality guidelines: particulate matter (PM2. 5 and PM10), ozone, nitrogen dioxide, sulfur dioxide and carbon monoxide*, Organización Mundial de la Salud, 2021.

Wu, Xianli; Gbeecher, Gary R.; Holden, Joanne M., *et al.*, «Lipophilic and hydrophilic antioxidant capacities of common foods in the United States», *Journal of Agricultural and Food Chemistry*, 52, 12, 2004, pp. 4026-4037.

Yartsev, Alex, *Deranged Physiology*, 21 de septiembre de 2019, https://derangedphysiology.com/main/cicm-primary-exam/

respiratory-system/Chapter-032/elastic-properties-respiratory-system?utm_source=chatgpt.com.
Zaccaro, Andrea; Piarulli, Andrea; Laurino, Marco, *et al.*, «How breath-control can change your life: a systematic review on psycho-physiological correlates of slow breathing», *Frontiers in Human Neuroscience*, 12, 2018, p. 353.

2. Seguridad: **El sistema inmunitario**

Balloux, François y Van Dorp, Lucy, «Q&A: What are pathogens, and what have they done to and for us?», *BMC Biology*, 15, 2017, pp. 1-6.
Barton, Erik S.; White, Douglas W.; Cathelyn, Jason S., *et al.*, «Herpesvirus latency confers symbiotic protection from bacterial infection», *Nature*, 447, 7142, 2007, pp. 326-329.
Benn, Christine S.; Netea, Mihai G.; Selin, Liisa K. y Aaby, Peter, «A small jab - a big effect: nonspecific immunomodulation by vaccines», *Trends in Immunology*, 34, 9, 2013, pp. 431-439.
Besedovsky, Luciana; Lange, Tanja y Haack, Monika, «The sleep-immune crosstalk in health and disease», *Physiological Reviews*, 99, 3, 2019, pp. 1325-1380.
Bonasia, Carlo G.; Abdulahad, Wayel H.; Rutgers, Abraham; Heeringa, Peter y Bos, Nicolaas A., «B cell activation and escape of tolerance checkpoints: recent insights from studying autoreactive B cells», *Cells*, 10, 5, 2021, art. 1190.
Cabrera-Gómez, J. A., *et al.*, «A severe episode in a patient with recurrent disseminated acute encephalitis due to vaccination against hepatitis B. For or against vaccination?», *Revista de Neurología*, 34, 4, 2002, pp. 358-363.
Chen, Hui Wen; Liu, Pei-Feng; Liu, Yu-Tsueng, *et al.*, «Nasal commensal Staphylococcus epidermidis counteracts influenza virus», *Scientific Reports*, 6, 2016, art. 27870.
Childs, Caroline E.; Calder, Philip C. y Miles, Elizabeth A., «Diet and immune function», *Nutrients*, 11, 8, 2019, p. 1933.
Cohen, Irun R., y Efroni, Sol, «The immune system computes the

state of the body: crowd wisdom, machine learning, and immune cell reference repertoires help manage inflammation», *Frontiers in Immunology*, 10, 2019, p. 10.

Cooper, Edwin L., «Evolution of immune systems from self/not self to danger to artificial immune systems (AIS)», *Physics of Life Reviews*, 7, 1, 2010, pp. 55-78.

Cruz-Muñoz, Mario E., y Fuentes-Pananá, Ezequiel M., «Beta and gamma human herpesviruses: Agonistic and antagonistic interactions with the host immune system», *Frontiers in Microbiology*, 8, 2018, p. 2521.

Daschner, Alvaro, y González Fernández, Juan, «Allergy in an evolutionary framework», *Journal of Molecular Evolution*, 88, 1, 2020, pp. 66-76.

De Filette, Jeroen MK; Pen, Joeri J.; Decoster, Lore, *et al.*, «Immune checkpoint inhibitors and type 1 diabetes mellitus: a case report and systematic review», *European Journal of Endocrinology*, 181, 3, 2019, pp. 363-374.

Dudek, Katarzyna A.; Dion-Albert, Laurence; Kaufmann, Fernanda Neutzling, *et al.*, «Neurobiology of resilience in depression: immune and vascular insights from human and animal studies», *European Journal of Neuroscience*, 53, 1, 2021, pp. 183-221.

Ezepchuk, Yurii V., *et al.*, «Biological concept of bacterial pathogenicity (theoretical review)», *Advances in Microbiology*, 7, 7, 2017, pp. 535-544.

Falkow, Stanley, «I never met a microbe I didn't like», *Nature Medicine*, 14, 10, 2008, pp. 1053-1057.

Galli, Stephen J.; Starkl, Philipp; Marichal, Thomas, *et al.*, «Mast cells and IgE in defense against venoms: possible "good side" of allergy?», *Allergology International*, 65, 1, 2016, pp. 3-15.

Gleeson, Michael, «Immune function in sport and exercise», *Journal of Applied Physiology*, 103, 2, 2007, pp. 693-699.

Hart, Vlastimil; Nováková, Petra; Malkemper, Erich Pascal, *et al.*, «Dogs are sensitive to small variations of the Earth's magnetic field», *Frontiers in Zoology*, 10, 2013, pp. 1-12.

Heib, Valeska; Becker, Marc; Taube, Christian, *et al.*, «Advances in the understanding of mast cell function», *British Journal of Haematology*, 142, 5, 2008, pp. 683-694.

Hu, Fanlei, *et al.*, «Rheumatoid arthritis patients harbour aberrant enteric bacteriophages with autoimmunity-provoking potential: a paired sibling study», *Annals of the Rheumatic Diseases*, 83, 12, 2024, pp. 1677-1690.

Irrgang, Pascal; Gerling, Julianne; Kocher, Katharina, *et al.*, «Class switch toward noninflammatory, spike-specific IgG4 antibodies after repeated SARS-CoV-2 mRNA vaccination», *Science Immunology*, 8, 79, 2022.

Kippenberger, Stefan; Kleemann, Johannes; Kaufmann, Roland y Meissner, Markus, «Acting without Central Agent-Considerations for a Self-Model at the Cellular Level», *Frontiers in Human Neuroscience*, 11, 2017, p. 191.

Köhler, Ole; Benros, Michael E.; Nordentoft, Merete, *et al.*, «Effect of anti-inflammatory treatment on depression, depressive symptoms, and adverse effects: a systematic review and meta-analysis of randomized clinical trials», *JAMA Psychiatry*, 71, 12, 2014, pp. 1381-1391.

Maggini, Silvia; Pierre, Adeline y Calder, Philip C., «Immune function and micronutrient requirements change over the life course», *Nutrients*, 10, 10, 2018, p. 1531.

Maronek, Martin; Link, Rene; Ambro, Lubos y Gardlik, Roman, «Phages and their role in gastrointestinal disease: focus on inflammatory bowel disease», *Cells*, 9, 4, 2020, art. 1013.

Matzinger, Polly, «Tolerance, danger, and the extended family», *Annual Review of Immunology*, 12, 1, 1994, pp. 991-1045.

Maxfield, Alice; Korkmaz, Hakan; Gregorio, Luciano L., *et al.*, «General antibiotic exposure is associated with increased risk of developing chronic rhinosinusitis», *The Laryngoscope*, 127, 2, 2017, pp. 296-302.

Meena, Mukesch; Swapnil, Prashant; Zehra, Andleeb, *et al.*, «Virulence factors and their associated genes in microbes», *New and Future Developments in Microbial Biotechnology and Bioengineering*», Elsevier, 2019, pp. 181-208.

«Microbiology by numbers», *Nature Reviews Microbiology*, 9, 2011, p. 628.

Moelling, Karin, «What contemporary viruses tell us about evolution: a personal view», *Archives of Virology*, 158, 2013, pp. 1833-1848.

Moelling, Karin, «Viruses more friends than foes», *Electroanalysis*, 32, 4, 2020, pp. 669-673.

Moling, Oswald y Gandini, Latha, «Sugar and the Mosaic of Autoimmunity», *The American Journal of Case Reports*, 20, 2019, pp. 1364-1368.

Mossad, Sherif B., «An evidence-based approach to management of the common cold», *JCOM-Wayne PA*, 6, 1999, pp. 39-45.

Murphy, Kenneth; Weaver, Casey, *et al.*, «Das mucosale Immunsystem», *Janeway Immunologie*, 2018, pp. 641-691.

Nesse, Randolph M. y Williams, George C., «Evolution and the Origins of Disease», 1994, https://web.sbu.edu/physics/faculty/dimattio/clare102/readings/evolution/evol-reading.htm.

Nian, Xuanxuan; Zhang, Jiayou; Huang, Shihe; Duan, Kai; Li, Xinguo y Yang, Xiaoming, «Development of Nasal Vaccines and the Associated Challenges», *Pharmaceutics*, 14, 10, 2022, p. 1983.

Oberhardt, Valerie; Luxenburger, Hendrik; Kemming, Janine, *et al.*, «Rapid and stable mobilization of CD8+ T cells by SARS-CoV-2 mRNA vaccine», *Nature*, 597, 7875, 2021, pp. 268-273.

Park, Jong-Eun; Jardine, Laura; Gottgens, Berthold; Techmann, Sarah A. y Haniffa, Muzlifah, «Prenatal development of human immunity», *Science*, 368, 6491, 2020, pp. 600-603.

Parvez, Mohammad K. y Parveen, Shama, «Evolution and emergence of pathogenic viruses: past, present, and future», *Intervirology*, 60, 1-2, 2017, pp. 1-7.

Peuß, Robert; Box, Andrew C.; Chen, Shiyuan, *et al.*, «Adaptation to low parasite abundance affects immune investment and immunopathological responses of cavefish», *Nature Ecology and Evolution*, 4, 10, 2020, pp. 1416-1430.

Pillai, Shiv, «Is it bad, is it good, or is IgG4 just misunderstood?», *Science Immunology*, 8, 81, 2023.

Profet, Margie, «The function of allergy: immunological defense against toxins», *The Quarterly review of Biology*, 66, 1, 1991, pp. 23-62.

Prussin, Aaron J. 2nd; Garcia, Ellen B. y Marr, Linsey C., «Total virus and bacteria concentrations in indoor and outdoor air», *Environmental Science & Technology Letters*, 2, 4, 2015, pp. 84-88.

Pulendran, Bali S.; Arunachalam, Prabhu y O'Hagan, Derek T., «Emerging concepts in the science of vaccine adjuvants», *Nature Reviews Drug Discovery*, 20, 6, 2021, pp. 454-475.

Rai, Sandhya; Rai, Gunjan y Kumar, Amod, «Eco-evolutionary impact of ultraviolet radiation (UVR) exposure on microorganisms, with a special focus on our skin microbiome», *Microbiological Research*, 260, 2022, art. 127044.

Rakebrandt, Nikolas y Joller, Nicole, «Infection history determines susceptibility to unrelated diseases», *BioEssays*, 41, 6, 2019.

Rojas Quintana, Manuel Eduardo; Restrepo-Jiménez, Paula; Monsalve Carmona, Diana Marcela, *et al.*, «Molecular mimicry and autoimmunity», 2018.

Rubio-Casillas, Alberto; Rodriguez-Quintero, Cesar M.; Redwan, Elrashdy M., *et al.*, «Do vaccines increase or decrease susceptibility to diseases other than those they protect against?», *Vaccine*, 42, 3, 2024, pp. 426-440.

SAGE (OMS), «Evidence based recommendations on nonspecific effects of BCG, DTP-containing and measles containing vaccines on mortality in children under 5 years of age. Background paper for SAGE discussions», 2014.

Sereda, Michal J.; Hartmann, Susanne; y Lucius, Richard, «Helminths and allergy: the example of tropomyosin», *Trends in Parasitology*, 24, 6, 2008, pp. 272-278.

Shraif, Kassem; Watad, Abdulla; Coplan, Louis, *et al.*, «The role of stress in the mosaic of autoimmunity: an overlooked association», *Autoimmunity Reviews*, 17, 10, 2018, pp. 967-983.

Singh, Meenu y Das, Rashmi R., «Cochrane Review: Zinc for the common cold», *Evidence-Based Child Health: A Cochrane Review Journal*, 7, 4, 2012, pp. 1235-1308.

Smith, J. Lacey, «Sir Arbuthnot Lane, chronic intestinal stasis, and autointoxication», *Annals of Internal Medicine*, 96, 3, 1982, pp. 365-369.
Söderling, Eva y Pienihäkkinen, Kaisu, «Effects of xylitol and erythritol consumption on mutans streptococci and the oral microbiota: a systematic review», *Acta Odontologica Scandinavica*, 78, 8, 2020, pp. 599-608.
Theofilopoulos, Argyrios N.; Kono, Dwight H. y Baccala, Roberto, «The multiple pathways to autoimmunity», *Nature Immunology*, 18, 7, 2017, pp. 716-724.
Tourbah, Ayman; Gout, Olivier; Liblau, Roland, *et al.*, «Encephalitis after hepatitis B vaccination: recurrent disseminated encephalitis or MS?», *Neurology*, 53, 2, 1999, p. 396.
Uwer, Rachel, «Why the world needs viruses to function», *BBC*, 2020, https://www.bbc.com/future/article/20200617-what-if-all-viruses-disappeared.
Vayssier-Taussat, Muriel; Albina, Emmanuel; Citti, Christine, *et al.*, «Shifting the paradigm from pathogens to pathobiome: new concepts in the light of meta-omics», *Frontiers in Cellular and Infection Microbiology*, 4, 2014, p. 29.
Vickery, Brian P.; Scurlock, Amy M.; Jones, Stacie M., *et al.*, «Mechanisms of immune tolerance relevant to food allergy», *Journal of Allergy and Clinical Immunology*, 127, 3, 2011, pp. 576-584.
Wiertsema, Selma P.; Van Bergenhenegouwen, Jeron; Garssen, Johan y Knippels, Leon M. J., «The interplay between the gut microbiome and the immune system in the context of infectious diseases throughout life and the role of nutrition in optimizing treatment strategies», *Nutrients*, 13, 3, 2021, art. 886.
Yung, Chee Fu, «Non-specific effects of childhood vaccines», *BMJ*, 355, 2016, i5434.

3. Relaciones: **La piel**

Abraira, Victoria E., y Ginty, David D., «The sensory neurons of touch», *Neuron*, 79, 4, 2013, pp. 618-639.
Baer, Drake, «People Naturally Sync Their Bodies, Breathing -

And Skin», *The Cut*, 31 de enero de 2017, https://www.thecut.com/2017/01/how-interpersonal-synchrony-works.html.

Bayat, Ardeshir, McGrouther, D. A. y Ferguson, M. W. J., «Skin scarring», *BMJ*, 326, 7380, 2003, pp. 88-92.

Bigelow, A. E., y Power, M., «Mother-infant skin-to-skin contact: short-and long-term effects for mothers and their children born full-term», *Frontiers in Psychology*, 11, 2020, art. 515068.

Björnsdotter, Malin; Morrison, India y Olausson, Hakan, «Feeling good: on the role of C fiber mediated touch in interoception», *Experimental Brain Research*, 207, 2010, pp. 149-155.

Boateng, Joshua y Catanzano, Ovidio, «Advanced therapeutic dressings for effective wound healing - a review», *Journal of Pharmaceutical Sciences*, 104, 11, 2015, pp. 3653-3680.

Buehler, Markus J., «Nature designs tough collagen: Explaining the nanostructure of collagen fibrils», *Proceedings of the National Academy of Sciences*, 103, 33, 2006, pp. 12285-12290.

Bundesamt für Strahlenschutz, *UV-Schutz-Verordnung*, 2020, https://www.bfs.de/DE/themen/opt/uv/wirkung/hauttypen/hauttypen.html.

Cacioppo, Stephanie; Capitanio, John P. y Cacioppo, John T., «Toward a neurology of loneliness», *Psychological Bulletin*, 140, 6, 2014, pp. 1464.

Dattola, Annunziata; Silvestri, Martina; Bennardo, Luigi, *et al.*., «Role of vitamins in skin health: a systematic review», *Current Nutrition Reports*, 9, 2020, pp. 226-235.

De Oliveira Rosso, Marcelie Priscila; Vieira Buchaim, Daniela; Kawano, Natália, *et al.*, «Photobiomodulation therapy (PBMT) in peripheral nerve regeneration: a systematic review», *Bioengineering*, 5, 2, 2018, art. 44.

Epstein, William L., y Maibach, Howard I., «Cell renewal in human epidermis», *Archives of Dermatology*, 92, 4, 1965, pp. 462-468.

Feldman, Ruth; Rosenthal, Zehava y Eidelman, Arthur I., «Maternal-preterm skin-to-skin contact enhances child physiologic organization and cognitive control across the first 10 years of life», *Biological Psychiatry*, 75, 1, 2014, pp. 56-64.

Field, Tiffany «Touch for socioemotional and physical well-being: A review», *Developmental Review*, 30, 4, 2010, pp. 367-383.

Fischer, Jennifer, «Skin care for aging skin: Minimizing age spots, wrinkles, and undereye bags», *Harvard Health Publishing*, 14 de diciembre de 2014, https://www.health.harvard.edu/staying-healthy/skin-care-for-aging-skin-minimizing-age-spots-wrinkles-and-undereye-bags.

Flament, Frederic; Bazin, Roland; Laquieze, Sabine; Rubert, Virginie; Simonpietri, Elisa y Piot, Bertrand, «Effect of the sun on visible clinical signs of aging in Caucasian skin», *Clinical, Cosmetic and Investigational Dermatology*, 27, 6, 2013, pp. 221-232.

Gonzalez, Ana Cristina de Oliveira; Costa, Tila Fortuna; Andrade, Zilton de Araujo, *et al.*, «Wound healing - A literature review», *Anais Brasileiros de Dermatologia*, 91, 5, 2016, pp. 614-620.

Gragnani, Alfredo; Mac Cornick, Sarita; Chominski, Veronica, *et al.*, «Review of major theories of skin aging», *Advances in Aging Research*, 3, 4, 2014, pp. 265-284.

Hekmatpou, Davood; Mehrabi, Fatemeh; Rahzani, Kobra y Aminiyan, Atefeh, «The effect of Aloe Vera clinical trials on prevention and healing of skin wound: a systematic review», *Iranian Journal of Medical Sciences*, 44, 1, 2019, pp. 1-9.

Herkes, Geoffrey; McGee, Claire; Liebert, Ann, *et al.*, «A novel transcranial photobiomodulation device to address motor signs of Parkinson's disease: a parallel randomised feasibility study». *EClinicalMedicine*, 66, 6, 2023, art. 102338.

Holick, Michael F., «Biological effects of sunlight, ultraviolet radiation, visible light, infrared radiation and vitamin D for health», *Anticancer Research*, 36, 3, 2016, pp. 1345-1356.

Hübner, Inga-Marie; Breitbart, Eckhard; Wenzel, Gregor, *et al.*, «S3-Leit- linie Prävention von Hautkrebs: Evaluation und Aktualisierungsprozess», *Die Dermatologie*, 74, 4, 2023, pp. 262-269.

Ichihashi, M.; Ueda, M.; Budiyanto, A., *et al.*, «UV-induced skin damage», *Toxicology*, 189, 1-2, 2003, pp. 21-39.

Jablonski, Nina G. y Chaplin, George, «The evolution of human skin coloration», *Journal of Human Evolution*, 39, 1, 2000, pp. 57-106.

Kerr, Fiona; Wiechula, Rick; Feo, Rebecca, *et al.*, «The neurophysiology of human touch and eye gaze and its effects on therapeutic relationships and healing: a scoping review protocol», *JBI Evidence Synthesis*, 14, 4, 2016, pp. 60-66.

Lamke, L.-O.; Nilsson, G. E. y Reithner, H. L., «The evaporative water loss from burns and the water-vapour permeability of grafts and artificial membranes used in the treatment of burns», *Burns*, 3, 3, 1977, pp. 159-165.

Lim, Henry W.; Piquero-Casals, Jaime; Schalka, Sergio; Leone, Giovanni; Trullàs, Carles; Brown, Anthony, *et al.*, «Photoprotection in pregnancy: addressing safety concerns and optimizing skin health», *Frontiers in Medicine*, 12, 2025, art. 1563369.

Maratos, Frances A.; Duarte, Joana; Barnes, Christopher, *et al.*, «The physiological and emotional effects of touch: Assessing a hand-massage intervention with high self-critics», *Psychiatry Research*, 250, 2017, pp. 221-227.

Martin, Paul, «Wound healing - aiming for perfect skin regeneration», *Science*, 276, 5309, 1997, pp. 75-81.

Ngoc, Le Thi Nhu; Tran, Vinh Van; Moon, Ju-Young, *et al.*, «Recent trends of sunscreen cosmetic: An update review», *Cosmetics*, 6, 4, 2019, p. 64.

Olausson, Hakan; Wessberg, Johan; Morrison, India, *et al.* (eds.), *Affective touch and the neurophysiology of CT afferents*, Springer New York, Nueva York, 2016.

Oltulu, Pembe; Ince, Bilsev; Kokbudak, Naile, *et al.*, «Measurement of epidermis, dermis, and total skin thicknesses from six different body regions with a new ethical histometric technique», *Turkish Journal of Plastic Surgery*, 26, 2, 2018, pp. 56-61.

Papathanassoglou, Elizabeth D. E. y Mpouzika, Meropi D. A., «Interpersonal touch: physiological effects in critical care», *Biological Research for Nursing*, 14, 4, 2012, pp. 431-443.

Reddan, Marianne C.; Young, Hannah; Falkner, Julia; López-Solà, Marina y Wager, Tor D., «Touch and social support influence interpersonal synchrony and pain», *Social Cognitive and Affective Neuroscience*, 15, 10, 2020, pp. 1064-1075.

Shanbhag, Shreya; Nayak, Akshatha; Narayan, Reema, *et al.*, «Anti-aging and sunscreens: paradigm shift in cosmetics», *Advanced Pharmaceutical Bulletin*, 9, 3, 2019, p. 348.

Spille, Jente L.; Grunwald, Martin; Martin, Sven y Mueller, Stephanie M., «The suppression of spontaneous face touch and resulting consequences on memory performance of high and low self-touching individuals», *Scientific Reports*, 12, 1, 2022, art. 8637.

Söderberg, Per G.; Talebizadeh, Nooshin; Yu, Zhaohua y Galichanin, Konstantin, «Does infrared or ultraviolet light damage the lens?», *Eye*, 30, 2, 2016, pp. 241-246.

Weller, Richard B., «The health benefits of UV radiation exposure through vitamin D production or non-vitamin D pathways. Blood pressure and cardiovascular disease», *Photochemical & Photobiological Sciences*, 16, 3, 2017, pp. 374-380.

White, John H., «Emerging Roles of Vitamin D-Induced Antimicrobial Peptides in Antiviral Innate Immunity», *Nutrients*, 14, 2, 2022, p. 284.

4. Fuerza y acción: **Los músculos**

Ajayaghosh, M. V.; y Mahadevan, V., «Effect of functional strength training and Vinyasa flow yoga on selected physical variables among men soccer players», *International Journal of Physiology, Nutrition and Physical Education*, 3, 2, 2018, pp. 378-381.

Arnold, Anne-Sophie; Gill, Jonathan; Christe, Martine, *et al.*, «Morphological and functional remodelling of the neuromuscular junction by skeletal muscle PGC-ia», *Nature Communications*, 5, 1, 2014, p. 3569.

Asmundson, Gordon J. G.; Fetzner, Mathew G.; Deboer, Lindsey B., *et al.*, «Let's get physical: a contemporary review of the anxiolytic effects of exercise for anxiety and its disorders», *Depression and Anxiety*, 30, 4, 2013, pp. 362-373.

Böning, Dieter, y Steinacker, Jürgen M., «Does regular physical activity generally reduce basal energy expenditure? Arguments against an alleged paradigm change. A short report», *Deutsche Zeitschrift für Sportmedizin/German Journal of Sports Medicine*, 74, 3, 2023, pp. 80-84.

Boullosa, Daniel; Del Rosso, Sebastian; Behm, David G., *et al.*, «Post-activation potentiation (PAP) in endurance sports: A review», *European Journal of Sport Science*, 18, 5, 2018, pp. 595-610.

Bundesanstalt für Arbeitsschutz und Arbeitsmedizin, «Arbeiten ohne Unterlass? - Ein Plädoyer für die Pause», *BIBB/BAuA-Faktenblatt*, 2, 2015, p. 2.

Bundesinstitut für Sportwissenschaft (ed.), *Regenerationsmanagement im Spitzensport. REGman - Ergebnisse und Handlungsempfehlungen*, Sportverlag Strauß, Colonia, 2016.

Carrier, David R.; Anders, Christoph y Schilling, Nadja, «The muscu- loskeletal system of humans is not tuned to maximize the economy of locomotion», *Proceedings of the National Academy of Sciences*, 108, 46, 2011, pp. 18631-18636.

Contessa, Paola y De Luca, Carlo J., «Neural control of muscle force: indications from a simulation model», *Journal of Neurophysiology*, 109, 6, 2013, pp. 1548-1570.

Curşeu, Petru Lucian; Ilies, Remus; Vîrgă, Delia; Maricuţoiu, Laurenţiu y Sava, Florin A., «Personality characteristics that are valued in teams: not always "more is better"?», *International Journal of Psychology*, 54, 5, 2019, pp. 638-649.

Douglas, Jamie; Pearson, Simon; Ross, Angus y McGuigan, Mike, «Chronic adaptations to eccentric training: a systematic review», *Sports Medicine*, 47, 5, 2017, pp. 917-941.

Driskell, James E.; Copper, Carolyn y Moran, Aidan, «Does mental practice enhance performance?», *Journal of Applied Psychology*, 79, 4, 1994, p. 481.

Foley, Teresa E., y Fleshner, Monika, «Neuroplasticity of dopamine circuits after exercise: implications for central fatigue», *Neuromolecular Medicine*, 10, 2008, pp. 67-80.

Frontera, Walter R.; Meredith, C. N.; O'Reilly, K. P.; Knuttgen, Howard G. y Evans, W. J., «Strength conditioning in older men:

skeletal muscle hypertrophy and improved function», *Journal of Applied Physiology (1985)*, 64, 3, 1988, pp. 1038-1044.

Frontera, Walter R., y Ochala, Julien, «Skeletal muscle: a brief review of structure and function», *Calcified Tissue International*, 96, 2015, pp. 183-195.

Giudice, Jimena, y Taylor, Joan M., «Muscle as a paracrine and endocrine organ», *Current Opinion in Pharmacology*, 34, 2017, pp. 49-55.

Gottman, John M.; Murray, James D.; Swanson, Catherine C., *et al.*, *The mathematics of marriage: Dynamic nonlinear models*, MIT Press, 2005.

Grison, Marco; Merkel, Ulrich; Kostan, Julius, *et al.*, «a-Actinin/titininter-action: A dynamic and mechanically stable cluster of bonds in the muscle Z-disk», *Proceedings of the National Academy of Sciences*, 114, 5, 2017, pp. 1015-1020.

Guzmán, Raúl, *et al.*, «Effectiveness of a mindfulness-based program with virtual reality to increase safe behaviors in workers of a mining company», *Frontiers in Psychology*, 16,2025, art. 1429334.

Hadhazy, Adam, «How it's possible for an ordinary person to lift a car», *BBC*, 2 de mayo de 2016, https://www.bbc.com/future/article/20160501-how-its-possible-for-an-ordinary-person-to-lift-a-car.

Hall, Evelyn G., y Erffmeyer, Elizabeth S., «The effect of visuo-motor behavior rehearsal with videotaped modeling on free throw accuracy of intercollegiate female basketball players», *Journal of Sport Psychology*, 5, 1983, 3, pp. 343-346.

Hank, Rainer, «Erfolg durch Zufall? Der Leistungsmythos», *FAZ*, 10 de julio de 2016, https://www.faz.net/-ib3-8j7j4.

Herrman, Helen; Stewart, Donna E.; Diaz-Granados, Natalia, *et al.*, «What is resilience?», *The Canadian Journal of Psychiatry*, 56, 5, 2011, pp. 258-265.

Herzog, Walter; Powers, Krysta; Johnston, Kaleena, *et al.*, «A new paradigm for muscle contraction», *Frontiers in Physiology*, 6, 2015, p. 174.

Hilty, Lea; Lutz, Kai; Maurer, Konrad, *et al.*, «Spinal opioid receptor-sensitive muscle afferents contribute to the fatigue-induced increase in intracortical inhibition in healthy humans», *Experimental Physiology*, 96, 5, 2011, pp. 505-517.

Hussain, Joy y Cohen, Marc, «Clinical effects of regular dry sauna bathing: a systematic review», *Evidence-Based Complementary and Alternative Medicine*, 2018, art. 1857413.

Jenkins, Nathaniel D. M., *et al.*, «Greater neural adaptations following high-vs. low-load resistance training», *Frontiers in Physiology*, 8, 2017, art. 331.

Krause Neto, Walter; Silva, Wellington de A.; Ciena, Adriano P., *et al.*, «Effects of strength training and anabolic steroid in the peripheral nerve and skeletal muscle morphology of aged rats», *Frontiers in Aging Neuroscience*, 9, 2017, art. 205.

Krüger, Martina y Kötter, Sebastian, «Titin, a central mediator for hypertrophic signaling, exercise-induced mechanosignaling and skeletal muscle remodeling», *Frontiers in Physiology*, 7, 2016, art. 76.

Kukla-Bartoszek, Magdalena; y Glombik, Katarzyna, «Train and reprogram your brain: effects of physical exercise at different stages of life on brain functions saved in epigenetic modifications», *International Journal of Molecular Sciences*, 25, 22, 2024, art. 12043.

Lee, Fiona X. Z.; Houweling, Peter J.; North, Kathryn N., *et al.*, «How does a-actinin-3 deficiency alter muscle function? Mechanistic insights into ACTN3, the "gene for speed"» *Biochimica et Biophysica Acta (BBA)-Molecular Cell Research*, 1863, 4, 2016, pp. 686-693.

Liang, Juan, *et al.*, «Physical exercise promotes brain remodeling by regulating epigenetics, neuroplasticity and neurotrophins», *Reviews in the Neurosciences*, 32, 6, 2021, pp. 615-629.

Loenneke, Jeremy P.; Dankel, Scott J.; Bell, Zachary W., *et al.*, «Is muscle growth a mechanism for increasing strength?», *Medical Hypotheses*, 125, 2019, pp. 51-56.

Ma, Fang; Yang, Yu; Li, Xiangwei, *et al.*, «The association of sport performance with ACE and ACTN3 genetic polymorphisms: a systematic review and metaanalysis», *PloS One*, 8, 1, 2013, art. e54685.

Mark, Gloria; Iqbal, Shamsi T.; Czerwinski, Mary, *et al.*, «Email duration, batching and self-interruption: patterns of email use on productivity and stress», en Association for Computing Machinery, *Proceedings of the 2016 CHI Conference on Human Factors in Computing Systems (CHI '16)*, Nueva York, 2016, pp. 1717-1728.

McGee-Lawrence, Meghan E.; Wenger, Karl H.; Misra, Sudipta, *et al.*, «Whole-body vibration mimics the metabolic effects of exercise in male leptin receptor-deficient mice», *Endocrinology*, 158, 5, 2017, pp. 1160-1171.

Meeusen, Romain, *et al.*, «Prevention, diagnosis, and treatment of the overtraining syndrome: joint consensus statement of the European College of Sport Science and the American College of Sports Medicine», *Medicine and Science in Sports and Exercise*, 45, 1, 2013, pp. 186-205.

Monroy, Jenna A.; Powers, Krysta L.; Gilmore, Leslie A., *et al.*, «What is the role of titin in active muscle?», *Exercise and Sport Sciences Reviews*, 40, 2, 2012, pp. 73-78.

Pedersen, Bente Klarlund, «Physical activity and muscle-brain crosstalk», *Nature Reviews Endocrinology*, 15, 7, 2019, pp. 383-392.

Pontzer, Herman; Raichlen, David A.; Wood, Brian M., *et al.*, «Hunter-gatherer energetics and human obesity», *PloS One*, 7, 7, 2012, p. e40503.

Radák, Zsol, *The Physiology of Physical Training*, Academic Press, 2018.

Rea, Irene Maeve, «Towards ageing well: Use it or lose it: Exercise, epigenetics and cognition», *Biogerontology*, 18, 4, 2017, pp. 679-691.

Roy, Sayak, «Muscle cramps - a mini review of possible causes and treatment options available with a special emphasis on diabetics - a narrative review», *ClinicalDiabetology*, 8, 6, 2019, pp. 310-317.

Schauer, Maggie y Elbert, Thomas, «Dissociation following traumatic stress», *Zeitschrift für Psychologie/Journal of Psychology*, 218, 2, 2010, pp. 109-127.

Schrage, Scott, «Does strength depend on more than muscle? Husker study suggests so», University of Nebraska-Lincoln, 10 de julio de 2017, https://news.unl.edu/article/does-strength-depend-on-more-than-muscle-husker-study-suggests-so.

Shang, Jian; Ye, Gang; Shi, Ke, *et al.*, «Structural basis of receptor recognition by SARS-CoV-2», *Nature*, 581, 7807,2020, pp. 221-224.

Skarabot, Jakob; Folland, Jonathan P.; Holobar, Aleš, *et al.*, «Startling stimuli increase maximal motor unit discharge rate and rate of force development in humans», *Journal of Neurophysiology*, 128, 3, 2022, pp. 455-469.

Stanford Encyclopedia Of Philosophy, «Philosophy of Sport», 4 de febrero de 2020, https://plato.stanford.edu/entries/sport/.

Steinmetz, Patrick R. H.; Kraus, Johanna E. M.; Larroux, Claire, *et al.*, «Independent evolution of striated muscles in cnidarians and bilaterians», *Nature*, 487, 7406, 2012, pp. 231-234.

Stranahan, Alexis M., *et al.*, «Hippocampal gene expression patterns underlying the enhancement of memory by running in aged mice», *Neurobiology of Aging*, 31, 11, 2019, pp. 1937-1949.

Strojnik, Vojko, «Muscle activation level during maximal voluntary effort», *European Journal of Applied Physiology and Occupational Physiology*, 72, 1-2, 1995, pp. 144-149.

Suchomel, Timothy J.; Nimphius, Sophia; Bellon, Christopher R., *et al.*, «The importance of muscular strength: training considerations», *Sports Medicine*, 48, 2018, pp. 765-785.

Swist, Sandra; Unger, Andreas; Li, Yong, *et al.*, «Maintenance of sarcomeric integrity in adult muscle cells crucially depends on Z-disc anchored titin», *Nature Communications*, 11, 1, 2020, art. 4479.

Tikkanen, Emmi; Gustafsson, Stefan; Amar, David, *et al.*, «Biological insights into muscular strength: genetic findings in the UK Biobank», *Scientific Reports*, 8, 1, 2018, p. 6451.

Timmons, James F.; Griffin, Colin; Cogan, Karl E., *et al.*, «Exercise maintenance in older adults 1 year after completion of a supervised training intervention», *Journal of the American Geriatrics Society*, 68, 1, 2020, pp. 163-169.

Triangle Center For Evolutionary Medicine, «7 Metabolic Myths: Evolutionary Energetics in Human Ecology and Health», 9 de marzo de 2021, https://www.youtube.com/watch?v=6ni09ynb7Q4.

Vale, Ronald D. y Milligan, Ronald A., «The way things move: looking under the hood of molecular motor proteins», *Science*, 288, 5463, 2000, pp. 88-95.

Weber, Emily y Doppelmayr, Michael, «Kinesthetic motor imagery training modulates frontal midline theta during imagination of a dart throw», *International Journal of Psychophysiology*, 110, 2016, pp. 137-145.

Westcott, W. L., «Resistance training is medicine: effects of strength training on health», *Current Sports Medicine Reports*, 11, 4, 2012, pp. 209-216.

Wyckelsma, Victoria L.; Venckunas, Tomas; Houweling, Peter J., *et al.*, «Loss of a-actinin-3 during human evolution provides superior cold resilience and muscle heat generation», *The American Journal of Human Genetics*, 108, 3, 2021, pp. 446-457.

Xiao, Lin; Ohayon, David; McKenzie, Ian A., *et al.*, «Rapid production of new oligodendrocytes is required in the earliest stages of motor-skill learning», *Nature Neuroscience*, 19, 9, 2016, pp. 1210-1217.

5. Pensar y ser: **El cerebro**

Adolphs, Ralph, «The social brain: neural basis of social knowledge», *Annual Review of Psychology*, 60, 1, 2009, pp. 693-716.

Banerjee, Nilosmita, *et al.*, «Behavioural expressions of loss-chasing in gambling: a systematic scoping review», *Neuroscience & Biobehavioral Reviews*, 153, 2023, art. 105377.

National Institute of Neurological Disorders and Stroke, *Brain Basics. Understanding sleep*, Bethesda, 2006.

Basu, Screetama y Lamprecht, Raphael, «The role of actin cytoskeleton in dendritic spines in the maintenance of long-term memory», *Frontiers in Molecular Neuroscience*, 11, 2018, art. 143.

Berridge, Kent C. y Kringelbach, Morten L.,, «Pleasure systems in the brain», *Neuron*, 86, 3, 2015, pp. 646-664.

Besedovsky, Luciana; Lange, Tanjia y Born, Jan, «Sleep and immune function». *Pflügers Archiv -European Journal of Physiology*, 463, 1, 2012, pp. 121-137.

Blumberg, Mark S.; Lesku, John A.; Libourel, Paul-Antoine, *et al.*, «What is REM sleep?», *Current Biology*, 30, 1, 2020, pp. R38-R49.

Bond, Michael, *Wayfinding: The Art and Science of How We Find and Lose Our Way*, Picador, Londres, 2020.

Castrillon, Gabriel, *et al.*, «An energy costly architecture of neuromodulators for human brain evolution and cognition», *Science Advances*, 9, 50, 2023, eadi7632.

Chakraborty, Mukta y Jarvis, Erich D., «Brain evolution by brain pathway duplication», *Philosophical Transactions of the Royal Society B: Biological Sciences*, 370, 1684, 2015.

Chau, Bolton K. H., *et al.* «Dopamine and reward: a view from the prefrontal cortex», *Behavioural Pharmacology*, 29, 7, 2018, pp. 569-583.

Damásio, António, *Self Comes to Mind: Constructing the Conscious Brain*, Vintage, Londres, 2012.

Damásio, António, *The Strange Order of Things: Life, Feeling, and the Making of Cultures*, Pantheon, Nueva York, 2018 (traducción al castellano de Joan Domènec Ros, *El extraño orden de las cosas: la vida, los sentimientos y la creación de las culturas*, Ediciones Destino, Barcelona, 2025).

Deci, Edward L.; Koestner, Richard y Ryan, Richard M., «A meta-analytic review of experiments examining the effects of extrinsic rewards on intrinsic motivation», *Psychological Bulletin*, 125, 6, 1999, pp. 627-668.

Diana, Marco, «The dopamine hypothesis of drug addiction and its potential therapeutic value», *Frontiers in Psychiatry*, 2, 2011, p. 64.

Dingle, Genevieve A.; Cruwys, Tegan y Frings, Daniel, «Social identities as pathways into and out of addiction», *Frontiers in Psychology*, 6, 2015, p. 1795.

D'Mello, Anila M.; Gabrieli, John D. E. y Nee, Dereck Evan, «Evidence for hierarchical cognitive control in the human cerebellum», *Current Biology*, 30, 10, 2020, pp. 1881-1892.

Esperidião-Antonio, Vanderson; Majeski-Colombo, Marilia; Toledo-Monteverde, Diana, *et al.*, «Neurobiology of emotions: an update», *International Review of Psychiatry*, 29, 3, 2017, pp. 293-307.

Fastenrath, Matthias; Spalek, Klara; Coynel, David; Loos, Eva; Milnik, Annette, *et al.*, «Human cerebellum and corticocerebellar connections involved in emotional memory enhancement», *Proceedings of the National Academy of Sciences*, 119, 41, 2022.

Feldman Barrett, Lisa, «The theory of constructed emotion: an active inference account of interoception and categorization», *Social Cognitive and Affective Neuroscience*, 12, 1, 2017, pp. 1-23.

Feldman Barrett, Lisa, «How to Master Your Emotional Life», *The Weekend University*, julio de 2023, https://www.youtube.com/watch?v=q9nnB-EONnQ.

Feldman Barrett, Lisa, «How to Understand Emotions», *Huberman Lab Podcast*, octubre de 2023, https://www.youtube.com/watch?v=FeRgqJVALMQ.

Galakhova, Anna A., *et al.*, «Evolution of cortical neurons supporting human cognition», *Trends in Cognitive Sciences*, 26, 11, 2022, pp. 909-922.

Garcia, Alexandra N. y Salloum, Ihsan M., «Polysomnographic sleep disturbances in nicotine, caffeine, alcohol, cocaine, opioid, and cannabis use: a focused review», *The American Journal on Addictions*, 24, 7, 2015, pp. 590-598.

Gerstner, Jason R., «On the evolution of memory: a time for clocks», *Frontiers in Molecular Neuroscience*, 5, 2012, p. 23.

Gigerenzer, Gerd y Gaissmaier, Wolfgang, «Heuristic decision making», *Annual Review of Psychology*, 62, 1, 2011, pp. 451-482.

Glasenapp, Jan, *Emotionen als Ressourcen: Manual für Psychotherapie, Coaching und Beratung*, Beltz, Weinheim, 2021.

Gozal, David y O'Brien, Louise M., «Snoring and obstructive sleep apnoea in children: why should we treat?», *Paediatric Respiratory Reviews*, 5, 2004, pp. S371-S376.

Grossmann, Igor, «Wisdom in context», *Perspectives on Psychological Science*, 12, 2, 2017, pp. 233-257.

Hadzibeganovic, Tarik; Lima, Francisco W. S. y Stauffer, Dietrich,

«Benefits of memory for the evolution of tag-based cooperation in structured populations», *Behavioral Ecology and Sociobiology*, 68, 2014, pp. 1059-1072.

Haspel, Jeffrey A.; Anafi, Ron; Brown, Marishka K., *et al.*, «Perfect timing: circadian rhythms, sleep, and immunity - an NIH workshop summary», *JCI insight*, 5, 1, 2020, e131487.

Hauglund, Natalie L.; Pavan, Chiara y Nedergaard, Maiken, «Cleaning the sleeping brain - the potential restorative function of the glymphatic system», *Current Opinion in Physiology*, 15, 2020, pp. 1-6.

Heller, Piotr, «Warum Menschen sich so leicht verirren - insbesondere Kinder», *FAZ*, 28 de agosto de 2022, https://www.faz.net/aktuell/wissen/geist-soziales/warum-menschen-sich-so-leicht-verirren-insbesondere-kinder-16928614.html.

Herculano-Houzel, Suzana, «The human brain in numbers: a linearly scaled-up primate brain», *Frontiers in Human Neuroscience*, 3, 2009, art. 857.

Hinghofer-Szalkayn, Helmut, «Physiologie des Schlafes, Praktische Physiologie - Funktionen des menschlichen Körpers», http://physiologie.cc/XVI.7.htm.

Hu, Jun; Zhu, Mudan; Gao, Zongbin, *et al.*, «Dexmedetomidine for prevention of postoperative delirium in older adults undergoing oesophagectomy with total intravenous anaesthesia: a double-blind, randomised clinical trial», *European Journal of Anaesthesiology*, 38, supl. 1, 2021, pp. S9-S17.

Huberman, Andrew, «Controlling Your Dopamine for Motivation, Focus & Satisfaction», 27 de septiembre de 2021, https://www.youtube.com/watch?v=XeN6eGO6FVQ.

Hunter, Philip, «The controversy around anti-amyloid antibodies for treating Alzheimer's disease: the European Medical Agency's ruling against the latest anti-amyloid drugs highlights the ongoing debate about their safety and efficacy», *EMBO Reports*, 25, 12, 2024, pp. 5227-5231.

Jardine, Brittany B.; Vannier, Sarah y Voyer, Daniel, «Emotional intelligence and romantic relationship satisfaction: a systematic review and metaanalysis», *Personality and Individual Differences*, 196, 2022, art. 111713.

Jouvet, Michel, y Delorme, F., «F. Locus coeruleus et sommeil paradoxal», *Comptes Rendus des Seances de la Societe de Biologie et de ses Filiales (Paris)*, 159, 1965.

Kandel, Eric R.; Schwartz, James H.; Jessell, Thomas M., *et al.* (eds.), *Principles of Neural Science*, McGraw-Hill, Nueva York, 2000.

Koenigs, Michael, *et al.*, «Damage to the prefrontal cortex increases utilitarian moral judgements», *Nature*, 446, 7138, 2007, pp. 908-911.

Kokane, Saurabh S. y Perrotti, Linda I., «Sex differences and the role of estradiol in mesolimbic reward circuits and vulnerability to cocaine and opiate addiction», *Frontiers in Behavioral Neuroscience*, 14, 2020, p. 74.

Koob, George F. y Volkow, Nora D., «Neurobiology of addiction: a neurocir- cuitry analysis», *The Lancet Psychiatry*, 3, 8, 2016, pp. 760-773.

Korteling, J. E. (Hans); Van De Boer-Visschedijk, Gillian C.; Blankendaal, Romy A. M., *et al.*, «Human-versus artificial intelligence», *Frontiers in Artificial Intelligence*, 4, 2021, art. 622364.

Korteling, Johan E. y Toet, Alexander, «Cognitive biases», en *Encyclopedia of Behavioral Neuroscience*, Elsevier Science, Edimburgo, 2022, pp. 610-619.

Lockley, Steven W.; Dressman, Marlene A.; Licamele, Louis, *et al.*, «Tasimelteon for non-24-hour sleep-wake disorder in totally blind people (SET and RESET): two multicentre, randomised, double-masked, placebo-controlled phase 3 trials», *The Lancet*, 386, 10005, 2015, pp. 1754-1764.

Luo, Yangmei, *et al.*, «The neural habituation to hedonic and eudaimonic rewards: evidence from reward positivity», *Psychophysiology*, 59, 3, 2022, art. e13977.

Malinowski, Josie E., y Horton, Caroline L., «Dreams reflect nocturnal cognitive processes: early-night dreams are more continuous with waking life, and late-night dreams are more emotional and hyperassociative», *Consciousness and Cognition*, 88, 2021, art. 103071.

Markham, Anthony, «Daridorexant: first approval», *Drugs*, 82, 5, 2022, pp. 601-607.

Moeller, Jeremy, «7 EEG in Normal Sleep», 8 de junio de 2015, https://www.youtube.com/watch?v=4LcnZJ9L3rg.

Moravec, Hans, *Mind Children: The Future of Robot and Human Intelligence*, Harvard University Press, 1988.

Naiman, Rubin, «Dreamless: the silent epidemic of REM sleep loss», *Annals of the New York Academy of Sciences*, 1406, 1, 2017, pp. 77-85.

Nicolau, María Cristina; Akaärir, Mourad; Gamundí Antonio, *et al.*, «Why we sleep: the evolutionary pathway to the mammalian sleep», *Progress in Neurobiology*, 62, 4, 2000, pp. 379-406.

O'Boyle Jr, Ernest H., *et al.*, «The relation between emotional intelligence and job performance: a meta-analysis», *Journal of Organizational Behavior*, 32, 5, 2011, pp. 788-818.

Pesonen, Anu-Katriina, *et al.*, «REM sleep fragmentation associated with depressive symptoms and genetic risk for depression in a community- based sample of adolescents», *Journal of Affective Disorders*, 245, 2019, pp. 757-763.

Peters, Kate Z.; Cheer, Joseph F. y Tonini, Raffaella, «Modulating the neuromodulators: dopamine, serotonin, and the endocannabinoid system», *Trends in Neurosciences*, 44, 6, 2021, pp. 464-477.

Peters, Madelon L.; Meevissen, Yvo; Hanssen, Marjolein M., «Specificity of the Best Possible Self intervention for increasing optimism: comparison with a gratitude intervention», *Terapia Psicologica*, 31, 1, 2013, pp. 93-100.

Petrovich, Gorica D., «Lateral hypothalamus as a motivation-cognition interface in the control of feeding behavior», *Frontiers in Systems Neuroscience*, 12, 2018, art. 14.

Pickard, Hanna; Ahmed, Serge H. y Foddy, Bennett, «Alternative models of addiction», *Frontiers in Psychiatry*, 6, 2015, p. 20.

Post, Caitlin y Leuner, Benedetta, «The maternal reward system in postpartum depression», *Archives of Womens Mental Health*, 22, 2019, pp. 417-429.

Prior, Jerilynn C., «Progesterone for treatment of symptomatic menopausal women», *Climacteric*, 21, 4, 2018, pp. 358-365.

Riemann, Dieter; Baum, E.; Cohrs, Stefan, *et al.*, «S3-Leitlinie nicht erholsamer Schlaf/Schlafstörungen», *Somnologie*, 21, 1, 2017, pp. 2-44.

Riemann, Dieter; Krone, Lukas B.; Wulff Katharina, *et al.*, «Sleep, insomnia, and depression», *Neuropsychopharmacology*, 45, 1, 2020, pp. 74-89.

Risen, Jane L., «Believing what we do not believe: Acquiescence to superstitious beliefs and other powerful intuitions», *Psychological Review*, 123, 2, 2016, p. 182.

Robinson, Christopher L.; Supra, Rajesh; Downs, Evan, *et al.*, «Daridorexant for the Treatment of Insomnia», *Health Psychology Research*, 10, 3, 2022.

Rogers, Robert, «The roles of dopamine and serotonin in decision making: evidence from pharmacological experiments in humans», *Neuropsychopharmacology*, 36, 2011, pp. 114-132.

Saghir, Zahid, *et al.*, «The amygdala, sleep debt, sleep deprivation, and the emotion of anger: a possible connection?», *Cureus*, 10, 7, 2018, art. e2912.

Samson, David R. y Nunn, Charles L., «Sleep intensity and the evolution of human cognition», *Evolutionary Anthropology: Issues, News, and Reviews*, 24, 6, 2015, pp. 225-237.

Sánchez-Álvarez, Nicolás; Extremera, Natalio y Fernández-Berrocal, Pablo, «The relation between emotional intelligence and subjective well-being: a meta-analytic investigation», *The Journal of Positive Psychology*, 11, 3, 2016, pp. 276-285.

Sapolsky, Robert M., *Behave: The Biology of Humans at Our Best and Worst*, Penguin Press, Nueva York, 2017 (traducción al castellano de Pedro Pacheco González, *Compórtate*, Capitán Swing, Madrid, 2019).

Scarpelli, Serena; Bartolacci, Chiara; D'Atri, Aurora, *et al.*, «The functional role of dreaming in emotional processes», *Frontiers in Psychology*, 10, 2019, pp. 459.

Schmidt, Markus H.; Swang, Theodore W.; Hamilton, Ian M., *et al.*, «State-dependent metabolic partitioning and energy conservation: A theoretical framework for understanding the function of sleep», *PloS One*, 12, 10, 2017, art. e0185746.

Schultz, Wolfram, «Predictive reward signal of dopamine neurons», *Journal of Neurophysiology*, 80, 1, 1998, pp. 1-27.

Schutte, Nicola S., *et al.*, «A meta-analytic investigation of the relationship between emotional intelligence and health», *Personality and Individual Differences*, 42, 6, 2007, pp. 921-933.

Seaman, Kendra L., *et al.*, «Differential regional decline in dopamine receptor availability across adulthood: linear and nonlinear effects of age», *Human Brain Mapping*, 40, 10, 2019, pp. 3125-3138.

Shafir, Eldar y Leboeuf, Robyn A., «Rationality», *Annual Review of Psychology*, 53, 1, 2002, pp. 491-517.

Sjoerds, Zsuzsika; Luigjes, Judy; Van Den Brink, Wim, *et al.*, «The role of habits and motivation in human drug addiction: a reflection», *Frontiers in Psychiatry*, 5, 2014, p. 8.

Souman, Jan L., *et al.*, «Walking straight into circles», *Current Biology*, 19, 18, 2009, pp. 1538-1542.

Storbeck, Justin y Clore, Gerald L., «On the interdependence of cognition and emotion», *Cognition and Emotion*, 21, 6, 2007, pp. 1212-1237.

Tsunematsu, Tomomi, «What are the neural mechanisms and physiological functions of dreams?», *Neuroscience Research*, 189, 2023, pp. 54-59.

Tversky, Amos y Kahneman, Daniel, «Judgment under Uncertainty: Heuristics and Biases: Biases in judgments reveal some heuristics of thinking under uncertainty», *Science*, 185, 4157, 1974, pp. 1124-1131.

Verdejo-Garcia, Antonio, *et al.*, «A roadmap for integrating neuroscience into addiction treatment: a consensus of the neuroscience interest group of the international society of addiction medicine», *Frontiers in Psychiatry*, 10, 2019, art. 877.

Vyazovskiy, Vladyslav V. y Delogu, Alessio, «NREM and REM sleep: complementary roles in recovery after wakefulness», *The Neuroscientist*, 20, 3, 2014, pp. 203-219.

Wigren, H.-K. y Porkka-Heiskanen, T., «Novel concepts in sleep regulation», *Acta Physiologica*, 222, 4, 2018, p. e13017.

Winkler, Alexander y Rief, Winfried, «Effect of placebo conditions on polysomnographic parameters in primary insomnia: a meta-analysis», *Sleep*, 38, 6, 2015, pp. 925-931.

Wise, Roy A. y Robble, Mykel A., «Dopamine and addiction», *Annual Review of Psychology*, 71, 1, 2020, pp. 79-106.

Yoo, Seung-Schik, *et al.*, «The human emotional brain without sleep - a prefrontal amygdala disconnect», *Current Biology*, 17, 20, 2007, pp. R877-R878.

Zhou, Qun-Yong y Palmiter, Richard D., «Dopamine-deficient mice are severely hypoactive, adipsic, and aphagic», *Cell*, 83, 7, 1995, pp. 1197-1209.

Todos los enlaces se consultaron por última vez el 30 de mayo de 2025.

Agradecimientos

Antes de llegar a las librerías, este libro ha tenido que pasar por muchas manos, ser trabajado por muchos músculos y recorrer las redes nerviosas de muchos cerebros.

Quiero dar las gracias a Jill. Has aportado tanta originalidad y riqueza a esta obra como a todo aquello a lo que te dedicas. Desde las llamadas telefónicas a altas horas de la madrugada hasta la adquisición de técnicas de ilustración completamente nuevas, pasando por tu inagotable curiosidad: en ti no solo he encontrado a una hermana mayor de la que siempre aprendo cosas nuevas, sino también a una compañera extraordinaria para mis aventuras más delicadas en el terreno de la escritura. Gracias a Ambrosius por su serenidad y su amplia perspectiva y también por ayudarme a poner los pies en la tierra y estar a mi lado en tantas circunstancias.

Gracias a Petra Eggers porque, de no haber sido por su inteligente ligereza, ¡es posible que a estas alturas yo aún no hubiese escrito ni una sola línea! Con su amorosa profundidad, Martina Wachendorff ha sabido agarrarme por los brazos, sacarme de un plúmbeo estado y sentarme de nuevo ante mi escritorio.

Quiero dar las gracias por mantener conmigo —adoptando una actitud examinadora, frunciendo el ceño con aire reflexivo o arqueando alegremente las cejas— un valioso debate científico a los doctores Gunther Schmidt, Sharmili Edwin Thanarajah, Stefan Kippenberger, Kerrin Gappmayer, Florian Horn, Ji-Won Kim, Paul Eisewicht, Sophia Lades y Anne Zeitz.

Ningún texto científico sería posible sin el trabajo de las y los investigadores del mundo entero. Por eso la bibliografía de este libro es también una forma de agradecimiento.

Durante la escritura de esta obra he exigido un extraordinario esfuerzo a mi cuerpo. De ahí que también quiera darle las gracias a él. El sostén que me ha proporcionado me ha permitido escucharlo y mejorarme a mí misma.

Y gracias también a ese cuerpo que es la editorial Ullstein: a los departamentos de Administración, Revisión, Corrección, Producción, Derechos de Autor, Maquetación e Imprenta, Marketing, Eventos... ¡y la maravillosa Distribución! Gracias.

Sí, vale, pero ¿qué hay de tus dos ojos, que todavía siguen leyendo? ¡Muchas gracias también a ellos por mantener con tanta elegancia el ritmo!